Fritz Frech

Handbuch der Erdgeschichte mit Abbildungen der für die Formationen bezeichnendsten Versteinerungen

Fritz Frech

Handbuch der Erdgeschichte mit Abbildungen der für die Formationen bezeichnendsten Versteinerungen

ISBN/EAN: 9783741173394

Hergestellt in Europa, USA, Kanada, Australien, Japan

Cover: Foto ©Klaus-Uwe Gerhardt /pixelio.de

Manufactured and distributed by brebook publishing software (www.brebook.com)

Fritz Frech

Handbuch der Erdgeschichte mit Abbildungen der für die Formationen bezeichnendsten Versteinerungen

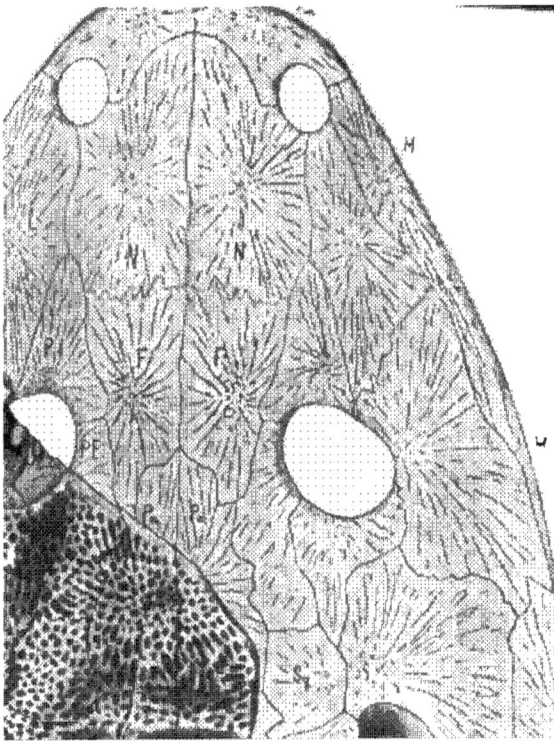

Lethaea geognostica

oder

Beschreibung und Abbildung

der

für die Gebirgs-Formationen bezeichnendsten Versteinerungen.

Herausgegeben

von einer Vereinigung von Palaeontologen.

I. Theil.

Lethaea palaeozoica.

2. Band 3. Lieferung.

Die Dyas

von

Fritz Frech.

Mit 13 Tafeln und 235 Figuren.

STUTTGART.

E. Schweizerbart'sche Verlagshandlung (E. Nägele).

1901.

Ankündigung.

Der wenige Bogen umfassende Schluss des Bandes, welcher die Erörterungen über die Zone *Otoceras Woodwardi* und die „*Glossopteris*-Flora" der Südhemisphäre, sowie die allgemeine geographische Übersicht der Dyas und einen Rückblick auf das Palaeozoicum enthält, ist seitens des Herrn Verfassers druckfertig hergestellt worden.

Jedoch ist die Discussion über die Grenze des Palaeozoicum und Mesozoicum noch nicht zum Abschluss gelangt, hat vielmehr eine neue Forschungsreise des Herrn Dr. NOETLING in den Himalaya veranlasst. Es erschien um so naheliegender, die Ergebnisse derselben abzuwarten, als Herr Dr. NOETLING eine kurze Darlegung der wichtigsten Resultate für die Lethaea in Aussicht gestellt hat.

Die Verlagshandlung.

Inhalts-Übersicht

zu dem Sonderabdruck aus der „Lethaea palaeozoica II, 1899" (S. 257—438).

F. Frech: Das Carbon.

* Hier sind im Text versehentlich römische Ziffern gesetzt.

Die Dyas.

Über Ergiebigkeit und voraussichtliche Erschöpfung der Steinkohlenlager.

Die Ergiebigkeit der Steinkohlenlager, welche in geologischen Handbüchern nicht ausführlicher behandelt zu werden pflegt, verdient wegen ihrer ausserordentlichen praktischen Bedeutung den Vorrang vor anderen technischen Erwägungen und hängt unmittelbar von der stratigraphischen Entwickelung der Flötze ab:

a) Die paralischen Flötze des westfälischen Typus (p. 269), welche marines Untercarbon direkt überlagern und in ihren unteren Horizonten marine Einlagerungen führen, sind für Industrie und Weltverkehr hinsichtlich ihrer Mächtigkeit und Ausdehnung weitaus am bedeutsamsten. Die Mehrzahl der englischen Flötze, die ganze von Südwales bis Oberschlesien reichende nordeuropäische Zone, die appalachischen Flötze (Pennsylvania bis Alabama) und die Mehrzahl der chinesischen (z. B. Schansi und Schantung) gehören dieser Faciesentwickelung an. Angesichts der Aufmerksamkeit, welche vor jeder systematischen geologischen Aufnahme den nutzbaren Mineralien zugewandt wird, ist die Entdeckung reicher Kohlenflötze von der Ergiebigkeit der oberschlesischen oder pennsylvanischen Lagerstätten nicht mehr zu erwarten.

b) Die wenig verbreitete Facies-Entwickelung von Saarbrücken kommt im Saargebiet selbst den paralischen Flötzen an Bedeutung beinah gleich, während die Waldenburger und Zwickauer Kohlenfelder in geologischer und praktischer Hinsicht schon den Übergang zu dem nächsten Typus bilden.

c) Die geringe Mächtigkeit der wenig zahlreichen in Centralfrankreich, der iberischen Halbinsel, Süddeutschland, Böhmen, den Centralalpen u. s. w. vorkommenden Flötze ist (p. 270, 8a; 351, 350) eingehend beschrieben worden und die rasche Erschöpfung dieser Kohlenbecken unterliegt keinem Zweifel.

d) Die Flötze des Donjetz-Typus mit ihrem regelmässigen Wechsel mariner Kalke und terrestrischer Faciesbildungen sind im Obercarbon Südrusslands, des centralen Nordamerikas und Südchinas (z. Th.) sehr verbreitet, im Untercarbon Schottlands (Calciferous sandstone) selten. Die geringe Zahl und Mächtigkeit der Flötze erinnert an die vorher genannte Entwickelung (3), die grosse räumliche Ausdehnung (Nordamerika, Donjetz) verleiht jedoch diesen Vorkommen eine Bedeutung, welche weit über die der centralfranzösischen hinausgeht, ohne die technische Wichtigkeit der paralischen Flötze zu erreichen.

Die Frage nach der Erschöpfungszeit der Steinkohlenlager wird mit um so grösserer Eindringlichkeit dem Geologen von dem Techniker gestellt, je geringer die Wahrscheinlichkeit eines anderweitigen Ersatzes der lebendigen Kraft geworden ist. Schon 1892 hat A. Hirsler[1] die Hypothese „einer neuen Aera, welche die Elektrizität in Verbindung mit den Wasserkräften schaffen und dem Dampf den Garaus machen soll", als nichtig hingestellt. Nach den jetzigen Erfahrungen ist die Kohle als Kraftquelle von ihrer „Alles beherrschenden Höhe" nicht zu verdrängen.

Die Antwort auf die Frage: wann sind die Steinkohlenlager erschöpft? ist schon vor vierzig Jahren für das Centrum der Kohlenproduction zu geben versucht worden. Damals berechnete Hull die bis zu einer Tiefe von 4000 engl. Fuss in Grossbritannien anstehenden Kohlen auf 79 843 Millionen engl. Tonnen; etwa ein Jahrzehnt später (1877) gelangte eine von dem Parlament eingesetzte Kommission zu dem wesentlich günstigeren Ergebnis von 146 480 Millionen. Eine wieder zehn Jahre später (1882) von Jakenwell vorgenommene Nebätzung berechnete die damals noch vorhandenen Vorräte der Vereinigten Königreiche auf 86 840 Millionen Tonnen. Da nun auch die Zunahme der Production keine auf Grund der bisherigen Ziffern bestimmbare Grösse ist, kann man sich nicht wundern, dass die Prognose der Jahreszahl, in der die Kohlen Englands erschöpft sein dürften, grosse Schwankungen aufweist. Die ungünstigste (letzte) Prognose nimmt für England 276, eine etwas günstigere 360 Jahre (von 1880 ab)[2] als den Zeitpunkt an, in der die Kohlen zu Ende sein werden. Allerdings rechnet auch die letztere Vermutung mit einer Steigerung der Production, welche mit 415 Millionen Tonnen[3] im Jahre 1971 ihren Höhepunkt erreicht haben sollte.

Die letzte umfangreichere Enquête ähnlicher Art ist im Jahre 1890 in Preussen veranstaltet worden. Die Ergebnisse dieser in Preussen und gleichzeitig auch im Königreich Sachsen angestellten Ermittelungen sind in überaus umsichtiger Weise von R. Nasse dargestellt und gleichzeitig mit den zugänglichen Nachrichten[4] aus anderen europäischen Ländern und aus Nordamerika verglichen worden.

Eine Fortführung der im allgemeinen bis 1890 reichenden Untersuchung

---

[1] A. Hirsler, „Studien über Kräfteverteilung". Zeitschr. d. Vereins deutscher Ingenieure 1892. Vergl. auch R. Nasse, „Die Kohlenvorräte der europäischen Staaten etc." 2. Aufl. Berlin 1893 p. 5.

[2] Vergl. Neumayr-Uhlig, Erdgeschichte II, p. 578.

[3] Dem Doppelten der heutigen Production.

[4] Besonders vollständige Nachrichten über die gesammte Kohlen- und Erzförderung der Erde enthalten die jährlich als Theil des Annual Report of the geological survey of the United States veröffentlichten „Mineral resources of the United states". Die sonsten dieser Veröffentlichungen (10 u. Ann. Rep.) sind 1894 und 1899 erschienen und umfassen die Statistik bis 1897 oder 1898. Ähnliche zusammenfassende Ziele verfolgen die „Coal tables". Copy of statement showing the production and consumption of coal etc. Letzte Ausgabe: („Ordered by the house of Commons to be printed") London 14. Apr. 1899. Die deutsche Productions-Statistik ist u. a. enthalten in den verschiedenen Handelskammerberichten, sowie in dem Jahrbuch für den Oberbergamtsbezirk Dortmund 1899, das die deutsche Steinkohlenerzeugung bis 1898 vollständig enthält. Eine neuere Zusammenstellung Hall's (1899) war mir nicht zugänglich.

Naasen bis auf die Gegenwart enthält der Aufsatz des Verfassers: Wann sind unsere Steinkohlenlager erschöpft?[1]

Die Kohlenförderung in den europäischen Staaten und in Nordamerika.

	Die Förderung betrug nach dem dreijährigen Durchschnitt für das Jahr:						Die Zunahme der Förderung betrug in Prozenten während der Jahre:				
	1850	1860	1870	1880	1890	1896	1850/60	1860/70	1870/80	1880/90	1890/96
	In Millionen metrischen Tonnen										
	a) Europäische Staaten										
1. Deutschland . . .	6,1	15,0	32,4	53,2	81,9	115,9	146	116	64	54	41
2. Grossbritannien und Irland	65,3	81,7	115,1	147,3	184,2	205,3	60	38	30	25	11
3. Frankreich. . . .	4,5	8,4	13,0	16,5	25,3	31,0	85	58	42	37	20
4. Belgien	5,8	9,6	13,5	16,4	20,0	22,1	65	40	22	22	10
5. Österreich-Ungarn .	0,8	2,9	6,7	12,2	20,5	36,2	307	129	82	68	77
6. Russland	0,1	0,1	0,7	3,2	6,2	—	152	400	331	97	—
7. Spanien, Schweden, Italien	0,1	0,2	0,6	1,1	1,7	—	410	98	78	61	—
Europa	82,7	116,0	180,0	251,9	340,7	—	89	54	40	35	—
Die mitteleuropäischen Staaten 1 bis 5 . .	82,6	117,0	178,7	247.6	331,8	—	103	52	38	34	—
	b) Nordamerika										
1. Vereinigte Staaten .	5,8	15,4	33,4	71,5	132,1	—	107	117	115	84	—
2. Canada	0,2	0,3	0,7	1,3	2,8	—	85	121	80	120	—
Nordamerika . .	6,0	15,7	34,1	72,8	134,9	—	104	117	115	84	—

Der Gang der Untersuchung muss den einzelnen Kohlenrevieren in geographischer Folge gerecht werden und lehrt uns, dass seit 1890 in Grossbritannien, Belgien und Österreich-Ungarn eine langsame, in Nordamerika, Deutschland und Frankreich hingegen eine raschere procentuale Zunahme der Steinkohlenförderung stattgefunden hat.

I. Die Kohlenvorräte der ausserdeutschen Länder Europas im Vergleich mit Nordamerika.

1. England.

In England und Belgien, deren seit langem erschlossene und seit langem intensiv abgebaute Flötzgebiete keine Erweiterung erfuhren haben, ist auch die Productionsvermehrung innerhalb des letzten Jahrzehntes unerheblich gewesen und

[1] Zeitschrift für Socialwissenschaft 1900, p. 175. S. die beifolgende Tabelle.

hat sogar weniger betragen als NASSE (l. c. p. 33) aus der Statistik der vorhergegangenen Jahrzente folgern zu müssen geglaubt hat. Am wichtigsten ist aus dieser Berechnung die geringe procentuale Zunahme der Productionsziffer in England.

England producirte in englischen Tons:

1860	83,3 Millionen engl. Tons
1870	112,0 „ „ „
1880	146,9 „ „ „
1890	181,6 „ „ „
1897	202,1 „ „ „

und hatte in 1898 in Folge des grossen Kohlenarbeiterausstandes sogar noch etwas gegen 1897 abgenommen.[1]

NASSE nahm nun an, dass, da die Zunahme während der Jahrzehnte 1860,70 — 88%, 1870/80 80%, 1890,90 — 21% betragen hat, die Steigerung der Förderung in den folgenden Jahrzehnten in demselben Verhältnisse wie im Durchschnitt der letzten drei Jahrzehnte, nämlich um je 5% weiter abnehmen würde. Demnach sei für 1900 unter Voraussetzung einer Zunahme von 20%, eine Förderung von 217,9 Millionen engl. Tons zu erwarten. Da jedoch 1898 erst 202,0 erreicht waren, ist eine Steigerung von 16 Millionen englischen Tons in zwei Jahren nicht wahrscheinlich. Ebenso unwahrscheinlich ist daher auch eine weitere Productionszunahme, die derselbe Verfasser für 1920 auf 275,7 Millionen engl. Tons, für 1930 auf 289,4 Millionen engl. Tons berechnet.

In den letzten drei Jahrzehnten (genau vom Anfang 1871 bis Ende 1900) sind in England 2954 Millionen engl. Tons Kohle gefördert worden, von Anfang 1871 bis Ende 1930 würden bei der von NASSE angenommenen Steigerung 12754 Millionen engl. Tons gefördert sein.

Die von der englischen Kohlenkommission des Jahres 1870 — jedenfalls recht reichlich — berechnete Kohlenmenge würde sich bis 1930 auf rund 182 Milliarden engl. Tons vermindert haben und bei einer Jahresförderung von rund 290 Millionen Tons dann noch 628 Jahre reichen.

Die Herausgeber jener Statistik nehmen allerdings eine regelmässige jährliche Vermehrung von 3 Millionen Tons und somit eine Steigerung der Förderung auf 415 Millionen Tons für 1971 an. Nach der letzteren Statistik würde die Kohlenmasse in England nach 376 Jahren, nach NASSES Annahme erst nach 628 Jahren (d. h. im Jahre 2558) erschöpft sein.

Thatsächlich ist gegenüber den beiden Voraussagungen die Zunahme der Förderung schon viel langsamer erfolgt; andrerseits sind die Berechnungen der Kommission von 1870 entschieden viel zu hoch gegriffen; neuere zuverlässige Voraussagungen lauten viel ungünstiger. Wie schon erwähnt, hat der Bergingenieur GIRKENKELL 1882 die vorhandene, in abbauwürdiger Tiefe befindliche Kohlenmenge auf 86040 Millionen engl. Tonnen berechnet,[2] die in 276 Jahren (von 1882 an) erschöpft sein sollen.

Leider ist eine Kritik der sehr weit auseinander gehenden Schätzungen um so weniger möglich, als die wissenschaftliche geologische Erforschung der englischen Kohlenformation in den letzten Jahren entschieden hinter den auf dem Continent — in Frankreich, Deutschland und sogar in Russland — erzielten Fortschritten zurückgeblieben ist. — Keinesfalls besteht darüber ein Zweifel, dass die Kohlen zuerst in Nordengland (Durham und Northumberland), zuletzt in Südengland zu Ende gehen werden. Die Kohlenförderung der einzelnen Kohlenfelder zeigt innerhalb der letzten Jahre die folgende Bewegung:

---

[1] In metrischen Tons producirte England 1897 205,4, 1898 aber nur 205,3 (Jahrb. f. d. Oberbergamtsbezirk Dortmund 1899 p. 116).

[2] Hiervon von 1891—1899: 1533 Millionen metrische Tons.

[3] Dies wäre erheblich weniger als der Kohlenvorrat Oberschlesiens.

Revier	Kohlenförderung			
	1894	1897	1900	1905
	in Millionen Tons à 1016 kg			
Osterbottland	17,0	16,1	15,9	16,2
Westmoulland	13,2	12,7	12,1	12,6
Newcastle	21,6	21,8	20,6	10,7
Durham	21,4	21,8	22,2	22,0
York und Lincolnshire	20,9	24,0	23,8	22,8
Manchester	11,0	10,6	10,9	10,1
Liverpool	16,6	15,3	15,3	14,8
Midland	25,8	23,8	22,3	21,5
Nord-Staffordshire	6,7	6,4	6,3	6,1
Süd-Staffordshire	9,3	9,3	9,1	8,8
Südwestbezirk	9,4	12,5	11,8	10,8
Südwales	19,0	23,5	21,4	21,4
Zusammen mit Irland, umgerechnet in metrische Tons	205,3	205,4	196,5	102,7

Gegenüber diesem unleugbar in absehbare Nähe gerückten Sturz der industriellen Vormacht Englands wird mit Vorliebe auf die wahrscheinliche Erweiterung der englischen Kohlenfelder hingewiesen. Allerdings ist durch zwei Bohrlöcher bei Dover das productive Kohlengebirge in einer Tiefe von über 1100 engl. Fuss erschlossen worden. Aber wenn schon diese Tiefe recht beträchtlich ist, so erscheint andererseits die Mächtigkeit der 12 erbohrten Flötze keineswegs vielversprechend. Die gesamte festgestellte Mächtigkeit von 83 engl. Fuss Kohle vertheilt sich auf 1068 Fuss gesamte Mächtigkeit der kohleführenden Schichten.

Es kann allerdings aus allgemeinen geologischen Gründen keinem Zweifel unterliegen, dass das Bohrloch von Dover die directe Verbindung zwischen den französisch-belgischen Kohlenfeldern und den Flötzen von Südwales bildet. Aber wenn schon die Mächtigkeit der nachgewiesenen Kohlen als recht bescheiden zu bezeichnen ist, so kann noch weniger mit Sicherheit angenommen werden, dass die geologischen Veränderungen von Festland und Meer die Fortsetzung dieser Flötze unberührt gelassen haben. Auch das westfälische Kohlenrevier hat früher nördlich des Harzes mit dem oberschlesischen zusammengehangen, ohne dass hier irgendwelche Reste des productiven Corbons erhalten geblieben wären. Ähnliche Unterbrechungen sind — ganz abgesehen von der grossen Tiefe und dem Verkommen der geringen Mächtigkeit der Flötze — nach für das südwestliche England in Betracht zu ziehen.

Keinesfalls dürfte der berühmt gewordene Steinkohlenfund von Dover oder seine westliche Fortsetzung volkswirtschaftlich jemals nennenswert in Betracht kommen.

2. Nordfrankreich und Belgien.

Ebenso wenig wie für England sind für die belgischen und nordfranzösischen Steinkohlenfelder räumliche Erweiterungen wahrscheinlich. Nordfrankreich und Belgien bilden ein einheitliches Gebiet hinsichtlich der geologischen Entwickelung der Kohlenflötze; dieselben werden im Südwesten von älteren Schichten unterlagert,[1] während sich nach NO. Jura und Kreide in grösserer Mächtigkeit darüber legen. Es fehlt also jede Möglichkeit, die Steinkohlenreviere räumlich zu erweitern.

[1] Sofern hier nicht in Folge von Gebirgsstörungen die Verhältnisse complizierter sind.

Doch ist andrerseits für Nordfrankreich und Belgien eine längere Dauer der Ausbeutung angesichts der grossen Mächtigkeit der gesamten Schichten wahrscheinlich. Viel weniger gross ist der Kohlenvorrat der centralen (St. Etienne etc.) und südwestlichen Reviere (Gard, Brive etc.), welche oberflächliche Deckenausfüllungen auf älterem Gebirge bilden und stets nur wenige Flötze enthalten. Allerdings entfällt der Hauptantheil der Steigerung der französischen Production[1] in den letzten 5 Jahren (1894—1898) auf das Nordgebiet: beinahe 4 Millionen Tons. Aber die weniger erhebliche Steigerung von 1 Million Tons, welche auf alle übrigen Gebiete entfällt, lässt doch eine rasche Erschöpfung derselben vorausssehen.

Für Frankreich ist die Übereinstimmung der bisher veröffentlichten Prognosen mit der thatsächlichen Entwicklung der Production in den letzten Jahren besonders lehrreich: LAVRANET (vergl. NAMS l. c. p. 41) nahm 1690 an, dass nach der damaligen Jahresförderung von etwas mehr als 24 Millionen Tonnen die auf 17—19 Milliarden zu veranschlagenden Vorräte für 700—800 Jahre reichen würden. NAMS rechnet wenige Jahre später mit einer bis 85 Millionen Tonnen gesteigerten, etwa 1910 erreichten Production und nahm somit an, dass der Vorrat in 500 Jahren erschöpft sein würde. Diese Jahresförderung von 85 Millionen (pro 1910) ist nun die Zahl des Jahres 1898 mit fast 38 Millionen Tons schon bedenklich nahe gekommen.

Man wird also die Prognose noch wesentlich ungünstiger — auf 350 bis 400 Jahre — stellen müssen. Dabei ist jedoch der Unterschied zu machen, dass die Erschöpfung der minder reichen, aber räumlich ausgedehnten und somit leichter zugänglichen südlichen Becken wesentlich früher — in ca. 100—200 Jahren — erfolgen dürfte.

Grössere Gleichförmigkeit zeichnet die belgischen Kohlenfelder aus,[2]

[1] Die französische Steinkohlen-Production, welche für das Jahr 1898 gegen das Vorjahr eine bemerkenswerte Steigerung zeigt, betrug:

Departement	1898	1897	1896	1895	1894	1893
	in Millionen Tonnen à 1000 kg					
Pas de Calais	13,6	12,8	11,9	11,1	10,6	9,2
Nord	5,8	5,5	5,2	5,2	5,0	4,7
Loire	3,8	3,6	3,6	3,5	3,4	3,5
Gard	1,9	1,8	1,8	1,9	2,0	2,0
Saône et Loire	2,1	2,0	1,9	1,8	1,8	1,7
Allier	1,0	1,0	1,0	0,9	0,9	0,9
Aveyron	1,1	1,0	1,0	0,9	1,0	0,9
Tarn	0,7	0,6	0,5	0,5	0,5	0,5
Alle andern	2,0	2,0	1,9	1,9	1,8	1,8
Insgesamt	31,9	30,3	28,9	27,9	27,0	25,2
Braunkohlen-Production	0,5	0,5	0,4	0,4	0,5	0,5

[2] Die belgische Steinkohlenproduction betrug:

Bezirk	1898	1897	1896	1895	1894	1893
	in Millionen Tonnen à 1000 kg					
Hennegau	15,9	15,5	15,5	14,9	15,0	14,1
Namur	0,6	0,5	0,5	0,5	0,5	0,5
Lüttich	5,6	5,5	5,2	5,0	5,0	4,8
Insgesamt	22,1	21,5	21,3	20,5	20,5	19,4

deren Ausbeute von 1889—1898 eine Zunahme von nur 2,2 Millionen Tons erfahren hat.[1] Allerdings war hier schon 1890 die durchschnittliche Fördertiefe 610 m, während die grösste Tiefe, aus der regelmässig gefördert wird, bereits 911 betrug. Immerhin ist die in der mächtigen Schichtenfolge enthaltene Kohlenmenge so bedeutend, dass dieselbe wohl für 7—800 Jahre ausreichen dürfte.

3. Österreich-Ungarn.

Über die Steinkohlenvorräte Österreichs sind genauere Ermittelungen nicht bekannt (NASSE l. c. p. 42). Doch lehrt ein Blick in die obige geologische Darstellung, dass das Schatzlarer Revier lediglich die österreichische Fortsetzung der Waldenburger Flötze, das Ostrau-Karwiner Kohlenfeld der südliche, das Krakauer der östliche Ausläufer von Oberschlesien ist. Die unten für Preussen aufgestellten Prognosen gelten auch für Österreich und zwar bei der langsamen Zunahme der Production[1] und der Ausdehnung der noch nicht aufgeschlossenen Flötze ohne Einschränkung.

Die Kohlenbecken in der Mitte und im Westen von Böhmen sind geologisch ein genaues Abbild der kleinen Becken in Mitteldeutschland und im Königreich Sachsen; sie gehen somit wie diese schon im Laufe des beginnenden Jahrhunderts ihrer Erschöpfung entgegen.

4. Russland

(Im Vergleich mit Nordamerika.)

Die Kohlenvorräte Russlands stehen in keinem Verhältnis zu der Grösse, die das Reich in Europa und Asien besitzt. In den Productionsziffern der Erde nimmt Russland die siebente Stelle ein und wird z. B. von Österreich-Ungarn noch um das Dreifache übertroffen. Auch die Prognose für die Zukunft ist nicht übertrieben günstig. Zwar nimmt das polnische Steinkohlenrevier, die unmittelbare östliche Fortsetzung des oberschlesischen, an den günstigen Verhältnissen des letzteren einigen Antheil, aber die Ausdehnung ist geringfügig. Das mittelrussische Gebiet enthält — trotz seines untercarbonischen Alters — lediglich Kohlen vom Brennwert der Braunkohle und die Förderung befindet sich seit 1880 in unaufhaltsamem Rückgang. Die günstigsten Aussichten eröffnen sich zweifellos für das breite, vom Gouvernement Poltawa bis in das Land der Donschen Kosacken ausgedehnte Kohleurevier, dessen Productionscentrum am Donjetz liegt; der südliche

----

[1] R. NASSE l. c. p. 49: „Einstweilen ist zwar noch eine weitere Productionsvermehrung zu erwarten, doch dürfte wegen der zunehmenden technischen Schwierigkeiten des Transportes (s. u.) der Höhepunkt der Förderung bald erreicht sein.[1]

[1] Die Kohlenförderung betrug in Österreich in 1000 metrischen Tonnen:

1883.... 7104	1886.... 7421	1889.... 8543	1892.... 9241	1895.... 9723		
1884.... 7101	1887.... 7606	1890.... 8841	1893.... 9753	1896.... 9900		
1885.... 7579	1888.... 8274	1891.... 9183	1894.... 9573	1897... 10408		

Die Production jurassischer Steinkohlen in Ungarn (Banat) überschritt eine Million metrische Tonnen zum ersten Male 1891 und erreichte 1897 erst 1116000 metr. Tonnen. Die Steinkohlen- und die (reduzirte) Braunkohlenförderung Österreich-Ungarns betrug im selben Jahre zusammen 36208000 Tonnen.

Theil des Gouvernements Charkow, die östlichen Gebiete von Taurien und Jekaterinburg gehören hierzu.

Allerdings sind in dem ausserordentlich mächtigen System oberearbonischer Schichten nur verhältnismässig wenige Stufen Kohlen führend und die Mächtigkeit der einzelnen Flöze ist im Vergleich zu Westeuropa geringfügig (ca. 1 m).[1]

Nicht nur die geringe Entwickelung der Transportmittel und der Arbeitermangel erschweren die Ausbeutung, es ist vor allem auch die unbedeutende Durchschnittsmächtigkeit der Flöze, welche es den vortrefflich geleiteten Bergwerksgesellschaften der Donjetzgebiete noch nicht ermöglicht hat, den Kohlenbedarf des europäischen Russlands zu decken. Ob eine im Jahre 1874 angestellte Schätzung des Kohlenvorrats der Donjetz-Zone auf rund 10 Milliarden Tonnen mit den neueren Forschungen übereinstimmt, ist schwer festzustellen. Jedenfalls verhindert die geringe Mächtigkeit der vorhandenen Flöze sowohl einen intensiveren Abbau wie eine rasche Erschöpfung. Aus den Verhandlungen einer Kommission für Beseitigung der Steinkohlenkrisis macht der deutsche Petersburger Herold (Fohr. 1900) schwer controllirbare Mittheilungen, wonach der Kohlenvorrat der Donjetz-Zone 60 Milliarden Pud Kohlen und 150 Milliarden Pud Anthracit betragen soll. Auch die Bewertung der Transkaukasischen Lias-Steinkohlenschätze von Thwibul (Kutais) mit 2 Milliarden Pud scheint etwas reichlich bemessen zu sein, während der Vorrat der sibirischen Gruben (Sadalbisk) mit 5 Milliarden Pud jedenfalls nicht zu hoch angenommen sein dürfte. Die Kommission kam zu dem Schluss, dass durch Inangriffnahme neuer Kohlenlager die Kohlenkrisis bis zum Jahre 1903 benöthigt sein könnte.

Nach der bisherigen Entwickelung der Production und den vorliegenden geologischen Untersuchungen ist es nicht wahrscheinlich, dass die Förderung im Donjetzgebiet jemals die Einfuhr fremder Kohlen im europäischen Russland überflüssig machen wird. Allerdings ist das weitausgedehnte Gebiet noch keineswegs durch hinlänglich genaue geologische Aufnahmen und Tiefbohrungen aufgeschlossen.

Die Annahme, dass die Donjetzkohle niemals für den Export in Betracht kommen wird, gründet sich auf einen Vergleich mit den ähnlichen Vorkommen Nordamerikas. Die Entwickelung der Kohlenformation am Donjetz stimmt vollkommen überein mit der der inneren Staaten Jowa, Missouri, Indiana u. s. w. Die Oberflächenausdehnung der kohleführenden Schichten kommt in jedem dieser Staaten den pennsylvanischen ungefähr gleich; der Ertrag ist aber nur ¹/₁₀—¹/₄₀ der in Pennsylvanien geförderten Mengen. Auch Illinois, das kohlenreichste dieser Gebiete, fördert kaum ¹/₅—¹/₆ der in Pennsylvanien gewonnenen Mengen. Es herrscht diesseits wie jenseits des Oceans dasselbe Verhältnis. Nur die paralischen Kohlenfelder mit mächtigen, in grösserer Menge aufeinander gepackten Flözen (Pennsylvania, England, Westfalen und Oberschlesien) arbeiten für die Grossindustrie und den Export, d. h. für den Weltverkehr. Die kohlenärmeren Reviere des Donjetz-Typus im Innern der beiden nördlichen Continente vermögen nur die localen Bedürfnisse — vollkommen oder unvollkommen — zu befriedigen.

Die Steinkohlenproduktion in Russland betrug in den

Gebieten	1855	1861/70	1871/80	1881/90	1891/95	1896	1898
				in Millionen Pud (16.380 t)			
Donjetz	4.5	10.0	52.0	120	218	310	540
Polen	4.0	13.0	38.0	117.0	192	219	290
Transkaukasien	—	2.2	18.4	15.9	10.9	10	12
Ural	0.5	0.8	2.0	10.2	16.2	23	23
Insgesamt	9.0	21.6	110.4	276.7	467.0	562	785

[1] Die Liefern (8) Kohlenflöze liefern eine Mächtigkeit von 0.35—0.75 m, darüber lagern 13 Flöze von durchschnittlich 1 m, zuweilen von geringerer Mächtigkeit; 2 m werden niemals erreicht.

5. Nordamerika.

Die Vereinigten Staaten von Nordamerika stehen in der Reihenfolge der jährlichen Kohlenproduction der Erde an zweiter Stelle und werden in Bezug auf den wahrscheinlich vorhandenen Kohlenvorrat (ca. 673 Milliarden metrische Tonnen) nur von China übertroffen. Die procentuale jährliche Zunahme (s. d. Tabelle) ist ebenfalls recht erheblich und in der Schätzung R. NASSE (p. 48) genügend berücksichtigt worden. Derselbe nahm — vielleicht unter der Voraussetzung einer zu starken Bevölkerungszunahme — an, dass die Vorräte der Vereinigten Staaten noch für 640 Jahre ausreichen würden. Da neuere Schätzungen der vorhandenen Kohlenmenge nicht veröffentlicht sind, liegt kein Grund zur Änderung der obigen Zahlen vor.

Die Kohlenproduction Nordamerikas zeigt in den letzten Jahren die folgenden Zahlen (in 1000 metrischen Tonnen):

	Steinkohle (bituminöse coal) [1]	Anthracit [1]	Zusammen
1904	106 053	47 183	154 136
1905	126 627	52 196	178 383
1906	129 680	46 701	175 383
1907	132 511	47 275	179 810
1908 (geschatzt) . .	144 204	45 312	189 516

II. Die Steinkohlenvorräte Deutschlands

werden von B. NASSE eingehend auf Grund geologischer Aufnahmen und der Kohlenschätzungen der Oberbergämter besprochen (p. 14—91). Von den Berechnungen können hier nur die Hauptergebnisse wiedergegeben werden; ein Vergleich der Förderungs-Prognosen mit der thatsächlichen Entwickelung der Production[1] ist ebenso wichtig wie die Berücksichtigung der durch neuere Tiefbohrungen gewonnenen Erweiterung der Kohlenfelder.

[1] Unter bituminöser coal verstehen die Amerikaner Steinkohle — nach Magerkohle in unserem Sinne — im Gegensatz zum Anthracit. Die vorstehenden Summen der bituminösen coal sind jedoch durchschnittlich um 4—4½ Millionen Tons zu verringern. Die nach ihrem geologischen Alter den europäischen Braunkohlen zuzurechnende Laramie-Steinkohle der westlichen Staaten ist wegen hohen Aschengehaltes und unvollkommener Verkohlung der Holzfaser viel richtiger als Braunkohle zu bezeichnen. Der Brennwerth einer Tonne Braunkohle — 0,6 Tonnen Steinkohle, was ungefähr dem obigen Abzug von 4—4½ Millionen entspricht. Doch gleicht sich die Differenz durch den hohen Heizwert des Pennsylvanischen Anthracits wieder aus.

1903 bis	1000 metr. Tonnen Stein- u. Braunkohlenförderung		Zusammen (1 Tonne Braunkohle = 0,6 Tonnen Steinkohle)
	Steinkohlen	Braunkohlen	
1904 . . .	73 802	21 574	86 746
1905 . . .	79 169	24 766	94 042
1906	85 646	26 781	101 915
1907	91 097	28 420	108 052
1908	105 291	31 616	115 283

Auch 1909 ist (nach ungefährer Schätzung) eine Zunahme der Steinkohlenförderung von 7½ Millionen Tonnen erfolgt.

a) Die nordwestlichen Kohlenfelder (Aachen und Westfalen).

Der in dem Aachener Kohlenrevier, in der unmittelbaren Fortsetzung der Belgischen Flötze vorhandene Vorrat wurde zu 1,2 Milliarden Tonnen ermittelt; derselbe würde unter Zugrundelegung der mittleren Productionsmenge von 1411000 Tonnen 1889—91 für 800 Jahre ausreichen. Die Aussicht auf einen ganz ausserordentlichen Zuwachs der vorhandenen Kohlenfelder wird durch die neueren Bohrungen von Erkelenz (oben p. 316) und Wesel eröffnet.

Es kann keinem Zweifel unterliegen, dass geologisch hierdurch der direkte Zusammenhang zwischen den rechts- und linkerheinischen Kohlenfeldern im Norden Deutschlands nachgewiesen ist. Genügende Unterlagen für eine genaue Berechnung der in der Tiefe der Kölnischen Bucht enthaltenen Kohlenmengen sind allerdings noch nicht möglich. Aber selbst wenn man annimmt, dass in postcarbonischen Zeiten eine sehr erhebliche Abtragung stattgefunden hat, so ist doch andrerseits das Gebiet ausserordentlich umfangreich. Auch bei vorsichtiger Abschätzung der erfolgten Auswaschungen an der Oberfläche der Kohlenformation wird man vermuten dürfen, dass ein Vielfaches des ermittelten Aachener Kohlenvorrates (1,2 Milliarden Tonnen) in erreichbarer Tiefe zwischen Aachen und Düsseldorf begraben liegt.

In ganz ähnlicher Weise ist auch für das Westfälische Steinkohlenrevier [1] eine erhebliche Ausdehnung und zwar in nordöstlicher Richtung zu folgern. Die bisherigen mehrfach vorgenommenen Schätzungen der vorhandenen Kohlenmenge haben für die 1890 in Betrieb stehenden oder durch Bohrungen aufgeschlossenen Flötze einen Vorrat von 29,3 Milliarden Tonnen ergeben. Obige Zahl bezieht sich auf die Flötze bis zur Tiefe von 1000 m. Angesichts der grösseren am Oberen See in Nordamerika errichteten Bergwerksteufe von 1830 m glaubt der Geh. Bergrat Schultz (Sitzung des preussischen Abgeordnetenhauses vom 1. Februar 1900; Itef. z. B. in „Stahl und Eisen". 1900 p. 229) die Berechnungen noch wesentlich weiter ausdehnen zu sollen. Derselbe nimmt als baulohnend an:

bis zur Tiefe von 700 m . . . 11,0 Milliarden Meter-Tonnen
in der Tiefe von 700 bis 1000 m 18,3 „ „
von 1000 bis zu 1500 m . . . 25,0 „ „

bis 1500 m insgesamt: 54,3 Milliarden Tonnen. Darunter, unter der dem Bergbau heute schon zugänglichen Tiefe, bis zur unteren Grenze der Magerkohle, sind noch weitere 75 Milliarden vorhanden, im ganzen 129,3 Milliarden. Unter Zugrundelegung einer Jahresförderung von 100 Millionen Tonnen, beinahe dem Doppelten der gegenwärtigen Production, wozu nebenbei bemerkt etwa 400000 Arbeiter nötig wären, würde bis zu einer Tiefe von 1000 m der westfälische Kohlenvorrat noch 293 Jahre ausreichen, bis zu einer Tiefe von 1500 m noch 513 und endlich bis zur völligen Erschöpfung noch 1293 Jahre. Durch diese Ausführung werden neuere, sehr viel ungünstigere Berichte (aus dem Berichte der Kommission

---

[1] Die Zahl der bauwürdigen Flötze wird auf 70—90 geschätzt; die Mächtigkeit der gesamten Schichtenmasse der Kohlenformation beträgt 8000 m.

für die Canal-Vorlage 1899) widerlegt. Wenn auch die Production von 100 Millionen Tonnen[1] noch lange nicht erreicht ist, so hat doch die thatsächliche Entwickelung der Förderung und der Aufschlüsse eine von HUXOK[2] aufgestellte Prognose bei weitem übertroffen. Der verdienstvolle Verfasser der bergmännischen Monographie des Ruhrkohlengebietes nahm auf Grund der vorangegangenen Entwickelung an, dass die 91er Förderung von 37,4 Millionen Tonnen sich 1900 auf 45,5 und 1910 auf 52,9 Millionen steigern würde (l. c.). Nun ist aber, wie die in der Anm. wiedergegebene Tabelle zeigt, die für 1910 vermutete Förderung annähernd schon 1898 mit 51 Millionen Tonnen erreicht worden. Jedoch dürfte allein die nordöstliche Erweiterung des Kohlengebietes (l. c.) hinreichen, um den durch diese Productionssteigerung bedingten Ausfall zu decken.

b) Das Saarkohlenbecken.

Die Begrenzung des dritten westdeutschen Kohlenreviers, des preussischen[3] Saarbeckens, ist in geologischer Hinsicht besonders genau erforscht; irgend welche in Betracht kommenden Erweiterungen sind hier nicht in Rechnung zu stellen.

Der auf Grund wiederholter Untersuchungen ermittelte Vorrat von rund 14 Milliarden Tonnen soll nach R. NASSE auf ca. 800 Jahre reichen, wenn man eine Steigerung bis auf 12 Millionen Tonnen im Jahre 1930 zu Grunde legt. Diese verhältnismässig geringe Steigerung wird mit der Höhe der Gestehungskosten im Saar-Revier begründet und durch die Entwickelung, welche die Zahlen bis 1898 zeigen, im Wesentlichen bestätigt. Prozentual erheblicher war die bisherige Steigerung in den pfälzischen und lothringischen, in der obigen Schätzung nicht mit einbegriffenen Theilen des Saar-Reviers. Die Förderung hat in jedem dieser Ausläufer 1897 zum ersten Male je eine Million Tonnen überschritten.

c) Zerstreute Vorkommen in Süddeutschland und Thüringen, dem Königreich Sachsen und Niederschlesien.

Die zahlreichen deutschen Kohlenfelder zwischen Oberschlesien auf der einen, der nordwestdeutschen Zone und dem Saar-Revier auf der anderen Seite verdienen

---

[1] Vergleichende Übersicht über die Steinkohlenproduction der preussischen Oberbergamtsbezirke 1852—1898 in Millionen Tonnen.

Jahr	Bres-lau	Claus-thal	Bonn	Dort-mund	Gesamt-förderung	Jahr	Bres-lau	Claus-thal	Bonn	Dort-mund	Gesamt-förderung
1852	4,9	—	1,2	2,0	5,1	1882	19,8	0,6	8,1	38,0	65,1
1862	10,4	—	2,8	1,1	10,7	1885	20,7	0,5	7,8	38,4	67,7
1870	7,1	0,3	5,7	11,8	25,3	1891	28,0	0,5	8,6	40,6	70,6
1880	12,2	0,4	6,9	22,5	42,2	1896	21,0	0,5	9,0	41,1	72,6
1881	12,0	0,6	6,6	33,9	41,1	1896	23,7	0,6	10,0	41,9	70,0
1882	10,4	0,5	6,1	45,5	41,1	1897	24,6	0,6	10,0	44,1	81,4
1881	14,2	0,6	8,4	47,1	67,5	1898	26,0	0,6	11,1	51,0	89,6
						1899	28,0				

[2] Das Kohlenrevier an der Ruhr. Berlin 1892 p. 309 ff.

[3] Mit seinen räumlich unbedeutenderen auf bayrisch-pfälzischem und lothringischer Gebiet liegenden Ausläufern.

den Namen Steinkohlenbecken. Muldenförmige Lagerung auf wesentlich
älterem Gebirge, geringe Gesamtmächtigkeit und unbedeutende Zahl der Flötze
bedingen in technischer und geologischer Hinsicht einen wesentlichen Unterschied
von den grösseren Gebieten. Nur der Waldenburg-Schatzlarer Bezirk zeigt einige
Ähnlichkeit sowohl mit dem Saar-Revier als auch mit den kleineren Becken,
deren Ausbildungsform in Centralfrankreich und Centralböhmen wiederkehrt. Einige
dieser kleinen Becken (im Schwarzwald, den Vogesen, dem Thüringer Wald und
bei Wettin) sind schon erschöpft. Grössere Bedeutung besitzen allein das erz-
gebirgische (Zwickau-Chemnitzer) und das Waldenburger Becken. Nach
einer genauen im Jahre 1890 vorgenommenen Schätzung waren damals im Königreich Sachsen 400 Millionen Tonnen Steinkohle vorhanden; die jährliche
Förderung betrug im Durchschnitt der Jahre 1869—91 4,25 Millionen Tonnen,
steigerte sich aber — trotzdem R. NASSE mit guten Gründen[1] ein langsames Herab-
gehen der Production vermuten konnte — in 1890—1898[2] auf durchschnittlich
4,5 Millionen Tonnen im Jahr. Falls diese Productionsmenge sich nicht vermindert,
sind die sächsischen Flötze um 1980 abgebaut.

Günstiger liegen die Verhältnisse im Waldenburg-Schatzlarer-Kohlen-
becken.

In den nördlichen Bergwerksfeldern des preussischen Antheils sind 1850 durch vorsichtige
Berechnung des Oberbergamts 935 Millionen Tonnen als vorhanden ermittelt. Hiervon gehen ab
100 Millionen Tonnen, die in den Sicherheitspfeilern stehen blieben. Hinzu kommen jedoch einige
Hundert Millionen in den durch Bohrungen noch gar nicht aufgeschlossenen tieferen (unteren)
Theilen des Flochzes. Lediglich unter Zugrundelegung der ersteren Summe und der Annahme einer
geringer Förderungszunahme berechnete R. NASSE, dass von 1890 an der Vorrat des niederrheinischen
Beckens noch für 250 Jahre ausreichen würde. Allerdings hat sich die Production recht erheblich
(45% in 10 Jahren) gesteigert. Die anstehende Tabelle[3] zeigt im Laufe des letzten Jahrzehntes
eine Zunahme von 3,3 auf 4,5 Millionen Tonnen.

Man wird vielleicht der Wahrheit nahe kommen, wenn man unter Berücksichtigung der in der nicht näher erforschten Tiefe vorhandenen Kohlen den Vorrat
als für etwa 250 Jahre ausreichend annimmt.

d) Oberschlesien

umschliesst eine Menge von übereinander angehäuften mächtigen Flötzen, wie sie
nach den bisherigen Erfahrungen der Geologie und des Bergbaues sonst nirgends
auf der Erde vorkommen. Die gewaltige Mächtigkeit der Formation, welche
im Westen des Industriebezirkes etwa 5000 m Sandstein und Schiefer umfasst,
wird besonders dadurch bedeutsam, dass nirgends bauwürdige Flötze fehlen.
Der „flötzleere Sandstein", der im Westen Europas die Basis des productiven
Gebirges bildet, wird stratigraphisch durch die ebenfalls sandigen Rybniker Schichten
vertreten, die fast durchweg bauwürdige Flötze führen.

---

[1] Schon 1890 hatten bei Zwickau 3 Förderschächte eine Tiefe von über 700 m erreicht.
[2] In Sachsen wurden gefördert 1896: 4536, 1897: 4594, 1898: 4407 Tausend Tonnen.
[3]

	1889	1890	1891	1894	1895	1896	1897	1898	1899
Niederschlesien (Waldenburg)	2279	8705	3886	3687	3877	4006	4147	4364	4480

In 1000 Meter-Tonnen　　　Zunahme in %　5,3　4,9　3,0　5,2　4,5

Ebenso bemerkenswert wie die vertikale und horizontale Vertheilung der Kohlen, ist das Vorhandensein einer Gruppe von Flötzen, der „Sattelflötze", von denen je 2 niemals unter 5—6 m, im Durchschnitt 10—12 und local 16—18 m Mächtigkeit reiner Steinkohle erreichen.

Auch die Zahl der Flötze übertrifft die der westfälischen und englischen. In dem bei Paruschowitz bis 2 km Teufe gestossenen tiefsten Bohrloch der Welt sind unter den 70 von 210 m bis 1190 m durchbohrten Flötzen 25 über 1 m mächtig; die über 1 m mächtigen Flötze zusammen enthalten 63 m Kohle. Verhältnissmässig noch reicher ist ein fiscalisches Bohrloch bei Kusnor, welches zwischen 318 und 1171 m Tiefe 69,9 m Kohle durchstossen hat, wobei nur die 32 über 1 m mächtigen Flötze in Rechnung gestellt sind. Das Verhältniss ist hier noch etwas günstiger, als 10 m Kohle auf 100 m Gestein; im Ganzen sind 63 Flötze angetroffen worden. Am günstigsten ist das Verhältniss in einem bei Zabrze gestossenen Bohrloch (Dorothe I): Zwischen 239 und 675 m wurden hier unter 85 Flötzen 16 von über 1 m Mächtigkeit gewesen. Diese mächtigeren Flötze ergeben allein 44,8 m Kohle, was auf 427 m gesammte Mächtigkeit das obige Verhältniss noch überträfft).

Allerdings gelten diese hohen Mächtigkeitsziffern nur für die Gebiete, in denen Sattelflötze vorhanden sind bezw. in erreichbarer Tiefe liegen.

Die obigen Zahlen sind etwas ausführlicher wiedergegeben worden, weil sie die offizielle im Jahre 1890 lediglich auf Grundlage der im Betriebe befindlichen Gruben aufgestellte Schätzung der Kohlenvorräte bei weitem in Schatten stellen. Diese Schätzung nahm die mittlere Kohlenmächtigkeit in Oberschlesien zu 19,1 m², in den Revieren, welche Sattelflötze enthielten zu 33,5 m an, und gelangte hierbei zu einer Berechnung von 43155 Mill. metr. Tonnen bis zu 1000 m (und unter Zurechnung der in grösserer Tiefe anstehenden Sattelflötze) auf rund 45 Milliarden Tonnen Kohlenvorrat. Wie die Zusammenstellungen späterer Tiefbohrungen lehren, ist in den Gebieten der Sattelflötze die Mächtigkeit etwa doppelt so gross, als bei der obigen Berechnung angenommen wurde. Auch die übrigen Schätzungen sind zu niedrig gehalten. So wurden die kohlenärmeren tieferen³ Horizonte auf durchschnittlich 3,5 m, im Maximum auf 7 m bauwürdiger Steinkohle geschätzt. Nun sind aber nur in 410 m Schichtmächtigkeit des Bohrloches Deutsches Reich bei Mechanau 11 m Kohle in den über 1 m mächtigen Flötzen konstatirt worden, und andere z. Theil noch nicht publicirte Bohrlöcher geben ein gleiches oder noch günstigeres Ergebnis. Eine genaue neue Berechnung ist so lange unthunlich, als der Untergrund der ausgedehnten Standesherrschaft Pless unaufgeschlossen bleibt und die Verbreitung des Steinkohlengebirges westlich der Oder noch nicht erforscht ist. Aber jedenfalls stellt eine Verdoppelung der obigen Summe, also die Annahme eines Kohlenvorrates von 90 Milliarden metrischen Tonnen in Oberschlesien lediglich eine Minimalschätzung dar. Auf jeden Fall beträgt das nur in dem preussischen Antheil des oberschlesischen Kohlenfeldes abbauwürdige Material mehr als ⅔ der Kohlenschätze der gesammten brittischen Inseln, sofern man die günstigste Berechnung in Betracht zieht. Nimmt man die neueste — wahrscheinlich richtigere — Schätzung der englischen

¹ Ebert, Ergebnisse der neueren Tiefbohrungen in Oberschlesien. Berlin 1895 p. 65.

² Wobei nur Flötze zu mehr als 0,5 m Mächtigkeit mitgezählt wurden; in England wurden in den obigen Berechnungen alle Flötze über 0,3 m Mächtigkeit berücksichtigt.

³ Unter den Sattelflötzen.

Kohlenmenge als zutreffend an, so ist in Oberschlesien allein mehr Kohle vorhanden als in ganz Grossbritannien und Irland.

In Bezug auf die Production haben sich die Berechnungen R. Nasse, der 1890 (16,8) eine Steigerung auf 23,5 Millionen in 1900 vorheraagte, ziemlich genau bewährt[1]. Hiernach würde unter Zugrundelegung der ersten Schätzung (45 Milliarden) eine Dauer des Kohlenvorrates auf 747 Jahre angenommen (also bis 2738 von 1900 ak). Unter der Zugrundelegung der obigen Minimalsumme kämen wir auf eine Dauer von 1500 Jahren.

Bei dem schon jetzt bestehenden Arbeitermangel ist das von R. Nasse angenommene allmählige Hornbgeben der procentualen Productionsannahme auch durchaus wahrscheinlich. Jedoch werden, wie wir gesehen haben, in 100—250 Jahren die kleinen Steinkohlenbecken Böhmens, Sachsens und das Waldenburger Revier erschöpft sein. Dasselbe Schicksal wird die böhmischen und später die norddeutschen Braunkohlen treffen. Der Ausfall der Förderung wird von Oberschlesien gedeckt werden, die anderwärts brotlos werdenden Arbeitskräfte werden allmählig nach Oberschlesien ziehen and bei der räumlichen Ausdehnung der noch gar nicht in Angriff genommenen Kohlenfelder wird auch eine bedeutende Vermehrung der Förderung durchführbar sein. Allerdings stehen wir hier vor einem zwar mit Sicherheit zu erwartenden, aber nicht mit Sicherheit in Rechnung zu stellenden Vorgang.

Aber selbst wenn die nach 150—250 Jahren in Oberschlesien zu erwartende Steigerung der Förderung auch noch so bedeutende Dimensionen annimmt, ist eine Erschöpfung der Vorräte erst im Anfang des vierten Jahrtausends unserer Zeitrechnung anzunehmen.

Es würde zu weit führen, die Kohlenvorräte aller in der nachstehenden Tabelle aufgeführten, Kohle producirenden Staaten in gleicher Ausführlichkeit zu erörtern. Es sei nur noch des grössten, in China aufgespeicherten Steinkohlenvorrats der Erde mit einigen Worten gedacht, dessen geologisches Alter von der unteren Grenze des Obercarbon ohne grössere Unterbrechungen bis zum Jura emporreicht.

Weltproduction an Kohlen.

Die Angaben sind in 1000 Tonnen des landesüblichen (englischen oder metrischen) Masses gemacht.

Grossbritannien (1897) engl. T.	202,119	Steinkohle
Vereinigte Staaten (1897) engl. Tonnen	178,769	„ und Braunkohle
Deutschland (1897) metr. T.	120,430	„ und „
Frankreich (1896) metr. T.	29,311	„ wenig „
Österreich-Ungarn (1896) metr. T.	33,078	„ und „
Belgien (1896) metr. T.	21,213	„
Russland (1896) metr. T.	9,220	„ wenig „
Canada (1897) amerik. T.	3,876	„ und „
Japan (1895) metr. T.	4,849	Braunkohle

Förderung in Oberschlesien.

	1889	1890	1891	1894	1895	1896	1897	1898	1899 weniger ergiebiger Neumeiler.
	15747	18884	17750	17204	18892	19813	20829	22480	11175
Zunahme in %	—	—	—	—	5,8	8,6	5,2	6	—

Indien (1896) engl. T.	3,818	Braunkohle und Steinkohle
Neu-Süd-Wales (1897) engl. T.	4,384	Steinkohle
Spanien (1897) metr. T.	1,939	„
Neu-Seeland (1896) engl. T.	703	„
Schweden (1896) metr. T.	226	„
Italien (1896) metr. T.	276	„ und Braunkohle
Transvaal (1897) engl. T.	1,600	„
Queensland (1896) engl. T.	371	„
Victoria (1896) engl. T.	227	„
Natal (1896) engl. T.	216	„
Capland (1896) engl. T.	107	„
Tasmanien (1896) engl. T.	37	„
Andere Länder [1]	2,000	„ und Braunkohle

III. Die Steinkohlenvorräte Chinas.

Die grösste horizontale Verbreitung besitzt die Steinkohlenformation nach F. v. RICHTHOFEN im nördlichen China. Im Nordosten, in Liau-tung und Schantung, im Westen in Kansu und Schensi, im Süden des Landes, vor allem aber in der Umgegend von Peking und in Schansi sind Anthracite und bituminöse Kohlen von verschiedenem geologischen Alter nachgewiesen und werden zum Theil schon seit alter Zeit abgebaut.

Allerdings darf die Wichtigkeit der zahlreichen kleineren verstreuten Kohlenvorkommen nicht überschätzt werden, da meist nur ein oder wenige Flötze vorhanden sind.[1] Auch das Vorkommen von Kai-pung unweit Peking enthält nur 6 Flötze bituminöser Kohlen, von denen das Hauptflötz allerdings zum mindesten 30′ Mächtigkeit besitzt und bis 90′ anschwellen soll (l. c. p. 288)[2]. Doch sind auch diese wie andere[3] Vorkommen weniger durch Ausdehnung und absoluten Reichtum als vielmehr durch günstige Lage wichtig.

---

[1] Einschliesslich China, Türkei, Serbien, Portugal, Columbia, Chile, Sumatra, Borneo und Labuan, Mexico, Peru, Griechenland etc.

[2] So im Kohlenfeld von Kai-ma-ki in Liau-tang (ein Flötz von 3—5′ Mächtigkeit, v. RICHTHOFEN, China II, p. 96 und 110; La-schan in Ho-nan, ein Flötz von ca. 2 m Mächtigkeit (l. c. p. 600); Lo-tiao in Ho-nan, ein Flötz von ca. 2 m Mächtigkeit (l. c. p. 602); Kia-li-schan in Ho-nan, ein hanwürdiges Anthracitflötz von ca. 1 m Mächtigkeit u. s. w. Ebenso sind im Süden Chinas bei Loping (am Poyang-See, Provinz Kiang-su) im Kanun (Teng-tjan-tsching) sowie bei Nan-king (Dyas) die Flötze weder zahlreich noch besonders mächtig.

[3] Ausserdem kommt für die Versorgung der Hauptstadt nach v. RICHTHOFEN (l. c. p. 336) der Anthracit von Ping-ting-tschou in Schansi in Betracht.

[4] Die Kohlengruben von Tai-ngan-schan bei Peking enthalten 13 Anthracitflötze, darunter ein Hauptflötz von 11′ Mächtigkeit. Der Abbau geht bis in die Zeit der Ming-Dynastie zurück (l. c. p. 340). Bei Muling erreicht ein rhaetischer Anthracit in einem Flötz bis 80′ Mächtigkeit. Ferner sind in der Umgegend von Peking bituminöse Kohlen des unteren Lias bei Terhai-Tarng in 4 Flötzen (darunter zwei bauwürdige 5—9′ bezw. 1—3′) aufgeschlossen (l. c. p. 303).

Dasselbe gilt für die — qualitativ allerdings vorzügliche — Kohle von Schantung, deren Förderung (v. RICHTHOFEN l. c. p. 203) keinen Schwierigkeiten unterliegt. Von Tschang-hin sind ein oder zwei Flötze (von je 4—6' p. 201), am Berge Heischan bei Po-schan-hsien nur ein Flötz von 6—8' Mächtigkeit (l. c. p. 204) vorhanden. Die Ausdehnung dieser Kohlenfelder beträgt nur etwa eine deutsche Quadratmeile. Etwas reicher scheint das Kohlenrevier von Wei-hsiën (l. c. p. 210) zu sein, in welchem 3 Flötze von 4', 5' und 6' Mächtigkeit beschrieben werden. Nach Zeitungsmeldungen sollen durch deutsche Bergleute in Schantung 2½ Milliarden Meter-Tonnen Kohlen ermittelt sein.

Alle bisher erwähnten chinesischen Vorkommen und überhaupt alle Kohlenfelder der Welt werden durch den Reichtum der Provinz Schansi in Schatten gestellt (l. c. II p. 473). Auf einer Fläche von 34 870 Quadratkilometer liegen in beinahe söhliger Lagerung mehrere Flötze von Anthracit, darunter ein Hauptflötz von 6—9 m Mächtigkeit, welches allgemeine Verbreitung besitzt.[1]

Die vorhandene Masse des Anthracites schätzt F. von RICHTHOFEN auf das Minimum von 630 Milliarden metrische Tonnen. Dazu kommt noch — ebenfalls nach Schätzung des sicher vorhandenen Minimums — dieselbe Menge bituminöser Kohle. Das Areal, über welche sich die von Eisen und Töpferthon begleiteten mineralischen Schätze ausbreiten, beträgt nicht weniger als 1600—1750 deutsche Quadratmeilen. Der räumliche Abstand vom Meere ist ungefähr ebenso gross, wie die Entfernung von Oberschlesien zur Ostsee. Allerdings kommt der Hoangho für die Schiffahrt nicht in Betracht und die Eisenbahn geht vorläufig nur bis Peking. Wenn jedoch nach einem Jahrtausend der europäische und nordamerikanische Kohlenvorrat völlig erschöpft sein wird, so dürften die Kohlen und Eisensteine von Schansi zu einem Centrum der Weltindustrie werden.

Zur Vervollständigung des Bildes sind in den vorstehenden Tabellen auch die Förderungsmengen der Braunkohle mit aufgenommen worden. Zur Zeit bilden dieselben in Deutschland und Österreich, ferner in Nordamerika und Japan[2] einen recht erheblichen Faktor der volkswirtschaftlichen Entwickelung, können aber erst in dem Abschnitt über das Tertiär erörtert werden; hingegen sind die geologisch wichtigen, volkswirtschaftlich hinter den obercarbonischen Kohlen durchaus zurücktretenden Brennstoffe des Mesozoicum in den vorstehenden Tabellen und Ausführungen kurz behandelt worden.

Zusammenfassung.

Die Hypothesen über die Dauer der geologischen Zeiträume rechnen durchweg mit sehr bedeutenden Grössen und schwanken hinsichtlich der absoluten Zahlenwerte zwischen weiten Grenzen. Dagegen kann mit grosser Sicherheit das relative

---

[1] Bei flacher Lagerung ist die grosse Mächtigkeit eines Flötzes — nach den im Bergbau Oberschlesiens gemachten Erfahrungen — für den Abbau weniger vortheilhaft als das Vorhandensein mehrerer Flötze von gleicher Gesamtmächtigkeit.

[2] Die tertiären japanischen Kohlen werden allerdings — ebenso wie die Kohlen des Westens von Nordamerika — fast stets als „Steinkohle" aufgeführt, stehen aber in ihrem Heizwert der Braunkohle näher.

Alter einer bestimmten Schichtengruppe oder des derselben entsprechenden Zeitabschnittes angegeben werden. Ähnlich steht es mit den Prognosen über die Ausdauer der Steinkohlenflötze. Nach den Lagerungsverhältnissen und den Bohrprofilen wird der Geologe ohne besondere Schwierigkeit anzugeben vermögen, welches Steinkohlenfeld für längere und welches andere für kürzere Zeit Vorräte enthält. Die absolute Zeitdauer des voraussichtlichen Abbaues wird aber uns so schwerer zu bestimmen sein, als die Productionsstatistik keineswegs eine sichere Prognose gestattet. Die mit Benutzung allen erreichbaren Materials von R. Nasse vorsichtig aufgestellten Productionsprognosen stimmten z. B. in Belgien mit der thatsächlichen Entwickelung des letzten Jahrzehntes überein, gingen in England weit über die wirkliche Förderung hinaus und blieben in Frankreich erheblich hinter derselben zurück. Dabei herrschen in Südengland, Nordfrankreich und Belgien wesentlich übereinstimmende Abbau- und Lagerungs-Verhältnisse.

Es dürfte daher vorsichtiger sein, nicht absolute Werte, sondern vielmehr Maxima und Minima der Zeitdauer anzugeben, für welche die Kohlenflötze ausreichen dürften. Auch diese sind je nach der procentualen Zunahme der Förderung recht weit von einander entfernt und betragen z. B. für England nach drei unabhängigen Schätzungen:

620 Jahre (R. Nasse 1890)
360 Jahre (Hull 1860)
270 Jahre (Greenwell 1882).

Eine weitere Quelle grosser Ungenauigkeiten der Schätzung liegt darin, dass ein politisches Gebiet Kohlenfelder von sehr verschiedenem Reichtum umfasst, während umgekehrt verschiedene Staaten an einem einheitlich gebauten Kohlenrevier Antheil haben. So erstrecken sich die oberschlesischen Flötze nach Österreich und Russisch-Polen hinein, während die Sudetenländer Österreichs dreierlei durch ganz verschiedenen Kohlenreichtum gekennzeichnete Typen der Kohlenfelder umschliessen.

Eine verhältnismässig anschauliche Übersicht der wirklichen Verhältnisse dürfte die folgende Tabelle geben, in der die wichtigeren Kohlenreviere Europas nach ihrem relativen Reichtum und somit auch nach dem Datum ihrer Erschöpfung geordnet sind. Daraus, dass für das relativ ärmste ein Minimalwert von ca. 100, für das zukunftsreichste Gebiet ein Grenzwert von über 1000 Jahre aufgestellt wird, ergibt sich von selbst, dass die Dauer der zahlreichen zwischen diesen Extremen liegenden Gebiete 2—800 Jahre beträgt; die absolute Zeitbestimmung der Erschöpfung hängt lediglich von der Möglichkeit ab, aus der vorliegenden Statistik eine bestimmte Prognose der Productionsentwickelung abzuleiten. Deutschland ist, wie die auf eingehenden Untersuchungen beruhenden Schätzungen zeigen, in Bezug auf Kohlenvorrat das reichste Land Europas, und wird in der Menge des vorhandenen Brennstoffes nur von Nordamerika und Nordchina übertroffen; in England ist lediglich die zeitige Productionsziffer höher und bedingt eine rasche Erschöpfung der Kohlenlager. Die relative Spärlichkeit des englischen Kohlenvorrats (200—350 Jahre) bedroht in absehbarer Zeit nicht nur die englische Industrie und Technik, sondern vor allem auch die englische Seeherrschaft. Enthält doch keine der englischen Kolonien — weder Kanada noch

Neusüdwales, noch das Kapland, noch Ostindien, — Kohlenmengen, die in irgend erheblichem Masse über das locale Bedürfnis hinaus einen Export ermöglichten.

Voraussichtliche Erschöpfungszeit einiger wichtiger Steinkohlenfelder in Europa.

1. Die geringste Gesammtmächtigkeit der Schichten und die geringste Zahl der Flötze besitzen die Kohlenreviere von Centralfrankreich (100 Jahre), Central-böhmen, das Königreich Sachsen, die Provinz Sachsen (die Flötze der letzteren sind so gut wie erschöpft), die nordenglischen Reviere (Durham, Northumberland)	Voraussichtl. Förderungsdauer 100—200 Jahre.
2. Wesentlich grösser ist die Zahl der Flötze und die Mächtigkeit der gesammten Schichten in den übrigen englischen Kohlenfeldern (250—350 Jahre), im Waldenburg-Schatzlarer Revier (ca. 200—300 Jahre), Nordfrankreich (350—400 Jahre).	Voraussichtl. Förderungsdauer 200—350 Jahre.
3. Noch günstiger liegen die Verhältnisse in Saarbrücken (ca. 800 Jahre), Belgien (ca. 800 Jahre), Aachen und dem mit Aachen zusammenhängenden Westfälischen (Ruhr- etc.) Kohlenfeld (ca. 800 Jahre).	Voraussichtl. Förderungsdauer 600—800 Jahre.
4. Die grösste Schichtenmächtigkeit (ca. 5000 m) und Flötz-Zahl besitzt das Steinkohlengebiet in Oberschlesien.	Voraussichtl. Förderungsdauer mehr als 1000 Jahre.

[1] Wie die obigen Ausführungen zeigen, stellt die Zahl 800 einen Mittelwerth dar; es ist — trotz der schon erreichten Abbauteufe von 1830 m — nicht möglich zu entscheiden, ob künftige technische Fortschritte eine Ausdehnung des Bergbaus bis unter 1800 m überall durchführbar machen werden. Jedenfalls besteht aber darüber kein Zweifel, dass der Reichtum des oberschlesischen Kohlenfeldes den des westfälischen übertrifft. Selbstverständlich würde eine Ausdehnung der Förderungstiefe bis 1800 m (s. o.) die meisten Prognosen in wesentlich günstigerem Masse ändern.

Die Dyas.[1]

Allgemeine Kennzeichen.

Die beiden jüngeren palaeozoischen Formationen zeigen zwar in ihrer marinen und nichtmarinen Ausbildung eine ausgesprochene Verwandtschaft; jedoch sind eine Reihe wichtiger Eigentümlichkeiten in der organischen und physikalischen Entwickelung der Dyas vorhanden:

Das Auftreten der Reptilien und der Cephalopoden mit ammonitischer Lobenentwickelung, die Häufigkeit der Coniferen im Norden und der grossblättrigen Farne im Süden der Erde bilden wichtige Merksteine in der Entwickelung der organischen Welt.

Die Zeitdauer der Dyas war zweifellos kürzer als die der vorangehenden Perioden. Aber die Bedeutsamkeit der palaeontologischen Umprägungen steht in Zusammenhang mit gewaltigen erdgeschichtlichen Ereignissen:

1. Die Vereisung ausgedehnter Gebiete der Südhemisphäre[2] (Ostaustralien, Ostindien, Südafrika) gehört ausschliesslich der Dyaszeit an und ist in ihrer äusseren Erscheinung jetzt wohlbekannt. Die Driftschichten in Australien und im Pendschab, die Grundmoränen in Dekkan und Südafrika sind anschaulich in Wort und Bild geschildert worden; die Erklärung bietet hingegen immer noch die grössten Schwierigkeiten.

2. Der Höhepunkt der Gebirgsbildung und der Masseneruptionen in der Nordhemisphäre gehört der unteren Dyas an; die Folgeerscheinungen der Abtragung der Gebirge, Erhöhung des Meeresbodens, die Differenzierung der Meeresfaunen, Ausdehnung der Binnengewässer und der

---

[1] = Permocarbon + Perm vieler Autoren. Über die Namengebung s. p. 15 Anm. a, 491. Der Name Dyas enthält gewissermassen eine nachträgliche Rechtfertigung durch die Zweitheilung der hochmarinen Bildungen (s. unten): 1. Palaeodyas mit *Spirorarca* und *Prosagenerus*. 2. Neodyas mit den ersten Ceratithen. Bei allgemeineren Vergleichungen werden entsprechend den Vereinbarungen der internationalen Petersburger Geologencongresse und der betr. Kommission die Namen Palaeodyas (= Permocarbon) und Neodyas (= Zechstein) gebraucht werden.

[2] Die Angaben über Vereisung im Rothliegenden Englands sind nicht als hinlänglich beglaubigt anzusehen.

endliche Rückzug des Meeres im Norden der Erde bilden den Charakter der mittleren und jüngeren Dyaszeit.

Die gewaltige Anhäufung von Sandsteinen ist durch die Zerstörung der Gebirge, die rothe Färbung derselben wahrscheinlich durch Trockenheit des Klimas zu erklären. Die ungünstigen klimatischen Verhältnisse der Nordhemisphäre äussern sich augenfällig in dem allmähligen Rückgang der Flora; im Süden herrscht gleichzeitig mit der Vereisung ein feuchtes und gleichmässiges, der Kohlenbildung günstiges Klima.

3. Der allmählige Rückzug des Meeres wird in Nordeuropa durch die Episode der von Norden kommenden Transgression des Zechsteinmeeres unterbrochen, das jedoch niemals in Verbindung mit dem Grossen Mittelmeer trat. Das Verschwinden der gewaltigen bis England, Mitteldeutschland und Nordrussland ausgedehnten Binnenseen erfolgte in dem trockenen Klima durch Verdunstung und Bildung von Salzpfannen. Mächtige Lager und Stöcke von Gyps,[1] Steinsalz und Mutterlaugen- (Kali- und verschiedenen schwefelsauren[2]) Salzen sind die Überreste dieses Ereignisses.

Weniger leicht zu erklären ist das an die Schiefer und Sandsteine der mittleren Dyas gebundene Vorkommen von Kupfererzen, das aus Deutschland und England, Ost-Russland und Texas bekannt ist.

Die Faciesbildungen der Dyas.

Fusulinenkalke, Brachiopodenschichten, Kohlenflötze und flötzleere rothe Sandsteine reichen unverändert aus dem Obercarbon in die untere Palaeodyas hinauf. Im mittleren und oberen Theile der Formation erscheinen jedoch Faciesbildungen wie Kupferschiefer, Kupfersandstein und Kalisalze, die in der Erdgeschichte einzig dastehen.

Der geographische Gegensatz arktischer und mediterraner Entwickelung findet auch faciell seinen Ausdruck in dem Fehlen der Cephalopodenfacies in höheren arktischen Breiten.

In der kurzen Übersicht dyadischer Faciesbildungen sind die neuartigen in älteren Schichten (p. 270 ff.) fehlenden Gesteine durch fetten Druck hervorgehoben.

1. Brachiopoden- und Korallenkalk (Flachseebildungen).
(Die Anordnung folgt der Übersicht des Carbon p. 266 ff.)

Brachiopodenkalk und Mergel sind typisch entwickelt in den Kungurschichten, dem oberen Theile der russischen Palaeodyas („Permocarbon"), bei und auf Spitzbergen, Djulfa (mergeliger Kalk der unteren Neodyas), am Fluss Guwas in Kaschgarien (mergeliger Kalk, Palaeodyas), am Tschitischumberg in Tibet (röthlicher reiner Kalk), im Productuskalk der nordindischen Salzkette (meist Kieselkalke), im unteren Zechstein Deutschlands und Englands (mergelige oder dolomitische Kalke

---

[1] Norddeutschland, England, Donjetz.
[2] Prov. Sachsen und Thüringen. Anhalt, Braunschweig, östliches Hannover, Mecklenburg.

mit *Prod. horridus*) und im gleichen Horizont Russlands (mit *Strophalosia, Aulosteges* und *Spir. regulatus* ohne obige Art).

Spiriferensandstein mit zahlreichen **Zweischalern**, eine grobkörnige mit Drift-schichten wechselnde Bildung herrscht in der Dyas von Neu-Süd-Wales, ein **weisser Kieselschiefer** ebenfalls mit Steinkernen von Spiriferen in Tasmanien vor.

Geschichteter Korallenkalk mit zahlreichen Brachiopoden bildet das vorherrschende Gestein in der Mitte der Productuskalke des Pendschab (Kalabagh beds). Echte Korallenriffe sind in der Dyas unbekannt.

In gleicher Meerestiefe wie die eigentlichen Brachiopodenfacies abgelagert und durch häufiges Vorkommen dieser Thiergruppe ausgezeichnet sind:

1. **Bryozoenriffe**, welche im unteren Zechstein Thüringens ziemliche Ausdehnung und einige Mächtigkeit (10—20 m) erreichen,

2. **Bellerophonkalk**, ein dunkler, vielfach gypsreicher oder dolomitischer Kalk der oberen alpinen Dyas. Die Versteinerungen finden sich nur local in diesem Gestein angehäuft und bestehen vor allem aus Bellerophonten (s. unten).

II. Fusulinenkalke

finden sich in der mediterranen Palaeodyas (z. B. Karnische Alpen) und bestehen aus grossen Fusulinen (*F. longissima*) und den kugligen Formen mit Basalskelett (*Muellerina* p. 290). Die Facies nimmt nach oben zu an Bedeutung rasch ab und ist nicht scharf von den Brachiopodenkalken zu trennen. Crinoiden- oder Echiniden-facies sind bisher aus Dyas-Schichten nicht beschrieben worden.

Um so bedeutsamer sind die

III. Zweischalerschichten

besonders im oberen Theile der Formation entwickelt. Vielfach (Deutschland, Russland, Armenien) ist der obere Theil der Neodyas (Zechstein, Tatarische St.) oder auch die untere Grenze (Kansas, Utah) durch die allmählige Verdrängung der Brachiopoden durch die Zweischaler gekennzeichnet. *Schizodus, Bakewellia* (Subg. von *Gervillia*), *Pleurophorus* sind überall die wichtigsten Gattungen in der Entwickelung der Binnenmeere. Nicht minder wichtig sind die schon im Carbon entwickelten Schichten mit den Zweischalern des süssen Wassers. Anthra-cosienbänke finden sich im deutschen Rothliegenden, rothe Mergel mit *Najaditen* und *Anthracosia* in der mittleren, solche mit *Palaeomutela* in der oberen Dyas Russlands.

Unter ähnlichen Verhältnissen wie die Anthracosienschichten sind die durch den kleinen Schalenkrebs **Leaia** gekennzeichneten Schichten im Rothliegenden der Saar gebildet worden.

IV. Cephalopodenfacies

sind erst in den letzten Jahrzehnten aus den Dyas beschrieben worden und auch jetzt noch als seltene Vorkommen anzusehen.

Eine typische, mit den Hallstätter Kalken der Trias übereinstimmende Ent-wickelung zeigen die weissen und gelblichen Ammonitenkalke des Fiume Sosio in

Sicilien. Zahlreiche Brachiopoden, Gastropoden und Zweischaler weisen auf ein offenes Meer von mittlerer Tiefe hin und machen die Fauna zu der reichhaltigsten, welche bisher aus diesem Weltalter bekannt geworden ist. An fast allen übrigen Vorkommen (den Wichita-beds von Texas, den Cephalopoda oder Jabi beds der Salzkette, auf Timor, bei Djulfa) finden sich einige Cephalopodenarten eingeschwemmt in den von vorwiegenden Brachiopoden erfüllten Kalken der flacheren Meere. Ganz vereinzelt (1—3 Arten) sind die für die Horizontirung wichtigen Formen in den Alpen (Trogkofelkalk und Bellerophonkalk), am Tschilitschum und in Australien (eine Art von *Agathiceras*) gefunden worden. Die Vorkommen von Darwas und dem Ariège-Departement sind geologisch wenig bekannt.

Eine nicht sonderlich reiche Cephalopodenfauna enthält die Artastufe des Ural, wo die **Ammoniten** entweder in **Conglomeraten** (ein beinahe einzig dastehendes Vorkommen) oder in Thonen gefunden werden. Die meist als untere Trias gedeuteten Ceratitenschichten des Pendschab und des Himalaya (mit *Otoc. Woodwardi*) werden von NOETLING zur obersten Dyas gestellt.

V. Kieselschiefer

sind entsprechend der geringen Verbreitung von Tiefseebildungen in der Dyas nur vereinzelt nachgewiesen worden.

Kieselschiefer mit Lithistiden *(Praematiles)* sind in der älteren Dyas von Spitzbergen bekannt, aber wie es scheint mit Brachiopodenschichten eng verbunden. Der gleichen Facies gehören Mergel der Artastufe mit denselben Praematiten und mit Hexactinelliden *(Kasania, Stackenbergia)* an.

Bei einigen der Dyas zugerechneten Radiolarien-Kieselschiefer der italienischen Westalpen [1] ist die Altersbestimmung unsicher.

VI. Nichtmarine Bildungen

sind in der Palaeodyas (Rothliegendes) ebenso weit verbreitet als die marinen Aequivalente und bestehen wie im Carbon aus kohlenführenden Schichten, [2] vorherrschend aber aus kohlenfreien, meist rothen Sandsteinen und Schiefern:

A. Die Kohlenflötze

der Dyas, welche in der Nordhemisphäre in dem Unterrothliegenden ziemlich häufig, in dem Mittelrothliegenden aber nur ganz vereinzelt bekannt sind, gehören fast ausschliesslich zu dem limnischen oder Saarbrücker Typus (p. 270). Paralische Flötzbildung ist nur einmal (bei Nanking) nachgewiesen worden.

Bei den Rothliegend-Kohlen [3] kann man die allochthone Entwickelung vieler kleiner Becken des Centralplateaus (oben p. 270) oder den Typus von Commentry von dem autochthonen oder eigentlichen Saarbrücker Typus unterscheiden.

---

[1] C. F. PARONA e. G. ROVASENDA, Diaspri permiani a radiolarie di Montemotto All. R. Accad. scienze di Torino 31. B. 2.

[2] Die Darstellung der eigenartigen Facies, welche die Dyas der Südhemisphäre kennzeichnen, bleibt diesem besonderen Abschnitt vorbehalten.

[3] Über die Dyas- und Triaskohlen der Südhemisphäre handelt ein besonderer Abschnitt im nächsten Kapitel.

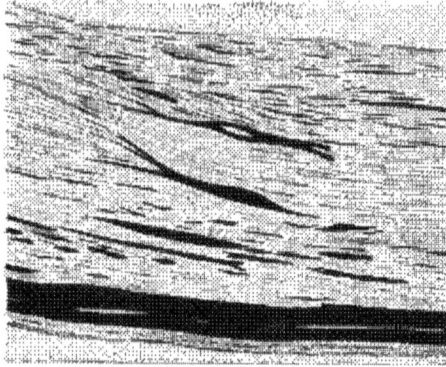

Zusammengeschwemmte (allochthone) Kohlen und Bildung der schwarzen Sandsteine. Gontilleux bei Commentry. Nach GRAND'EURY.
Maasstab 2½ : 1000.

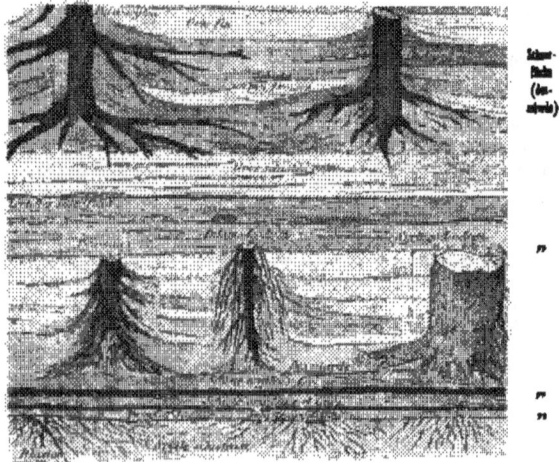

Ansicht eines fossilen Waldes bei Cros, gewachsene (autochthone) Flötze. Rothliegendes, St. Etienne. Nach GRAND'EURY.

Zwei aus dem schönen Werke von GRAND' EURY „Formation des couches de
houille"[1] entnommene Copien veranschaulichen den Gegensatz der zusammen-
geschwemmten schwarzen Sande von Commentry[1] und der gewachsenen
fossilen Wälder von St. Etienne,[2] in denen die aufrechten Stämme und Wurzeln von
Seheertflächen (dessolarde) unterbrochen werden.

II. Die flötzleere Entwickelung des rothen Sandsteins,

welche aus dem Carbon (p. 273) heraufreicht, enthält einige eigenthümliche Local-
facies, welche unsere Kenntniss von dem Zustand der Erdoberfläche zur Dyaszeit
wesentlich erweitern:

1. Auf das Vorhandensein starker kalkhaltiger Quellen weisen die **Kalke
von Karniowice** bei Krakau hin, die wie die Quellenabsätze der Gegenwart oder
der jüngsten Vergangenheit (Mammuth hot springs, Toubach) die Reste der Pflanzen-
welt einschliessen.

2. Die Herkunft der Kupfersalze des **Kupferschiefers** in Deutschland und England, des **Kupfersandsteins**[4] in Russland und Texas,[5] pflegt auf kupferhaltige Quellen
zurückgeführt zu werden, die vielleicht die letzte Äusserung der vulcanischen Aus-
brüche des Rothliegenden sind. Die bekannte zusammengekrümmte Form der Mans-
felder Fische deutet auf ein rasches und massenhaftes Absterben der Thiere hin.
Die Seltenheit von *Productus horridus* in diesem Horizont lässt den Schluss gerechtfertigt erscheinen, dass die Einwanderung der marinen Binnenfauna eben erst begonnen hatte.

3. Die Verbreitung der Fisch- und **Amphibien-Schichten** in den Binnenab-
lagerungen des Rothliegenden knüpft zum Theil an das Devonische Old Red an.
Die Gerolen-Schiefer von Lebach erinnern an die Fisch-Grauden von Schottland
(Lethen har), die grauen feinkörnigen Sandsteine und Schiefer von Autun (mit
Amblypterus) an manche „Flagstones" der Orkney-Inseln (p. 226). Auch kalkige
Einlagerungen, wie das *Amblypterus*-Vorkommen von Ruppersdorf oder das Bone
bed von Illinois[6] sind nicht ohne Analogie in der älteren Formation (p. 83).
Der **feinkörnige Kalk** von **Niederhässlich**, die Ablagerung eines Süsswassertümpels,
der von den Kaulquappen der Branchiosauren erfüllt war, steht allerdings ohne
Analogon in der Formationsreihe da.

4. Ebenfalls einzig dastehend in Mächtigkeit und Ausdehnung sind die Schichten
und Stöcke der **Kalisalze** in Norddeutschland, deren ausführlichere Darstellung weiter
unten folgt. Gyps und Steinsalz ohne Kalisalze besitzt hingegen die weiteste Verbreitung, so in England, am Donjetz (Neodyas), in Kansas (Neodyas), in Texas
(Gerolen-Schichten der oberen Palaeodyas und Neodyas) u. s. w.

---

[1] Mém. soc. géol. de France, 3 sér., Tom. IV. Mémoire N. III, 1887.
[1] l. c., t. 5 f. 4.
[2] l. c. Cam, t. 9, f. 18.
[4] Mit Landpflanzen, Reptilien und Stegocephalen.
[5] Ebenfalls mit landbewohnenden Wirbelthieren.
[6] Mit Stegocephalen und Theriodontiern.

Die Fauna der Dyas

(mit besonderer Rücksicht auf die Ammoneen).

Die Dyas schliesst sich faunistisch so eng an das Carbon an, dass für manche zoologischen Gruppen eine besondere Übersicht unnöthig erscheint. Insbesondere ist die Schwagerinenzone des Obercarbon durch das erste Auftreten einer Anzahl von Typen (s. o.) gekennzeichnet, die erst in der folgenden Periode ihre Hauptentwickelung erreichen. Immerhin sind das Auftreten der ältesten zu den Rhynchocephalen gestellten Reptilien *(Kadaliosaurus, Palaeohatteria, Aphelosaurus, Mesosaurus, Protorosaurus)*, die mächtige Entwickelung der Stegocephalen sowie das Auftreten der Cephalopoden mit ammonitischen[1] und ceratitischen Kammerscheidewänden Momente, welche die Abtrennung eines besonderen Systems auch in faunistischer Hinsicht rechtfertigen. Das Auftreten der zu zwei verschiedenen Ordnungen *(Rhynchocephalia* und *Theromorpha)* gehörenden, allgemein verbreiteten Reptilien würde allein genügen, um die Selbständigkeit der Dyas palaeontologisch zu rechtfertigen.

Alle jungpalaeozoischen Reptilien sind Land- oder Süsswasserbewohner; in unzweifelhaften Meeresbildungen ist noch kein hierher gehörender Rest gefunden worden. Die Wanderung der Reptilien in den Ocean und die vollendete Anpassung an das Wasserleben erfolgte erst in der mesozoischen Aera. Bei *Mesosaurus* (s. u.) zeigt beispielsweise die Hinterextremität den Beginn der Umwandlung zum Schwimmorgan, während die Vorderextremität noch ein reines Schreithein darstellt. Es ist selbstverständlich kein Zufall, dass die *Theromorpha*, die am mannigfachsten differenzirte dyadische Gruppe, die einzigen Reptilien sind, welche Beziehungen zu den Säugetieren und Amphibien aufweisen.

Die ältesten Reptilien, welche den noch lebenden Rhynchocephalen *(Hatteria)* nahe stehen, sind als grosse Seltenheiten im mittleren Rothliegenden gefunden und unter den Namen *Palaeohatteria* und *Kadaliosaurus* (Sachsen) beschrieben worden; nur wenig jünger sind *Aphelosaurus* (oberes Mittelrothliegendes) und *Haptodus*. Später erscheint im Kupferschiefer *Protorosaurus*, welcher im Knochenbau ein Zwischenglied von *Hatteria* und *Palaeohatteria* bildet. Die Anomodontier sind in der russischen mittleren Dyas angedeutet *(Oudenodon)*, während vereinzelte Wirbel *(Nasosaurus*[2] in Texas und Böhmen, *Phanerosaurus* in Thüringen) das Erscheinen der ältesten Theriodontier andeuten. Häufiger sind hierher gehörende Formen in Russland;[3] im deutschen Kupferschiefer findet sich *Parasaurus.*

Exotische Vertreter der Dyas-Reptilien sind in ziemlich grosser Zahl beschrieben worden, aber ihrem Alter nach nicht genauer bekannt, so *Mesosaurus* (= *Stereosternum* = *Ditrochosaurus* in Südbrasilien und Südafrika, zu den Rhyncho-

---

[1] Die schon im Carbon auftretende Reihe *Dimorphoceras—Thalassoceras* bildet eine kleine bald aussterbende Gruppe mit der ersten Andeutung ammonitischer Loben.

[2] Die sonderbaren durch quere Verzweigung der Dornfortsätze ausgezeichneten Wirbel sind im Kasawaer Horizont (Mittelrothliegendes) und in Texas, die phantastisch geformten Schädel in dem letzteren Lande gefunden worden.

[3] *Deuterosaurus, Brithopus, Rhopalodon* u. s.

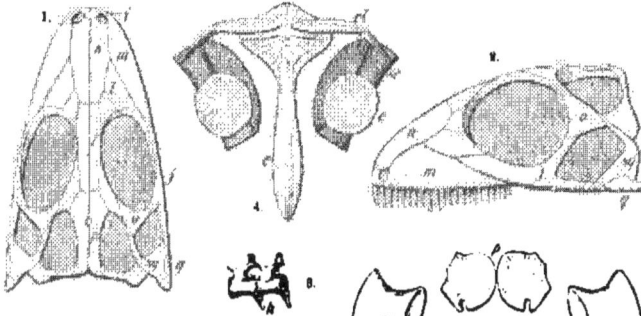

Fig. 1—6. *Palaeohatteria longicaudata* Cred. Nach-
sisches Mittelrothliegendes, Niederhässlich; Plauenscher Grund bei Dresden. (N. Cadsara.)

Fig. 1. Die Schädeldecke.   Fig. 2. Der Schädel v. d.
Seite. *i* = Intermaxillaria.   *m* = Maxillaria.   *n* = Nasalia.   *f* = Frontalia.   *p* = Parietalia.   *l* = Lacry-
malia.   *j* = Jugalis.   *o* = Postorbitalia.   *sq* = Squamosa.   *q* = Quadrata.   Fig. 3. Zwei Schwanzwirbel
m. d. hinteren Bogen (h).   Fig. 4. Der Schultergürtel.   *e* = Episternum.   *cl* = Claviculae.   *sr* = Scapulae.
c = Coracoidea.   Fig. 6. Das Becken.   *i* = Ilea.   *is* = Ischia.   *p* = Pubes.

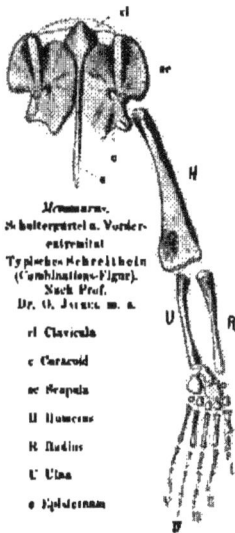

Mesosaurus.
Schultergürtel u. Vorder-
extremität
Typisches Mehreithein
(Combinations-Figur).
Nach Prof.
Dr. O. Jaekel. m. a.

cl Clavicula
c Coracoid
sc Scapula
H Humerus
R Radius
U Ulna
e Episternum

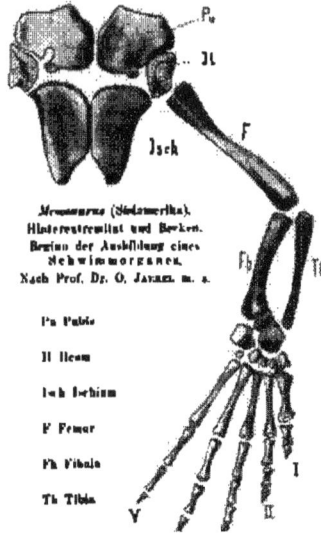

Mesosaurus (Südamerika).
Hinterextremität und Becken.
Beginn der Ausbildung eines
Schwimmorganes.
Nach Prof. Dr. O. Jaekel. m. a.

Pu Pubis
Il Ileum
Isch Ischium
F Femur
Fb Fibula
Tb Tibia

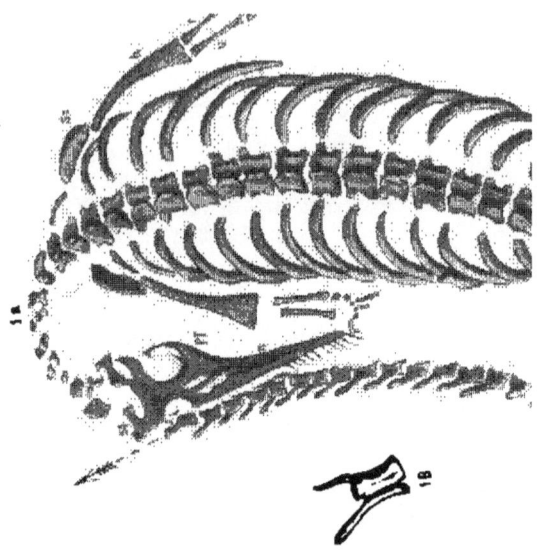

(Zu Seite 460.)

1 a. 1 b *Macrauchenia (amida)* Cuv. sp. Nach dem Gypsabguss eines im Hamburger Museum befindlichen Abdruckes (Roher Sandstein). Dyas, Paraguay (Villa Rica 25° 46' M., 56° 40' W.). ⅓ nat. Gr. Der kurze Hals, die schwachen, wahrscheinlich zum Durchwühlen des Wassers und zur Zurückhaltung kleiner Thiere bestimmten Zähnchen, der lange, breite und kräftige Schwanz, die kräftigen Hüppen und die verhältnissmässig schwachen Extremitäten sind wohl erhalten. Der Unterkiefer fehlt, der Eindruck des langen nach vorn kopfwärts gerichteten Schwanzes ist dem Kopfe genähert. Pf Pfeardfortsätze, s Nasale, p Praemaxillare, sq Squamosum, j Jugale (Jochbein), die Knöchelchen sind undeutlich, a Anhalter), Sc Scapula, h Humerus (mit ihnen Femur entsprechend), r Radius, u Ulna, Sk die beiden Sacralwirbel, te Tarsalem, f Femur, t tibia, f fibula (in zwei Theile zerbrochen), Ti Tibiale, Fi Intermedia-Fibulare. 1 B Schwanzwirbel mit langen Dornfortsätzen und Hämapophysen. ⅓.

Zur Erläuterung sind beigefügt nach dem in Brasilien befindlichen Original von *Macrauchenia* exporirt (crasse sp. (Nitrobuscares crasse). Dyas, Mesopotamien am Orango-Fluss. 2 a der dritte Schwanzwirbel mit den deutlich abgegliederten Schwanzrippen.
2 b Pe Pelvis. beide ⅔.

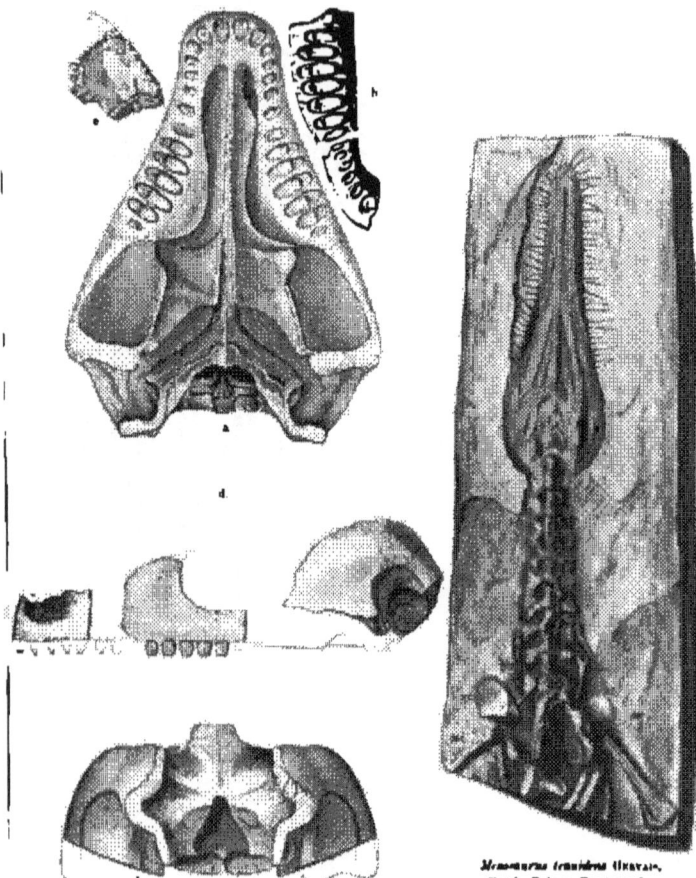

Kupodim wateria Cope. (Nach Cope.) ¹/₂ nat. Gr.
Untere Dyas. Texas.
a. Unmmrungansicht des Schädels. b. Dergl. c. Seitenansicht der
Symphyse. d. Seiten- und e. Hinterhaupts-Ansicht.

Menoswurus teruidens Owen.
Kopf, Hals u. Brustgürtel.
Neuzeichnung des Originals von Owen. (Dyas
(Unt. Karoo). Südafrika.
h humerus. coc Coracoid. sc Scapula. cl Cla-
vicula. hr Halsrippen. ¹/₂ nat. Grösse.

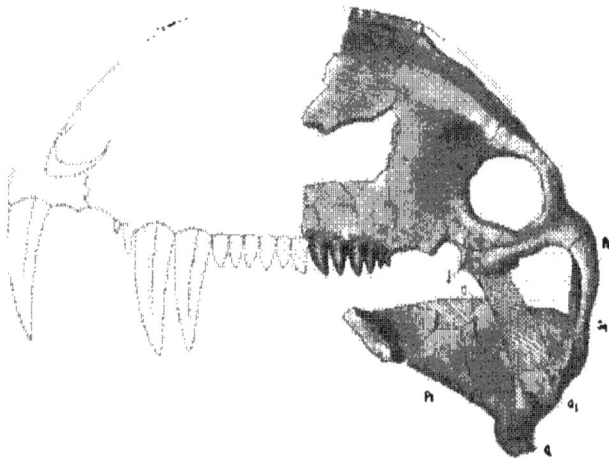

Naosaurus claviger Cope. Untere Dyas, Texas. ⅓ nat. Gr.

Pa = Parietale.   Q = Quadratum.
Sq = Squamosum.   J = Jugale.
Qj = Quadrato-Jugale.   Pt = Pterygoideum.

From Transactions of the American Philosophical Society held at Philadelphia, for promoting useful knowledge. vol. XVI. New series, 1890, Taf. II u. III.

Drei Rumpfwirbel v. Palaeo-
hatteria longicaudata Cred.
Säch. Mittelrothliegenden.
Niederhässlich; Plauen'scher
Grund bei Dresden.
(N. Credner.)
i Intercentren.

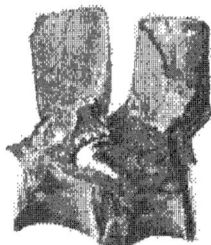

Rumpfwirbel v. Protorosaurus Speneri
H. v. Meyer mit zwischenliegendem
Intercentrum (i). Vergr. 2/1.
Kupferschiefer. N. Eimer.

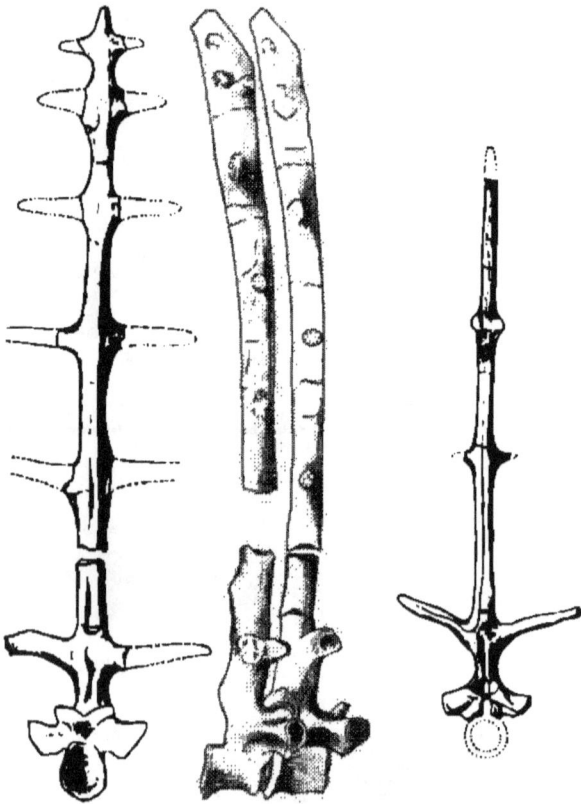

Naosaurus claviger Cope. *Naosaurus cruciger* Cope.
⅙ nat. Gr.
Wirbel mit enorm verlängerten seitlich verzweigten Dornfortsätzen.
Aus der unteren Dyas von Texas. Nach Cope.

cephalen gehörend), sowie die verschiedenen in der texanischen Dyas erscheinenden
Theriodontier.[1] Wenn die Angaben über das Zusammenvorkommen der Reptilien
mit einer Brachiopodenfauna von carbonischem Habitus in Illinois sich bestätigen, so
sind diese als die ältesten Formen anzusehen.

Im Gegensatz zu der weiteren Verbreitung der Landpflanzen, Fische und einzelner Reptilien sind die an das Land und Süsswasser gebundenen Amphibien-
gattungen auf bestimmte Gebiete beschränkt. So findet sich *Dasyceps (Lepospondyli)*
nur im englischen Rothliegenden, *Melosaurus* und *Zygosaurus (Temnospondyli)* nur
in der russischen Dyas, *Actinodon* und *Euchirosaurus* nur in Frankreich. Nur in
Amerika, vornehmlich in Texas sind gefunden worden: *Trimerorhachis, Zatrachys,
Eryops, Acheloma, Anisodexis, Cricotus (Temnospondyli)* und *Platyops (Stereospondyli)*.
Allerdings steht mit der obigen Thatsache das Hinaufgehen zahlreicher Gattungen
des englischen Carbon in das böhmische Unterrothliegende scheinbar in Widerspruch.

Von den Stegocephalen des europäischen Rothliegenden ist am längsten bekannt *Archegosaurus*, dessen Verbreitung allerdings auf die mittlere Stufe Sachsens
und des Saargebiets beschränkt ist. Wichtiger als Leitform ist der in beiden Roth-
liegendstufen in Frankreich, Deutschland und Oesterreich (Böhmen) vorkommende
Branchiosaurus, dessen vollständig bekannte Metamorphose (H. CREDNER) in
entwickelungsgeschichtlicher Hinsicht besonders interessant ist. Mit dem Arten-
und Individuenreichtum von *Branchiosaurus* ist das Vorkommen von *Sclerocephalus*
nicht zu vergleichen. Jedoch gehörten zu diesen „Krötenkrokodilen" die grössten
und am stärksten bewehrten Räuber, die naturgemäss seltener vorkommen als die
Schaaren der Salamander-ähnlichen Geschöpfe. In Bezug auf räumliche und geologische Verbreitung (Unter- und Mittelrothliegendes in Böhmen[4] und dem Saar-
Nahegebiet, Mittelrothliegendes von Sachsen) kommt jedoch *Sclerocephalus* dem
Branchiosaurus nahe.

Die *Lepospondyli* (Hülsenwirbler, Wirbelkörper aus einheitlichen Knochen-
hülsen) umfassen von wichtigeren Gattungen *Branchiosaurus*,[5] *Pelosaurus,
Apateon* und *Melanerpeton (Branchiosauridae), Hylonomus*,[5] *Sreleya,[4] Ricnaslau,
Microbrachis, Limnerpeton, Ceraterpeton*[5]*, Urocordylus*[5]*, Acanthostoma (Micro-
sauria), Dolichosoma*[5]*, Ophiderpeton*[5] *(Aistopoda),* Fast ebenso mannigfaltig sind die
Temnospondyli, bei welchen die Wirbelkörper aus mehreren getrennten Knochen-
stücken bestehen: *Archegosaurus* (Mittelrothliegendes); *Sparagmites, Discosaurus,*

---

[1] *Empedias, Diadectes, Helodectes, Helosaurus, Chilonyx (Diadectidae), Theriodichus, Ectorg-
nathus, Pantylus (Tortoichidae), Elaphosaurus, Eosalaphorus, Theroplenrs, Diasetrodon, (Tepagterops,
Cynorionlin); zum Theil kommen die Arten auch in Illinois and Neu-Mexico vor.

[2] Die hier vorkommenden Arten hatten sich bisher unter andrren Namen (Pelrigotosaurus)
versteckt. Ihr Schädel der sub verwandten Nyrrhania unterscheidet sich nur durch eine hinter den
postorbitalen Knochen gelegene überzählige Platte.

[3] Die gesperrt gedruckten Gattungen sind abgebildet.

[4] Vergl. A. Fritsch, Fauna der Gaskohle. Die Selbständigkeit dieser und anderer in der böhmischen Gaskohle gefundenen Gattungen ist bei dem schlechten Erhaltungszustand der Reste zweifelhaft. Bedenken muss vor allem der Umstand erregen, dass von keiner böhmischen Art die Metamorphose bekannt ist. Die Körperform and die Organisation (Entstehung des Beckengürtels) wird bei
der Entwickelung von der Kaulquappe zum luftathmenden Amphibium wesentlich verändert.

[5] Schon im Carbon.

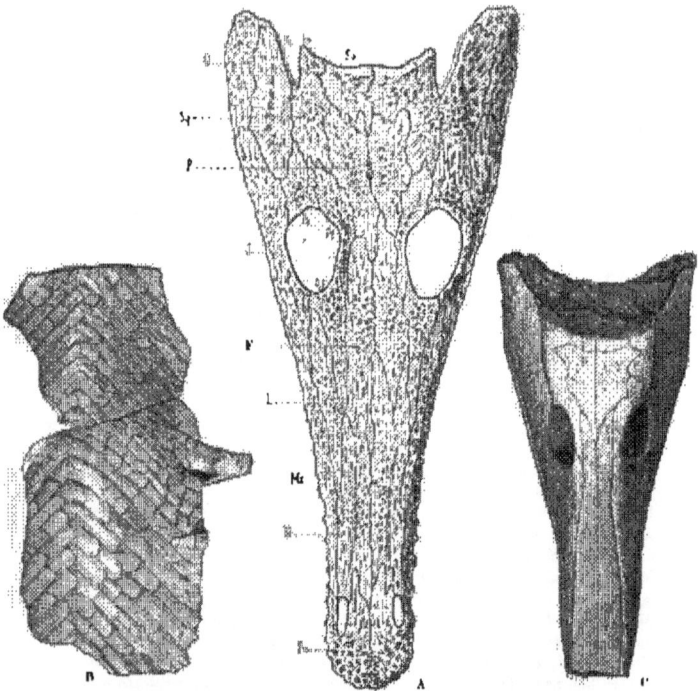

Fig. A. *Archegosaurus Decheni* H. v. M. Mittelrothliegendes von Lebach.
Originalzeichnung von Prof. Dr. O. Jaekel nach einem Abguss im Museum f. Naturkunde, Berlin.
²/₃ nat. Grösse.

Sculptur der Aussenseite eines vollkommen ausgewachsenen Exemplars. Die zwei anderen Abbildungen
(Taf. 57, Fig. 3 und p. 416) stellen jüngere Exemplare mit weniger spitzer Schnauze dar.

Pm Praemaxillare	J Jugale	Sq Squamosum
N Nasale	Prf Praefrontale	Q Quadrato-Jugale
Mx Maxillare	Pf Postfrontale	St Supratemporale
L Lacrimale	Po Postorbitale	Ep Epioticum
F Frontale	P Parietale	So Supraoccipitale

Fig. B u. C. *Cricotus heteroclitus* Cope. (Nach Cope.) ²/₃ nat. Grösse.
Untere Dyas von Texas.
B. Bauchschilder, C. Oberansicht des Schädels.
Cricotus ist der nächste amerikanische Verwandte von *Archegosaurus*

Entwickelungsgeschichte von *Branchiosaurus amblystomus* (?MED.)

Fig. 1—6 sind verschiedene Wachstumsstadien der in erster Linie durch Kiemenathmung (br) und Nachtheil der Haut gekennzeichnete Larve (früher *Br. gracilis*).

Fig. 7 stellt das Bild der Luft der Luft athmenden und mit Bauchpanzer versehenen reifen Form. Mittel-Reihliegenden von Sichelschwänrch. (Nach Chauvin.)

pt = Pterygoideu
br = Kiemenbogen

cv = Nervalrippen
cc = Caudalrippen
cv = seitliche Bauchplatten
cl = Clavicula

sc = Scapulæ
i = Ilen
is = Ischia
h = Humerus

f = Femsl
t = knorpeliger Tarsus
ph = Phalangen.

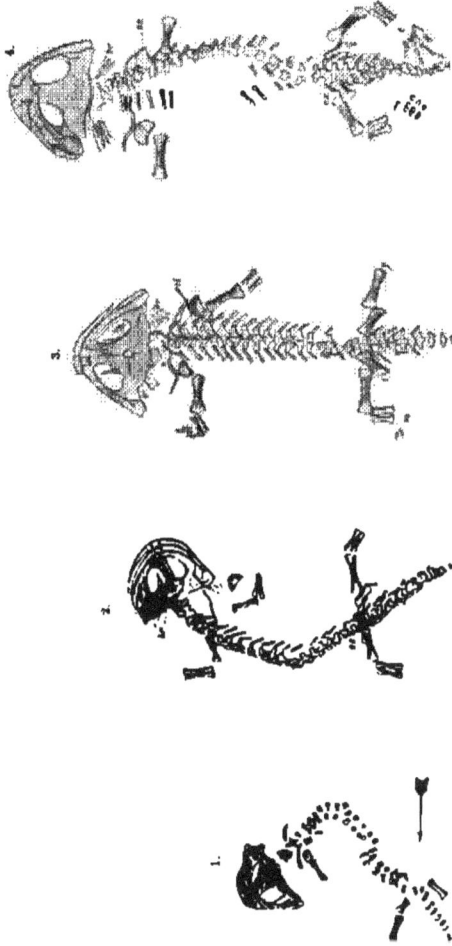

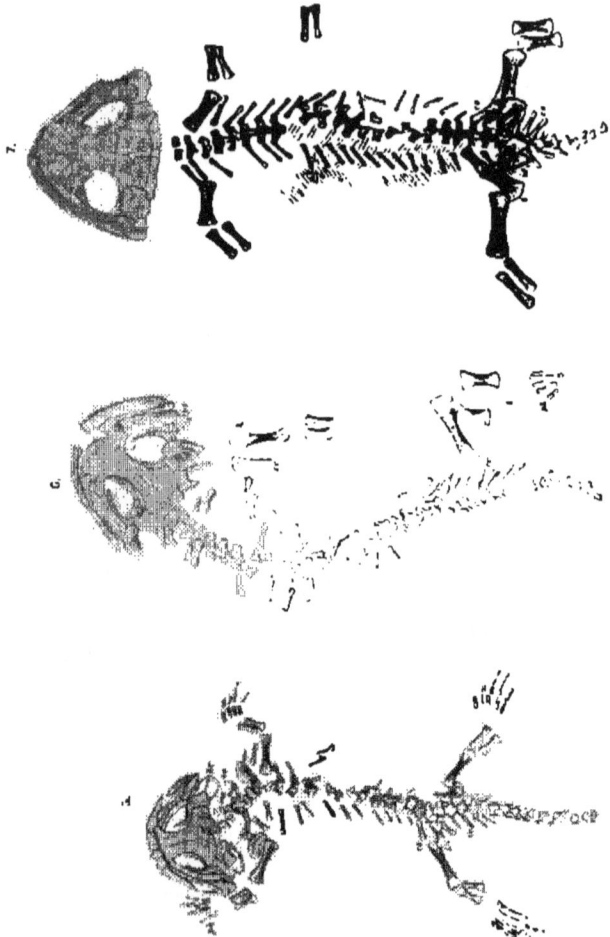

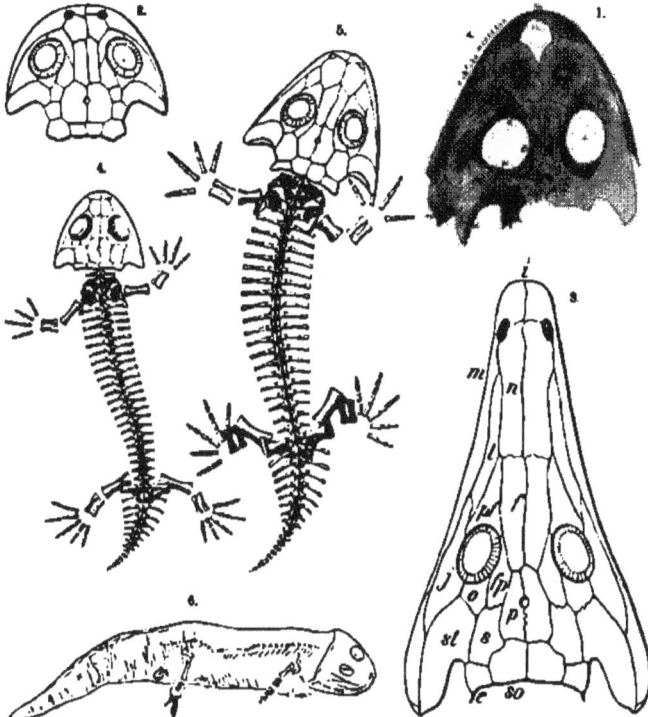

Fig. 1, 2 u. 3: Die Schädeldecke sächsischer Stegocephalen und zwar von:

Fig. 1. *Acanthostoma vorax* Cred.

fo = Foramen parietale, n = Nasalia, im = Intermaxillaria, ci = Corum intermaxillare, po = Postorbitalia, o = Orbitalia, mi = Maxilla inferior, d = Kieferzähne. Die übrigen Buchstaben siehe Fig. 3.

Fig. 2. *Melanerpeton pulcherrimum* Fritsch.

Fig. 3. *Archegosaurus Decheni* Goldf. (halbnatürlich).

i = Intermaxillaria (Zwischenkiefer), m = Maxillaria superiora (Oberkiefer), n = Nasalia (Nasenbeine), f = Frontalia (Stirnbeine), p = Parietalia (Scheitelbeine), so = Supraoccipitalia (obere Hinterhauptsbeine), l = Lacrimalia (Thränenbeine), pf u. fp = Prae- u. Postfrontalia (vord. u. hint. Stirnbeine), j = Jugalia (Jochbeine), o = Postorbitalia (hint. Augenhöhlenbeine), st = Supratemporalia s = Squamosa (Schläfenbeine), e = Epiotica (Zitzenbeine).

Fig. 4. *Branchiosaurus amblystomus* Cred. u. Fig. 5. *Pelosaurus laticeps* Cred.

(Beide von oben, mit Hinwegnahme des Bauchpanzers.) Fig. 1—5. Sächsisches Mittelrothliegendes. Niederhäslich, Plauenscher Grund bei Dresden. (Nach Credner.)

Fig. 6. *Branchiosaurus salamandroides* Fritsch. Gaskohle des Unterrothliegenden von Nürschan. Böhmen. Nat. Grösse. N. Jaekel.

Die häutige, nur theilweise durch Knochen gestützte Schwanzflosse in natürlicher Länge.

Fig. 1 a Schädel ... der linken ... gestellt. Fig. 1 f. Querschnitt vom spitzen Ende ...

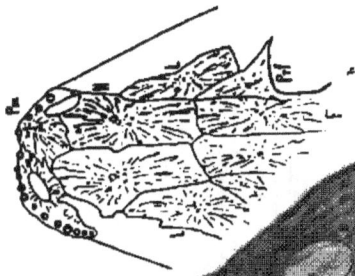

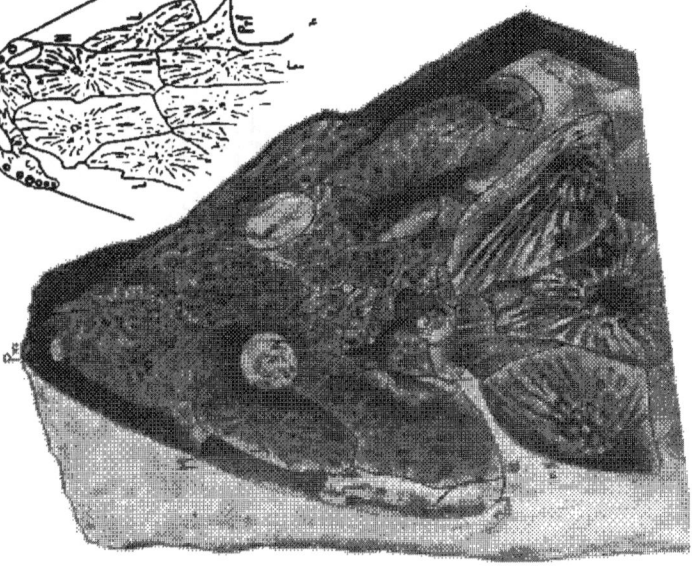

Nectroporus latirostris H. v. Meyer.

a Ein Exemplar mit wohlerhaltenen Knochenplatten und undeutlich hervortretenden Kopfeindrücken von Kupferdorf bei Bonsaw. Mittelwohliegendes. Bresslauer Museum.

b Gespann der Kopfschilderchen auf dem Schwanzantheil. Copie nach H. v. Meyer. Lebark.

(Palaeontogr. VI, 1, 10, f. 2.)

Erklärung der Kopfschilde.

Pm Praemaxillare	Prf Praefrontale	So Supraorbitale
M Maxillare	Pf Postfrontale	K Epioticum
N Nasale	J Jugale	St Supratemporale
F Frontale	Po Postorbitale	Sq Squamosum
L Lacrimale	Pa Parietale	Qud Quadrato-Jugale

usK unbere Kohlmrsuplatte (episternum). uX unbere seitliche Kohlmrsuplatten (claviculu).
LsK Untere Kohlmrsuplatte (Corseid nach aranca). 08 Bauchschuppen.

Die Untersuchung von *Nectroporus* im bekannten Mittelrothliegenden (Kupssnn u. a.) beweist, dass die Gestaltung mit *dreizehenartra und Branchiosaurus* in der Regel, überdies wirklich in den Steinersphalen des Rothliegenden geprüft. Der Rumpf, da in der ansehnlichen Art auf den Landour Steinersphalen erhalten ist nicht erhalten. Jedenfalls sind alle den vorderen Schulterpartien der Gliedmassen den Kopfeindruckes sind einem Kohlmrsuplatten, verlaufen kann. Der zu dem Gestell Theile des Schilderns den Laufer kann die Gliedmassen IV, 1, 9 u. 10).

Man kann also einen an einen dem Untermittelkngaaben *Nectroporus latirostris* H. v. M. und *Hancei* Go, sp. nutd. Urszande von dem Mittelrothliegenden *Nectroporus latirostris* H. v. M. Laberk-Bonsaw. sowie *Nectroporus latyrissimus* (Gr.) Crenasu.

Anmerkung. Es ist keineswegs unwahrscheinlich, dass *Nectroporus latirostris* H. v. M. (Fig. a) mit *Chelyosaurus Franzi* Fanun (Fanun der Gladiole II, p. 16, t. 64—66) gemirkt, hier ist. Was von Kohlmrsuplatten vorliegt (t. 66, f. 2; t. 66, f. 2) nimmt überein. Der Schwanzantheil des Schädels (t. 66, f. 1) ist einem undeutlich erhalten, wie auf unserem Stück. Die von Thell recht erheblichen Vorschiederheiten, welche der hintere Thell des Schädels (t. 67, f. 1) und der Wespenthell erkennen lässt (t. 66, f. 1 Lacrimale fehlt; den Postschilde bildet den ganzen Abnormund der Augen) kennten auf die gänzlich verschiedene Erhaltung zurückzuführen werden; Die beiden deutlicheren Exemplare von Fanun sind (t. 67, f. 1; t. 66, f. 1) sind innere Abdrücke den Schädels, während unser Exemplar von der Aussenseite sichtbar ist.

? *Chelydosaurus* (Mittelrothlieg.), *Cochleosaurus*, *Sclerocephalus*, *Diplospondylus*
FRITSCH em. (= *Diplorrriebron*), *Dendrerpeton*.

Weniger verbreitet sind die *Stereospondyli* mit vollständig verknöcherten

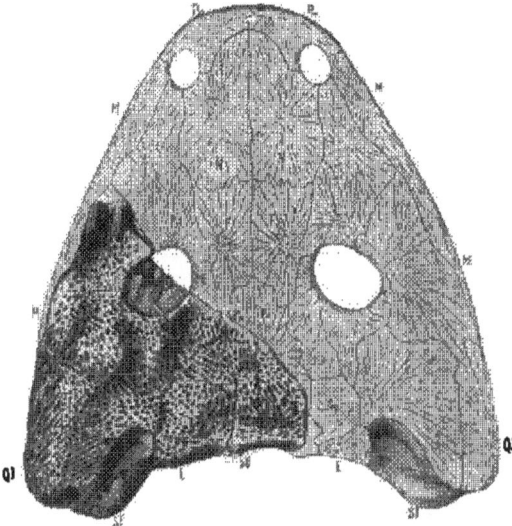

Nyrahenia trachystoma FRITSCH.

Reconstruction nach zwei Exemplaren aus dem Unterrothliegenden (Gaskohle) von Nürschan (Böhmen).
Das grössere, links oben schattirt abgebildete Stück liegt im Breslauer Museum und ist auf ¼
verkleinert. (Vergl. Taf. 56b); die in der Gegend des Squamosum liegende überschüssige Platte ist
undeutlich abgegrenzt.

Das kleinere vollständige, 10,3 cm (auf der Oberseite) an Länge messende Exemplar befindet sich im
Museum für Naturkunde in Berlin und ist nur im Umriss dargestellt.

Pm Praemaxillare	F Frontale	QJ Quadrato-Jugale.
N Nasale	PF Postfrontale	ST Supratemporale
M Maxillare superius	Pa Parietale	K Epioticum
L Lacrimale	Po Postorbitale	SO Supraoccipitale
Prf Praefrontale	J Jugale	Sq. Squamosum

Sehr nahe verwandt ist *Sclerocephalus bavaricus* BRANCO sp. (*Weissia*) aus dem Unterrothliegenden
(Saarer Schichten) der Rheinpfalz.

Schädel und Wirbeln, die aus einer vorn und hinten ausgehöhlten Knochenplatte
bestehen. Hierher gehören *Macromerion* und *Laxomma* aus Böhmen und *Stereor-
hachis* aus Frankreich.

Der enge Zusammenhang der Fischfauna des Obercarbon und des Rothliegenden beruht auf dem Umstand, dass aus beiden Formationen vornehmlich

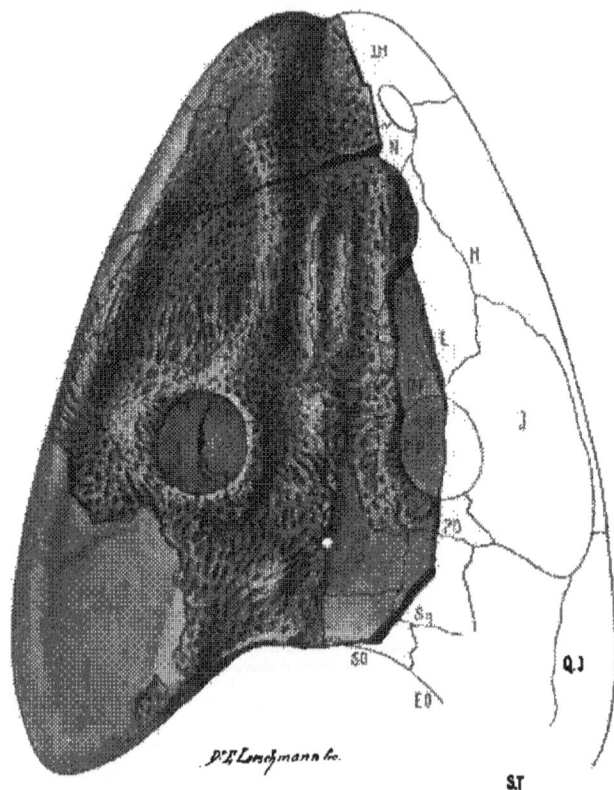

Sclerocephalus Hormeri H. v. Meyer sp. *(Onchyopterus.)*
Aus den Dachschiefern der Mittelrothliegenden von Klein-Neundorf bei Löwenberg.
Neudarstellung des alten in Bronze bedingten Originals von H. v. Meyer (Palaeontogr. VII, t. 11).
$^1/_3$ nat. Gr.

Durch Freilegung des hinteren Augenrandes (Postorbitale, PO), Postfrontale (PF), Praefrontale (PF), sowie des Hinterhauptsrandes (SO Supraorciptiale) konnten die Grenzen der genannten Deckknochen genauer festgestellt werden. Ein Ausguss des alten als Abdruck erhaltenen Originals gestattete eine plastische Darstellung der Aussenseite. Die Ergänzung des allein fehlenden Supratemporale (ST) und Quadratojugale (QJ) wurde ermöglicht durch Verschiedenheit in der Gestaltsfärbung. Die Grenze beider Knochen beruht auf dem Vergleich mit dem in Ost alten Beziehungen übereinstimmenden *Sclerocephalus hormrionr* Hauser sp. Der einzige Unterschied von dieser älteren Art bildet das Vorhandensein eines Zwischennasenbeins (auf der Grenze der Nasalia N und Frontalia F) und die etwas mehr nach hinten gerückte Stellung des Auges. Als Gattungsunterschied kann das Vorhandensein eines überzähligen Schädeldeckknochens kaum angesehen werden. Näher liegt der Gedanke an eine Monstrosität (A. Ferrer). F Parietale, L Lacrimale, JM Intermaxillare (Praemaxillare), J Jugale, EO Epioticum.

Vergl. Taf. 56 a und b.

D.F Lenchmann fec.

Fische der Binnenseen[1] bekannt sind. Die Häufigkeit und Mannigfaltigkeit der Selachier ist angesichts des continentalen Charakters der Gewässer besonders merkwürdig. Die besser zu den Ganoiden zu stellenden *Acanthodes*[2] erreichen im Mittelrothliegenden den Höhepunkt ihrer Entwickelung und ihr Ende. Dem gleichen Horizont gehören vornehmlich die Xenacanthiden (Gattung *Pleuracanthus*)[3] an, während *Janassa* (*Petalodontidae*) und *Menaspis* (*Trachyacanthidae*) bis in den Kupferschiefer hinaufgehen. Auch die im Wesentlichen mesozoische Cestracioniden-Gattung *Acrodus* erscheint bereits im Kupferschiefer (*Strophodus carinatus* MÜNST. = *Wodnika striatula* MÜNST. Taf. 60, Fig. 7, 11). Von Dipnoern ist *Sagenodus* OWEN (= *Ctenodus* auct. e. p.) vornehmlich in Schiefern des Rothliegenden, *Conchopoma* im Lebacher Sphaerosiderit bekannt.

Am häufigsten ist im Rothliegenden und im Kupferschiefer die Familie der **Palaeonisciden** vertreten, welche hier die Höhe ihrer Entwickelung erreicht: *Amblypterus* ist in der unteren, *Palaeoniscus* in der oberen Dyas die vorherrschende Gattung. Daneben finden sich im Rothliegenden von Angehörigen dieser Familie *Trissolepis* (Kanowa[4]), *Rhabdolepis* (Lebach, Taf. 50, Fig. 4), *Pygopterus*, *Elonichthys* (= *Pygopterus* A. FRITSCH), *Platysomus*[5] und *Sceletophorus*, in beiden Abtheilungen *Acrolepis* (Taf. 61) und *Acentrophorus*, im Kupferschiefer *Pygopterus* und die Familie

Menaspis armata EWALD. Kupferschiefer.
Rückenseite. N. JAEKEL. Orig. in Halle a. S.
C Kopf, 1 2 3: 1, 2, 3, dorsale Stacheln, Ko seitliche Kopfstacheln, PP; Brustflossen, K linke Seitenecke, Z Längsreihen grösserer Schuppen, nach hinten in scharf zugespitzte Zapfen auslaufend, V; Ventralfläche, polygonale Schuppen der Rückenseite.

der Platysomatiden mit *Platysoma*[1] (- *Eurysomus*), *Globulodus* und der räthselhafte
Dorypterus.

Von Trilobiten erreichen die letzten Proëtiden noch den unterdyadischen
Soniokalk: hier finden sich *Phillipsia, Griffithides* (= *Pseudophillipsia* Gemm.) und
Proëtus (Taf. 59b); eine durch zackige Schwanzanhänge gekennzeichnete Gattung
Cheiropyge ist in gleichalten Kalken des Himalaya nachgewiesen.

Entwickelung der Loben der Popanoceras-Arten in der marinen Dyas.

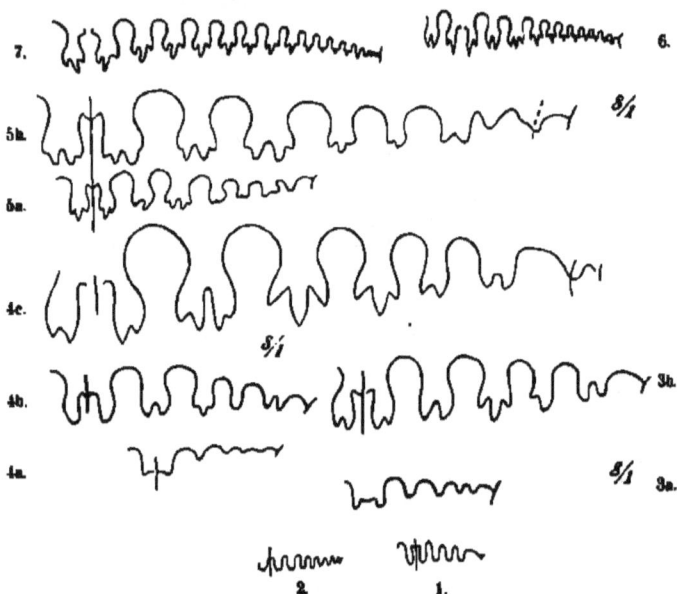

1. *Agathiceras uralicum* Karp. (Carbonische Stammform von *Popanoceras*.) Nach Karpinsky.
2. *Popanoceras Walcotti* Wurm. Wichita beds, Texas. Nach White.
3 a, b. *Pop. subinterruptium* Karp. („Stacheoceras"). Artnstf., Ural (Sylwa-Fl.). Entwickelungs-Stf. N, Karpinsky.
4 a-c. *Popanoceras Krasnopalskyi* Karp. („Sacheoceras"). Artnstufe, Ural (Tschussowaja). N. Karpinsky.
5 a, b. *Popanoceras Sobolewskyanum* Vern. Artnstufe, Ural (Artinskischer Hüttenwerk). N. Karpinsky.
6. *Popanoceras Trimurti* Diev. Tschhidischen-Kalk (Mittl. Dyas), Himalaya. Nach Diener.
7. *Popanoceras tridens* Rothpl. Mittl. Dyas, Ajer Matl; Timor. Nach Rothpletz.

---

[1] Von σῶμα, στόμα etc. müsste die auf -as endigende Form *somatias* etc. lauten; somus ist
unrichtig, die einfachste Verbesserung ist eine Änderung in soma. Taf. 61, Fig. 8.

Lautenentwickelung von

Gastrioceras, Paralegoceras, Agathiceras.

Ober-arbon—Artinstufe, 1—1. Bregt. 6.

Oberarben (terrinantie Vorläufer)
Artanstfe; Sonlenuik, in letsterem
Kampestwirfelung. 5.

Zu *Agathiceras* gehören *Daergrerae* und als evolute Untergattung *Hoffmannia* (Taf. 60 b).

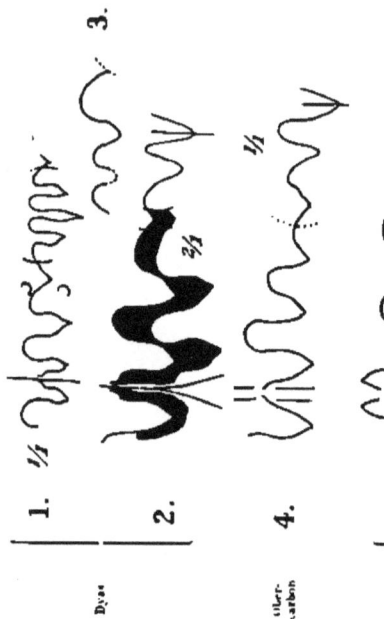

1. 1/3

2. 2/3

3.

4. 1/3

Dyas

ober-carbon

1. *Gastrioceras Jossae* Vern. Vollständige Sutur. Artstufe ⁴/₁. Ural. Nach Karpinsky.

2. *G. Fedorowi* Karp. Artstufe. Petschora ²/₁. Nach Karpinsky.

3. *Gastrioceras* sp. Embryonalform mit undeutlich erhaltener Siphonalregion; "*Branocras* pygmacum* (Grün.). Nußkalk, Haura b. Benedikt. Trchn. Hochschule Aachen. ca. ¹⁰/₁.

4. *Gastrioceras* (*Paralegoceras*) *wormae* Mera und Wormso. oberirdros (Coal measures). Alpine, Jowa. N. Mera und Wormso. Illinois. Ältestes Stammstem von der das älter differenzirte *Paralegoceras* der Artstufe(6) und *Agathiceras*(5) ihren Ausgang nehmen (nicht sehr verchieden von *G. Jossae*).

5. *Agathiceras Suessi* Gemm. Nußkalk. (Copie von Taf. 59 a, Fig. 8.) ²/₁.

6. *Gastrioceras* (*Paralegoceras*) *Tschernyschewi* Karp. Riesenform der Artstufe. ²/₁. (?) Teljak. Nach Karpinsky.

Während der Ursprung der langschwänzigen Krebse nach neueren Erfahrungen erst in der Trias zu suchen ist (p. 283), ist der älteste Vertreter der Krabben vielleicht in den sicilischen Sosiokalken nachzuweisen (Taf. 59b, Fig. 3). Andererseits unterliegt die Übereinstimmung von *Paraprosopon* GEMM. (Taf. 59b, Fig. 4 [1]) mit dem carbonischen *Cyclus* (p. 282) keinem Zweifel.

Die Krusterfauna der unterdyadischen Binnengewässer (*Leaia*, *Estheria*) stimmt ebenso wie die Entwickelung der Insekten, Arachniden und Myriapoden mit der carbonischen (p. 283) überein. Geologisch wichtig ist nur das Vorkommen des Amphipoden (*Gampsonyx*) im Rothliegenden. Aus der oberen Dyas ist von allen genannten Formen — abgesehen von Ostracoden und vereinzelten Insecten — nichts bekannt geworden.

Die Ammoneen der Dyas.

Die ältere Ammoneenfauna der Dyas ist in reichhaltiger Entwickelung bisher nur in den Sosiokalken Siciliens und der Artastufe des Ural nachgewiesen, zu denen sich eine Anzahl zerstreuter artenarmer Vorkommen gesellen. Lückenhafter ist die jüngere, wesentlich durch das Auftreten ceratitoider Formen gekennzeichnete Fauna bekannt (Productus-Kalke und ?untere Ceratitenschichten des Pendschab; Djulfa; Woabjilga im Karakorum).

Die im Nachfolgenden aufgezählten 5 Hauptgruppen umfassen vorwiegend bezeichnende Gattungen der Dyas, nur wenige Formen sind als Vorläufer jüngerer oder Nachkommen älterer Geschlechter aufzufassen:

I. Die von den Glyphioceratiden abgeleiteten Arcestiden enthalten die neuartigen Gattungen *Popanoceras* (nebst den Sectionen *Hyattites* und *? Stacheoceras*), sowie *Cyclolobus* WAAG. (= *Waagenoceras* GEMM.). Taf. 59 a.

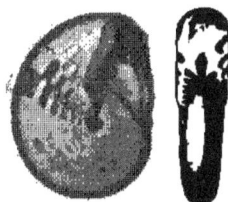

Paropamorites Konincki GEMM.
Sosiokalk. Sicilien.
Originalzeichnung nach einem in dem Geologischen Institut der Univ. Wien befindlichen Exemplar.

II. Neben der vorgenannten, durch starke Lobenzerschlitzung ausgezeichneten Familie lebt die Stammgruppe fort und ist durch folgende 3 Gattungen vertreten: 1. *Gastrioceras* ein. (non auct.); die durch eine vorwärts gerichtete Siphonaldate gekennzeichnete Gattung ist mit Ausnahme eines vereinzelten Vorläufers dyadisch. 2. *Paraleyoceras* (Zwischenform von 1 u. 3) und 3. *Agathiceras* sind ebenfalls durch vereinzelte obercarbonische Vorläufer angedeutet. Doch erreicht *Agathiceras* (mit den Untergattungen *Hoffmannia* und *Doryceras*) seine Blüte erst im Sosiokalk. Siehe die nebenstehende Lobenentwickelung und Taf. 59 a.

---

[1] Die Figur ist versehentlich verkehrt gestellt. Die systematische Stellung von *Paleropomphyx* GEMM. ist nicht vollkommen gesichert.

III. Die Medlicottiiden (*Medlicottia*; *Propagoceras* [*Propinacoceras* + *Sicanites* Gemm.*]*, *Parapronorites, Darwilites*) nebst der carbonischen Stammform *Prosorites* (Untercarbon — Artastufe)[1]. Taf. 59 b.

IV. Die Ceratitiden. Im oberen Theile der Dyas (Djulfakalke und oberer Productuskalk) erscheinen nicht selten Formen mit ceratitischen Loben, welche trachyostrake (*Xenodiscus* etc.) oder glatte Oberfläche besitzen (*Hungarites, Otoceras, Xenaspis*). Es dürfte keinem Zweifel unterliegen, dass dieselben von dem unterdyadischen *Paracelites* abzuleiten sind, dessen runde Loben und vorwärts geschwungene, z. Th. rippenartig ausgebildete Sculptur als Ausgangspunkt sowohl der Ceratitiden (und Tropitiden), wie der von ersteren nicht abtrennbaren Aspiditen und Lecanites anzusehen ist. Abgesehen von den Merkmalen der Sculptur, der auf der Aussenseite vorgewölbten Mündungsform und der Entwickelung der Sutur ist die kurze Wohnkammer den meisten[2] dieser Gattungen gemeinsam. Ob *Paracelites* auf das untercarbonische, durch übereinstimmende Sculptur ausgezeichnete *Pseudonomismoceras* zurückgeht, kann nicht festgestellt werden.

V. Die kleine, an *Dimorphoceras* und *Nomismoceras* anschliessende, in der Dyas durch *Thalassoceras, Nomismoceras* und ?*Cliunolobus* vertretene Gruppe (Familie *Gephyroceratidae*), ist an sich von geringerer Bedeutung, stirbt mit *Usuria* in den Grenzschichten von Trias und Dyas aus und kommt somit als Ausgangspunkt mesozoischer Formen nicht in Betracht.

Die Ammoneenfauna der Dyas besteht also aus:

1. Zwei älteren aussterbenden Gruppen carbonisch-devonischen Ursprungs: Die Gephyroceratiden (*Usuria*) erlöschen an der oberen Dyasgrenze, die Glyphioceratiden (*Gastrioceras, Agathiceras*) in der oberen Dyas (Djulfa).[3]

2. Aus zwei bezeichnenden dyadischen Gruppen, den Medlicottiiden (Medlicottiinae) und den Arcestiden (Subfam. Popanoceratinae Agathiceras-Otoceras). Die erstere erreicht ihre Blüthezeit in der unteren Dyas und ist überhaupt als die spezifisch dyadische Ammoneengruppe anzusehen. Trotz des seltenen Vorkommens in der oberen Dyas erreichen noch Ausläufer die Trias: *Lingobardites* und *Sageceras* (Pronoceras) erlöschen erst in der oberen Trias der Alpen und in Californien. Die Popanoceratinen[4] sind die unmittelbaren Vorläufer der jüngeren Arcestiden (und Phylloceratiden) und als Unterfamilie der ersteren anzusehen. Diese beiden Gruppen entsprechen also einer gleichmässigen Fortentwickelung desselben Stammes in zwei aufeinanderfolgenden Perioden.

3. Die Vorläufer der triadischen rauh- und glattschaligen Ceratitiden sind die jungdyadischen Formen *Xenodiscus, Xenaspis, Otoceras* und *Hungarites*, sowie Aspiditen (incl. *Proplychites*), *Lecanites, Prionolobus, Ophiceras, Flemingites* u. a. aus den tieferen Ceratitenschichten.

---

[1] = *Prolecanitidae* Zitt. Grundz. d. Palaeont. p. 400 excl. *Prolecanites, Doryceras, Climolobus, Agathiceras, Ibioceras.*

[2] *Xenodiscus* soll nach Waagen eine längere Wohnkammer besitzen.

[3] Doch entwickelt sich vielleicht aus *Agathiceras*, der Entwickelsform der Glyphioceratiden und Popanoceratinen, der triadische *Lobites.*

[4] = *Cyclolobidae* Zitt. excl. *Prolecanites, Megaphyllites* und *Monophyllites.*

Kritische Bemerkungen zur Systematik und Stammesgeschichte der Dyas-Ammoniten.

Obwohl die eingehendere Begründung der obigen Einteilung erst im systematischen Theile erfolgen kann, sind einige vorläufige Bemerkungen hier nicht zu umgeben. Denselben liegen ausgedehntere Studien an einer reichen Sammlung von Souie-Ammoniten, sowie den Originalen von KARPINSKY, BEYRICH und DIENER zu Grunde.

Zu I. *Popanoceras* (und *Stacheoceras*) ist direkt von *Agathiceras* abzuleiten. Die Form des Gehäuses, die Länge der Wohnkammer, der Verlauf der Sculptur (besonders bei den kugeligen *Stacheoceras* und *Agathiceras*) sind übereinstimmend, die inneren Umgänge von *Popanoceras xerobiculatum* und *Stacheoceras Dieneri* zeigen *Agathiceras*-Loben (Taf. 59 a). Auch das geologische Alter (*Agathiceras* erscheint im älteren Carbon, die beiden anderen Gattungen in der Artinskstufe) entspricht dieser Meinung. In der Auffassung von *Agathiceras* als Vorfahren der Arcestiden begegnet sich meine Anschauung durchaus mit den Ansichten HAUG's (Études sur les Goniatites); die Erörterung der anderweitigen Verschiedenheiten kann nicht an dieser Stelle erfolgen.

Mit *Prolecanites* hat *Agathiceras* ebensowenig etwas zu thun wie *Beloceras* mit *Medlicottia*. In beiden Fällen liegen wesentlich Convergenzerscheinungen der Loben vor, während die Grundanlage der Sculptur und die Mündungsform beider convergirenden Gattungen gänzlich verschieden ist.

Zu II. Die *Gastrioceras*-Arten der Artinskia (*G. Fedorowi*) schliessen sich z. Th. eng an ihre carbonischen Vorgänger, d. h. an *Glyphioceras* (*Gl. Jossae transversi*) an. Die von GEMMELLARO aus dem Sosiokalk (Calcare con fusulina t. 10) beschriebenen „*Glyphio-*

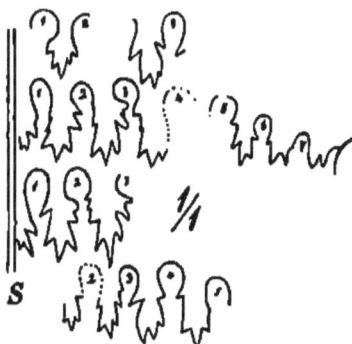

Popanoceras neryniphyllum BEYR. Untere marine Dyas. Timor.
Genaue Zeichnung der erhaltenen Lobenlinien
(1 Externsattel, 2, 3 Seitensattel, 4—7 Hülfssättel.)
Nach dem in Berlin befindlichen Original BEYRICH's von Dr. VOLZ gezeichnet.

ceras"-Arten haben mit dieser Gattung nichts zu thun: *Glyphioceras gracile* (l. c. t. 10, f. 34—38) gehört sicher zu *Nomismoceras*; die Sculptur und die Lobenform stimmt völlig mit dieser carbonischen Gattung (vergl. t. 40 a, f. 6 b, 6 f) überein; bei einer zweiten Art ist die Lobenform etwas abweichend (l. c. t. 10, f. 43) und die Berindung daher unsicher. (*Tinolubus* (t. 39 b, f. 6) schliesst sich als Gattung oder Untergattung an *Nomismoceras* an und unterscheidet sich durch das Vorhandensein zweier Hülfsloben und einer Kiele bei gleicher Grundform der Sculptur. (Die Sculptur erinnert somit am meisten an *Prolecanites*.)

Auch die Bestimmung einer zweiten alteartonischen Gattung ist zu berichtigen. Die Zwergformen von „*Uromoceras*" *pygmaeum*, embryonale Umgänge von wenigen mm Durchmesser scheinen an der Rocca S. Benedetto nicht selten zu sein. Die seitlichen an *Brancoceras* erinnernden Loben (l. c. t. D, f. 39) sind stets leidlich erhalten, die Siphonalgegend ist andeutlich; ergänzt man diese Partie in der Art, wie auf der Figur 39 bei GEMMELLARO, so ergiebt sich allerdings eine zu *Brancoceras* erinnernde Lobenlinie. Thatsächlich kommt, wie der Vergleich der Loben auf unserer Fig. 3 p. 478 ergiebt, nur *Gastrioceras* in Betracht, zu dem „*Brancoceras*" *pygmaeum* als Jugendform von *G. suessi* oder einer noch unbeschriebenen Art gehören dürfte.

Über die Stammesgeschichte von *Gastrioceras*, *Glyphioceras* und verwandte Gattungen hat J. PERRIN SMITH interessante antogenetische Untersuchungen angestellt, die jedoch nur zum kleineren Theil mit meinen, mehr das geologische Auftreten berücksichtigenden Schlüssen übereinstimmen. Ein

Anarcestes-ähnliches Stadium (P. Smith) ist für den Ursprung von *Glyphioceras* auch nach anderen Untersuchungen bis zu einem gewissen Grade wahrscheinlich: Clarke hat in der Entwickelungsgeschichte von *Tornoceras* und *Gephyroceras* ein Urstadium mit grader Anwachsstreifen nachgewiesen; von einem solchen ist jedoch 1. einerseits *Anarcestes* (mit einem Rückensinus und Seitenohren der Anwachsstreifen), 2. andererseits *Cheiloceras* (und *Tornoceras*) abzuleiten. *Cheiloceras* besitzt grade Anwachsstreifen und bei einigen Formen (*Ch. planilobum*) noch eine vollkommen gradlinige Sutur.

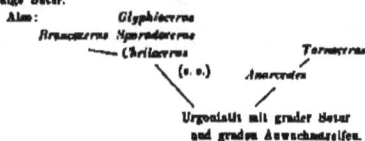

Also:

Glyphioceras
Brancoceras Sporadoceras
—— Cheiloceras   Tornoceras
          \ (s. s.)   /
              \   Anarcestes
                \   /
              Urgonialit mit grader Sutur
              und graden Anwachsstreifen.

Gegen eine Entwickelung wie P. Smith sie annimmt, *Anarcestes—Tornoceras—Prionoceras* (*Brancoceras* Zitt. und Verf.) — *Glyphioceras* (+ *Münsteroceras*) sprechen hingegen alle Beobachtungen über Sculptur und Wahnkammerlänge bei den geologisch bekannten Formen. *Brancoceras* (incl. *Prionoceras*) ist zweifellos nahe mit *Glyphioceras* verwandt, aber wohl besser als Seitenzweig anzusehen. Den Übergang von *Cheiloceras* und *Glyphioceras* vermitteln 1. die Formen von *Cheiloceras* mit spitzen Sellenloten (*Ch. oxygonathus*), 2. *Sporadoceras subbilobatum*. All diese Formen fehlen in Amerika gänzlich und sind um Europa noch unvollkommen beschrieben, so dass ihre Nichtberücksichtigung bei phylogenetischen Speculationen nicht Wunder nehmen kann. Vergl. P. S. Smith, Comparative study of palaeontogeny and phylogeny. Journ. Grol. soc. Amerika. B. V, p. 507—524; besonders The development of Glyphioceras and the phylogeny of the Glyphioceratidae Proc. Calif. Acad. scient., B ser., Bd. I, p. 106—129, t. 10—16 und die Nachträge zu p. 127.

Zu III.

Die formenreiche Entwickelung der Medlicottiiden[1] verleiht der pelagischen unteren Dyas ihren besonderen Charakter, da abgesehen von den triadischen Amaltäern *Sageceras* und *Longobardites* die Gruppe auf das jüngste Palaeozoicum beschränkt ist.

Von den (bereits untercarbonischen) *Promorites* leitet sich der Hauptstamm mit der artenreichen *Medlicottia* (Artinskia — Untere Trias), sowie drei kurzlebigen Seitenzweigen, *Prosageceras* (= *Propinaeceras*[2]), *Paraprowarites* (beide Artinstufe und Soblokalk) und *Darmilles* (Soviahkalk)[3] ab. Die beifolgende auf den wichtigen Forschungen Kaarts's beruhende Lobenentwickelung bringt den Zusammenhang klar zur Anschauung[4]. Vergl. Taf. 59 b.

Es ergeben sich somit die nachfolgenden provisorischen Stammbäume der Arcestiden und Medlicottiiden:

---

[1] Deren Zusammenfügung mit den triadischen Pinacoceratiden lediglich auf einer Convergenzerscheinung beruht und die ebensowenig mit dem devonischen *Beloceras* etwas zu thun haben.

[2] Incl. *Sicanites* Gemm.

[3] Die Stellung von *Darmites* hat Gemmellaro verkannt. Irregeleitet durch eine carnitische (ganz ähnlich auch bei *Paraprowarites* vorkommende) Zähnelung der Lateralloben hat der genannte Forscher die Gruppe bei den Ptychiliden untergebracht. In Wirklichkeit handelt es sich um eine ziemlich geringfügige Änderung der Prowaritensculptur, deren Stadium von *Medlicottia* und von *Paraprowarites* durchlaufen wird. Die Darstellung der Lobenteihle bedarf kaum einer Erläuterung. Das definitive Gehäuse ist durch ein geringes Mass von Involubilität von *Prowarites* zu unterscheiden, dem sich *Darmites* als Subgenus oder Gruppe anschliesst. *Darmites* gehört der Zwergfauna des Rothe di San Benedetto an und ist nur durch eine Art vertreten.

[4] Eine direkte Zurückverfolgung von *Prowarites* in das Devon (*Beryginus* Karp.) ist nicht möglich. *Beryginus* stammt nicht aus dem oberdevonischen, sondern aus dem untercarbonischen Kalk des Urals und ist ein *Prowarites*.

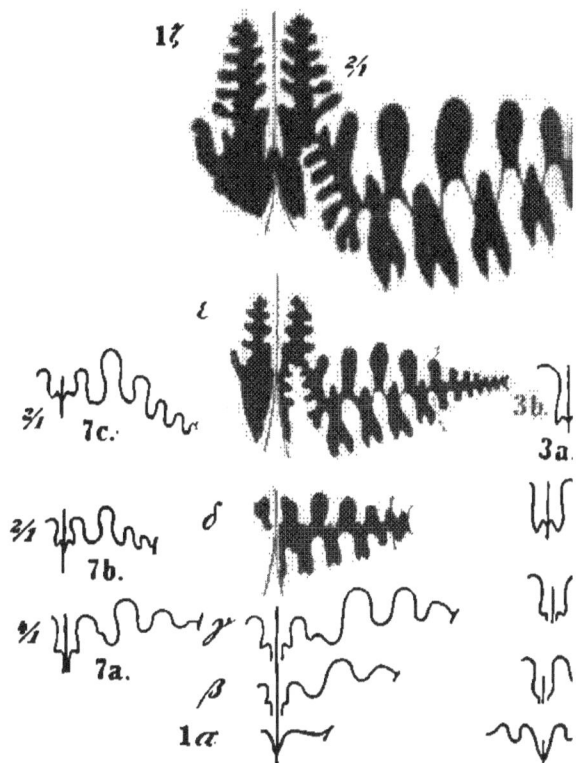

Medlicottia ist die in der Artenstufe aus *Pronorites* entwickelte, bis in die unterste Trias fortlebende Hauptstamm (Mitte Fig. 1). Aus dem *Pronorites*-Stadium (Fig. 1 d) entwickeln sich in der Artenstufe Seitenzweige. *Prosagoceras* (5, 8) und *Parapronorites* (3, 4), die bis in den Neiokalk fortdauern (4). Aus einem früheren Lobenstadium von *Pronorites* (6c) entwickelt sich im Neokalk der harzloßige kleine, durch Ceratitenloben erkennzeichnete *Imerodites* (7).

Fig. 1. *Medlicottia Orbignyana* VERN. 2—5 Entwickelung der Suter nach KARPINSKY. Artenstufe. Ural.

Fig. 2 a—d. *Pronorites pro-* KARPINSKY.

Fig. 3 a, b. *Parapronorites* N. KARPINSKY.

Fig. 4. *Parapronorites Kos* Neiokalk. N. GRUNE

Fig. 5. *Prosagoceras Sokno* Nach KARPINSKY. Jap hahe. ¹⁰/₁.

pronorites GEMM. und der Untergattung *Daraelites* GEMM. em. KARP.
orites-Stadium.

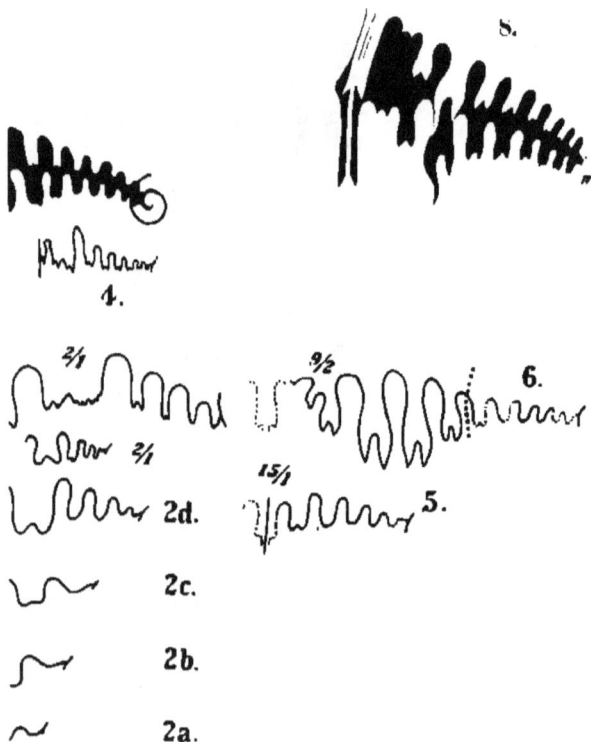

permirus KARP. Ebenslaher. N.

Mojsisovicsi KARP. Ebenslaher.

incki GEMM. Passo di Burgio.
AAD°.

w KAMP.MAT. Artastufe, Ural.
ndstadium bei 2 mm Windungs-

Fig. 8. *Propegerrus Daremi* KARP. Artastufe. Darwas.
Gel. Buchara. Erwachsenes Exemplar. ¹/₃.

Fig. 7 a—c. *Pronorites (Daraelites) Merki* GEMM. em. FREON.
Noniokalk, Rocca di S. Benedetto. 7 a ⁴/₁. Natur des
Taf. 59 b, Fig. 11 e abgebildeten Exemplars. Techn.
Hochschule Aachen. 7 b, 7 c. Naturen grösserer Exem-
plare in ¹/₁. N. GUMBELLANO.

Fig. 8. *Propegerrus Begrichi* GEMM. sp. in ¹⁰/₃. Natur. Erwachsenes Exemplar von Passo di Burgio. (Geol. Inst.
der Wiener Universität.)

II.

Trias.		Phylloceratidae (Monophyllites)	Arcestidae (Proarcestes)

Djulfa und Ob. Productus-Kalk — Gastrioceras (Abichianum) — Cyclolobus Psp. (Stachenceras) antiquum und priscum

Dyas — Zechkalk — Cyclolobus (Stachenceras) Popanoceras (Hyattites) Hoffmannia (Doryceras) ... Agathiceras

Artinstufe — Gastrioceras — (Stachenceras)-Popanoceras — Agathiceras

Oberste Zone — Gastrioceras—Glyphioceras—(Paralegoceras)—Agathiceras

Obercarbon. — Glyphioceras

Untercarbon. — Glyphioceras

III.

Popanoceras steht in keinem genetischen Zusammenhang mit Prowngoceras (Propinacoceras). Ebenso wenig beruht die Ähnlichkeit von Pronorites mit Norites auf genetischer Verwandtschaft.[1]

Trias	Sageceras	Longobardites			
Zone m. (Nor. Wood-wardi d. Himalaya, der Salt Range und des Usuri		Pseudosageras (Usuri) ?			Medlicottia
Ob. Productus-kalk	"Sageceras"(?)				Medlicottia
Zechkalk	Prowngoceras (= Propinacoceras + Sicanites)	Pronorites Subgen. Daraelites		Parapronorites	Medlicottia
Artinstufe	Propinacoceras	Pronorites		Parapronorites	Medlicottia
Obercarbon		Pronorites			
Untercarbon		Pronorites			

[1] Die dritte Gruppe, bei der eine ähnliche Convergenzerscheinung vorliegt, ist Prolecanites und Lecanites. Die Ähnlichkeit der Lobenform ist hier viel ausgesprochener als bei den oben genannten,

Zu IV.

Die Unterordnung.

Ceratitoidea (ungefähr = *Trachyostraca* Mojs.) umfasst

1. *Ceratitidae* Zitt., Grundzüge der Palaeontologie p. 402 + *Meecurceratidae* auct. etc.
2. *Ptychitidae* (L e. p. 406 bei *Amaltheidae*).
3. *Tropitidae* L e. p. 404.

Sämtliche hierher gehörigen Formen besitzen gezähnte („Ceratiten")-Loben und meist runde Sättel,[1] kurze Wohnkammern mit normalem Mündungsausgang, sowie einfache nach vorn geschwungene Anwachsstreifen, die sich vielfach zu Rippen und Knoten verstärken.

Eine Abtrennung berippter oder knotiger (trachyostraker) Formen von den glattschaligen ist bei den älteren Ceratitoiden ebenso wenig möglich wie bei den altpalaeozoischen Tornoceren, Gephyroceren und Glyphioceren. Bei diesen letzteren gehören trachyostrake und leiostrake Arten sogar zu derselben Gattung (p. 462). Bei den Ceratitoiden lassen sich Gattungen auf den Sculpturunterschied um so leichter begründen, je weiter wir in der Formationsreihe aufwärts gehen; aber eine nähere Beziehung der glattschaligen Formen zu den Arcestiden und Medlicottiiden verbietet sich durch die Rücksicht auf die übrigen, äusserlich wahrnehmbaren Merkmale und die Entwickelungsgeschichte der genannten Familien.

Die Ceratitoiden lassen sich bis auf den mittelsymischen *Paraceltites*[2] zurückverfolgen: *Paraceltites* besitzt eine mit jenen übereinstimmende Sculptur, die bei keiner anderen Ammonengruppe wiederkehrt, die Sutur zeigt dieselben Grundelemente, wie bei den älteren Ceratitoiden (*Xenodiscus* und *Otoceras*). Nur ist die allerdings noch nicht abgebildete Wohnkammer länger als bei den jüngeren Ceratitoiden, was jedoch durch die evolute Form des Gehäuses bedingt ist.

In der Dyas sind jedenfalls die rauhschaligen Ceratiten von den glattschaligen Ptychiten noch nicht geschieden; auch in der untersten Trias (Skythische Stufe) ist eine Trennung kaum wahrnehmbar. Diese älteren Stammformen der Gattung *Ptychites* und der Ceratitiden (+ Tropitiden) könnten als *Xenodiscinae* zusammengefasst werden. Hierher gehören:

    Xenodiscus (mit etwas längerer Wohnkammer)
    Xenaspis
    Otoceras
    Hungarites.

Xenodiscus (*X. plicatus*) mit ceratitenartigen kräftigen Knoten auf der inneren Seitenfläche sowie *Tirolites* (ein Laterallobus) mit ähnlicher Sutur und Knoten auf der Aussenseite bilden den einen Zweig, von dem manche Autoren die jüngeren Ceratiten ableiten. Letztere besitzen 2 Lateralloben und Hilfsloben, sowie Knoten innen und aussen. *Xenodiscus* erinnert durch evolute Gestalt (ebenso wie *Xenaspis*) an die älteren Paraceltiten.

Xenaspis, der Ausgangspunkt der glatten Ceratitoiden (Fam. *Ptychitidae*) besitzt schwächere nach vorn gebogene, an Ptychiten erinnernde Falten und stimmt in dieser Hinsicht mit *Otoceras* und *Hungarites* überein; einen äusserlichen Unterschied bildet die mehr evolute Form. Die Sutur

---

aber die Sculptur und die Mündungsform ist abweichend. *Pseudomonotis* hat auf der Aussenseite einen tiefen von Ohren begrenzten Aussenschnitt der Sculptur und Mündung, bei *Leconites* ist — übereinstimmend mit den Ceratitiden — die Sculptur auf der Aussenseite vorgewölbt (cf. Mojs.). Sofern die obigen drei Namen interessante Convergenzerscheinungen alterverschiedener Gruppen und keine phylogenetische Verwandtschaft ausdrücken sollen, sind dieselben passend gewählt. Übrigens drückt sich Mojsisovics hinsichtlich der direkten genetischen Zusammenhänge sehr vorsichtig aus (Cephalopoden der mediterranen Triasprovinz p. 199 bezw. 201). Eine von Hatu vermuthete genetische Ableitung

$$\frac{Leconites}{Xenodiscus}$$

lässt sich aus meinen Beobachtungen nicht folgern.

[1] Nur bei einigen ursprünglichen (*Paraceltites*, *Benecheia*, *Hadiotites*, *Leconites*) oder Rückschlagsformen (*Proavites*) sind auch die Loben glatt, während bei den jüngeren Tropitiden und bei *Ptychites* auch die Sättel gezackt werden.

[2] Dessen wenig veränderter Ausläufer *Hadiotites* ist. Vergl. Taf. 59 b, Fig. 13.

von *Xenaspis* und der beiden Djulfa-Formen *Otoceras* und *Hungarites* zeigt nur geringe Verschiedenheiten.

Von *Hungarites* dürfte *Aspidites*? (und weiter *Ptychites*), sowie nadrerseits *Prionolobus*, *Ophiceras* und *Flemingites* abzuleiten sein.

V.

Die *Gephyroceratidae* (Unterfamilie *Thalassoceratinae*) zeigen im Carbon die Sculptur und Mündung mit tiefem von Ohren begrenzten Ausschnitt, Sutur mit grossen runden Lateralsattel, Extern- und Seitenlobus, welche beide die Entwickelung von einem einspitzigen zu zwei-, drei- und mehrspitzigem (Ammoniten)-Stadium durchlaufen.

Der Vermuthung von R. Hava, dass *Nomismoceras* auch der Ausgangspunkt der Ceratiten und der glatten Formen mit ceratitischen Loben (*Paralcranites*, *Gyronites*, *Lecanites*) sei, steht die gänzlich abweichende Sculptur entgegen. Die Kürze der Wohnkammer, der Verlauf der Sutur aus den geologischen Altar lassen eine Ableitung der ceratitischen Formen von *Nomismoceras* wohl denkbar erscheinen. Aber die Sculptur und der Mündungsrand schwimgt sich bei *Ceratites*, *Lecanites* und *Paraceltites* (*Paraceltites*) auf der Aussenseite nach vorn, während dieselben bei *Nomismoceras* etc.

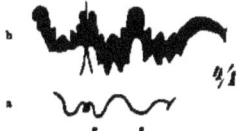

Thalassoceras Gemmellaroi Haug. Artinskstufe von Artinsk. Natur.

a. Junges Exemplar (von 1,3 mm Durchm.), 4/1.
b. Erwachsenes Exemplar 3/1.
c Extern-, s Seitenlobus.

eine von Ohren begrenzte tiefe Ausbuchtung erkennen lässt, Ceratiten und Lecaniten etc. sind vielmehr von dem in der unteren Dyas auftretenden *Paraceltites* abzuleiten.

	Uralia Diet. (Texart-Golf)		
Nodulkalk	*Nomismoceras* (*Glyphioceras* Gen.) *Tinolobus*		*Thalassoceras* (3te Gruppe)
Artа	(Nicht nachgewiesen)		*Thalassoceras* 2te Gruppe (ammonitisch)
Obercarbon	*Nomismoceras* (Nebgenus: *Anthracoceras*[1]; ohne Spiralsculptur, mit einem zweiten Laterallobus)		*Thalassoceras* (1. Gruppe; 2 bis 3 spitzige Loben)
Untercarbon	*Nomismoceras* evolut und involut, Externlobus 1 spitzig. Besonders in der oberen Zone		*Dimorphoceras* (Involut, Externlobus 2 spitzig. Laterallobus 1spitzig. Besonders in der unteren Zone
Oberstes Devon (Clymenienkalk)	Lücke		
Mittleres Lateres } Oberdevon	*Gephyroceratidae* (letzte *Gephyroceras* im mittleren Oberdevon; Ableitung der Lobenlinie von *Nomismoceras* aus dem Jugendstadium von *Timanites*).		

[1] Auf der Tafelerklärung (Taf. 40 b, Fig. 6) ist versehentlich *Dimorphoceras* statt *Nomismoceras* gedruckt.

Zur Einleitung und Stammesgeschichte der Ammoneen.

Bei der Classifikation der Ammoneen eines bestimmten geologischen Abschnittes sind alle wahrnehmbaren Merkmale in Betracht zu ziehen und auf ihre Veränderlichkeit hin zu untersuchen. Die Hervorhebung eines einzigen Merkmales (Brevidom—Longidom; angustisellat—latisellat; leiostrak—trachyostrak; convexe—concave Kammerscheidewände, Gestalt der Sutur) wird niemals den wesentlich complicirteren genetischen Verhältnissen gerecht, sondern schafft nur einen mehr oder weniger bequemen Schlüssel zum Bestimmen. Für den letzteren Zweck leisten die alten Begriffe goniatitisch, ammonitisch, ceratitisch oder auch leiostrak—trachyostrak bessere Dienste als diejenigen, welche auf die Länge der Wohnkammer, die ontogenetische Entwickelung der Sutur und der Siphonaldüte Bezug nehmen. Die erstgenannten Merkmale sind leicht, die letzteren schwer oder in den meisten Fällen gar nicht wahrnehmbar.

Im Gegensatz zu der dichotomen Eintheilung eines „Schlüssels" lassen sich im ganzen Verlauf der im Nebenstehenden übersichtlich zusammengestellten Ammoneen-Entwickelung stets mehrere, meist 3—4 Hauptgruppen verschiedener Abstammung unterscheiden. Stets besitzen ein oder zwei Hauptstämme (Unterordnung) maassgebende geologische Bedeutung und formenreiche Entwickelung, während die übrigen als die letzten Ausläufer aussterbender Gruppen (Sageceras in der Trias, Arcestes im Rhaet) oder als die Vorläufer jüngerer Stämme auftauschen sind (Psiloceras im Rhaet,[1] Phylloceras im Hallstätter Kalk, Agathiceras im oberen, Prosorites im unteren Carbon, Paracelites in der unteren Dyas). Überall — bei wirbellosen Thieren sowohl wie bei den mesozoischen Reptilien und tertiären Säugethieren — erfolgt das Erlöschen älterer Gruppen (Ordnungen und Familien) gleichzeitig mit dem Entstehen neuer Zweige. Es sei diese Thatsache hier gegenüber der Anschauung STEINMANN's hervorgehoben, der die Fortdauer fast aller systematischen Gruppen behauptet. Der neueste von A. HYATT herrührende Classificationsversuch der Cephalopoden weicht von der nachfolgenden Übersicht im Einzelnen und in der Gesamtauffassung so weit ab, dass eine Besprechung der Verschiedenheiten erst nach Erscheinen der vollständigen Bearbeitung des amerikanischen Forschers zweckmässig erscheint. Vergl. Textbook of Palaeontology bei K. ZITTEL, Transl. by Ch. EASTMAN. Cephalopoda, p. 502—592, London 1900 und die vortreffliche Kritik von E. HAUG, Revue critique de Paléontologie, Paris 1900, p. 78.

An Mannigfaltigkeit sind die dyadischen Ammoneen mit ihren drei oder vier vollkommen neuartigen Gruppen den carbonischen Formen durchaus überlegen.

IV	Kreide	{	2—4. *Phylloceratidae*, *Lytoceratidae*, *Amaltheidae*.
			1. Ausläufer der *Aegoceratidae*: *Stephanoceratinae*, *Cosmoceratinae*, *Haploceratinae*, *Perisphinctinae*.
	Jura	{	2—4. *Phylloceratidae*, *Lytoceratidae*, *Amaltheidae*.
			1. *Aegoceratidae* mit sämmtlichen 6 Unterfamilien.

III	Trias	*Leiostraca* em. (excl. *Sageceras* u. *Meekoceratidae*)	7. *Phylloceratidae* (Vorläufer)
			6. *Arcestidae* und
			5. *Pinacoceratidae*
			4. *Cladiscitidae* (isolirte Gruppe).
		Ceratitoidea emend.	3. *Ptychitidae*
			2. *Ceratitidae* und 2a *Tropitidae*

Aussterbende Gruppe: 1. Medlicottiiden *(Sageceras)*

II	Dyas	5. *Ceratitidae* (Obere Dyas; Vorläufer)
		4. *Medlicottiidae* (*Pronoritinae*)
		3. *Arcestidae* (Unterfam. *Popanoceratinae*)
		2. *Cyclolobatidae* (aussterbend)
		1. *Thalassoceratinae* (aussterbend)
	Carbon	4. *Cheiloceratidae* (*Glyphioceratinae*)
		3. *Pronoritinae* (Vorläufer)
		2. *Prolecanitinae* (aussterbend)
		1. *Thalassoceratinae*

I	Devon	4. *Clymeniidae* (sofort erlöschend) — Nur im obersten Devon
		3. *Cheiloceratidae*
		2. *Gephyroceratidae*[1] (und *Prolecanitinae*)
		1. *Aphyllitidae*.

---

[1] Hierher auch *Beloceras* und *Timanites*; zu letzterer Gattung gehört die unterdevonische Form aus den Karnischen Alpen. Im Vergleich zu der früheren Übersicht p. 126 zeigt die vorstehende auf Grund der neueren Arbeiten von HOLZAPFEL und CLARKE einige Vereinfachung.

Man könnte aus der Betonung, die ich selbst bei der Eintheilung der devonischen Goniatiten der Sculptur zu Theil werden liess, den Schluss ziehen, dass diesem Merkmal bevorzugte Bedeutung beisitzt. Doch beweist die eigenthümliche Convergenz von *Glyphioceras reticulatum* (Obercarbon), dass ein im Devon constantes Merkmal bereits in der folgenden Formation fliessend werden kann. Lobenlinie, Spiralsculptur und Form des Gehäuses lassen keinen Zweifel über die Gattungsbestimmung von *Glyph. reticulatum* aufkommen. Jedoch zeigt die Anwachsstreifung und die Form der Mündung eine unverkennbare Annäherung an die im Devon aussterbenden *Torvaceras* aus der Gruppe des *Torn. undulatum* und *suris*.

Das wäre ein Fall von Convergenz ungleich alter Formen, deren bekanntester das Ceratitenstadium der cretacischen Amaltheen oder die Goniatitenform des jurassischen *Aegoceras* und *Morphoceras* darstellt. Am eigenthümlichsten ist die Ausbildung einer mit *Ceratites semipartitus* beinahe

Dyadische Mollusken. Brachiopoden und Korallen.

Über die Gastropoden der Dyas ist, abgesehen von der Häufigkeit von *Bellerophon* in manchen oberen Grenzhorizonten wenig zu bemerken. Der einzige Fundort der unteren Dyas, an welchem diese Thiergruppe artenreich auftritt, ist der Fiume Sosio in Sicilien.

Die Zweischaler der Dyas schliessen sich in den unteren Horizonten dem Carbon[1] an. Eigenthümlich sind nur in den australischen Driftablagerungen die Gattungen *Eurydesma* und *Maeonia*, sowie die ersten echten Pecten-Arten.

übereinstimmenden alttriadischen Form der Salzkette, welche Waagen als *Aspidites superbus* beschrieben hat.

Nur die möglichst gleichmässige Berücksichtigung aller Merkmale und das Anschmiegen ihrer allmählichen Veränderungsfähigkeit giebt eine natürliche Grundlage für Systematik und Stammesgeschichte. Dabei kann der Werth desselben Merkmales in verschiedenen Perioden ganz verschieden sein:

Die Dyas-Ammoniten besitzen in ihrer Sutur scharfe und gute Unterscheidungsmerkmale, bei den Devon-Goniatiten führte die einseitige Berücksichtigung der Lobenlinie zum Zusammenwerfen heterogener Dinge (*Cheiloceras—Tornoceras*). Bei einigen Gruppen bildet die Länge der Wohnkammer ein scharfes Unterscheidungsmerkmal, bei *Tornoceras*, *Aphyllites*, *Anarcestes* und *Brancoceras* finden sich gerade in Bezug auf die Längenausdehnung der Wohnkammer alle möglichen Übergänge.

Die Jura- und Kreide-Ammoniten mit ihrer veränderlichen und mannigfachen Ornamentirung erheischen die vorwiegende Betonung der äusseren Sculptur und der Mündungssäume.

Am wenigsten beständig ist bei den älteren Goniatiten die Form der Einrollung: eingerollte und aufgerollte, eng- und weitgenabelte Formen lassen sich z. B. bei *Agathiceras*, *Tornoceras*, *Cheiloceras* und *Prolecanites*, in besonders variabler Weise aber bei *Gephyroceras* (*„Manticoceras"*) unterscheiden. Diese Formen wurden von mir je zu demselben Genus gerechnet, wenn sie durch Übergänge verknüpft sind und die Gesammtheit der übrigen Merkmale gemeinsam haben. Bei jüngeren (Jura) Ammoniten wird innerhalb kleiner Gruppen die äussere Form im allgemeinen constanter.

Ganz unbestimmt ist bei palaeozoischen Goniatiten die Ausbildung „latsenraker" und trachyostraker Berippung. Zu jeder grösseren Gattung gehört stets je eine kleine, eine oder wenige Arten umfassende Gruppe, bei der die Anwachsstreifen sich zu Rippen, selten zu knotenartigen Bildungen verstärken. So gehört „Sandbergeroceras" zu *Prolecanites*, „Irieyatus" zu *Glyphioceras*, die Gruppe des *Gephyroceras tuberculatum* neben *G. calculiforme*, die Gruppe des *Tornoceras auris* neben *Tornoceras simplex* u. s. w. Es bedarf keiner Darlegung, dass diese Goniatiten mit den trachyostraken Ceratiten nichts mit ihnen haben. Aber auch sonst ist der systematische Werth dieser devonischen, rauh- und glattschaligen Gruppen untergeordnet, da dieselben stets nach kurzer Lebensdauer erlöschen und ausser den Sculpturmerkmalen keine Unterschiede zeigen. Nur die Goniaclymenien (*G. subarmata* und *speciosa*) besitzen neben ihrer Berippung auch bemerkende Unterscheidungsmerkmale der Sutur.

Der Verfasser befindet sich, wie aus den oben gebrauchten Namen hervorgeht, in bewusstem Gegensatz zu der augenblicklichen Zersplitterung der Gattungs-bezeichnungen. Der einzige Vortheil derselben liegt, wie Neumayr hervorhob, in der Nothwendigkeit einer möglichst schärferen Bestimmung einer neuen Form, die bei engbegrenzten Formengruppen (z. B. *Grammoceras*, *Microderoceras*) schwerer ist als bei grösseren Gattungen (*Harpoceras*, *Aegoceras*). Dieser Vortheil wird aber zum mindesten aufgewogen durch die Unverständlichkeit, welche jeden Nichtspecialisten von der Lectüre der Koraliinenkunden derartiger Namenverzeichnisse abschreckt. Da die Namen anlauten und z. Th. auch sachlich begründet sind, können die letzteren zur Bezeichnung von Gruppen oder Untergattungen in rein palaeontologischen Übersichten beibehalten werden, etwa derart, dass man eine Untergattungsnamen zwischen Gattungs- und Speciesbezeichnung, einer Gruppennamen hinter letzteren in Klammer beifögigt. Bei geologischen Übersichten zusammenfassender Art ist die Untergattungs- oder Gruppenbezeichnung besser fortzulassen. Wollte man fortfahren, die Namen der kleinsten systematischen Gruppen als alleinige Gattungsbezeichnung beizubehalten, so würde der Augenblick nicht fern sein, wo zwischen den verschiedenen palaeontologischen Specialgebieten die Verständigung aufhört.

[1] E. B. *Anthracosia* im deutschen Rothliegenden.

Im Zechstein überwuchern allmählich die Zweischaler die bis dahin herrschenden Brachiopoden. Besonders häufig sind von neuen Gattungen oder Untergattungen *Schizodus* (Subgen. von *Myophoria*), *Pseudomonotis* und *Bakewellia* (zu *Gervillia*), seltener *Prospondylus*; bezeichnend sind ausserdem Arten von *Astarte* und *Pleurophorus*. Bemerkenswerth sind die an der oberen Grenze der Dyas in Russland vorkommenden Unioniden mit pseudo-taxodonter Bezahnung *(Palaeomutela u. s. w.).*[1]

Die Brachiopoden und Fusulinen der marinen Dyas (Artastufe, unterer Productuskalk, Sosiokalk) bilden die kaum veränderte Fortsetzung der Fauna der Schwagerinenstufe; sowohl die Zahl der verschwindenden Gattungen als die der

Gryerella Geinitzarni Schellw. **Sosiokalk** (Calcare grossolano, Pietra Salomone). Orig. Schellwien's. Nach berichtigte Zeichnungen des Originalexemplars.

neu auftretenden Formen *(Chonetella, Oldhamina*[2] im Productuskalk, *Scacchinella, Megarhynchus, Tegulifera, Gryerella* im Sosiokalk) bewegt sich in engen Grenzen. Jedoch erreichen viele Formen, von denen vereinzelte Vertreter in der Schwagerinenstufe erscheinen, erst in der Dyas ihre Hauptentwickelung, so vornehmlich *Richthofenia, Lyttonia* und *Aulosteges*. Die genannten auffallenden Formen sterben rasch wieder aus und fehlen z. B. im Djulfakalke vollständig, in dem auch keine Spur von Fusulinen mehr zu beobachten ist.

Dass die Brachiopoden der nordischen Binnenmeere (Zechstein) nur die verarmten Überreste der Fauna des offenen Meeres sind, wurde schon von DAVIDSON zu einer Zeit betont, als man nur die Brachiopoden des Kohlenkalkes kannte.

---

[1] Deren Zurechnung zu den Clavodontiden (d. h. echten Taxodonten) nicht aufrecht zu erhalten ist.

[2] Die Zugehörigkeit von *Oldhamina* und *Lyttonia* zu den Brachiopoden erachtet Nomuna als unerwiesen.

Jetzt lässt sich diese Anschauung bis in alle Einzelheiten nachweisen. Besonders bezeichnend ist u. a. *Spirifer rugulatus* KUTORGA, der einer der bezeichnendsten Brachiopoden des russischen Zechsteins (Kama) ist, aber in Deutschland fehlt. Der Vorfahre von *Sp. rugulatus*, eine durch höhere wenig gekrümmte Area unterschiedene Mutation *(mut. arctica* FRECH), wurde bisher nur im obersten Carbon Spitzbergens gefunden. (Taf. 69, Fig. 4.)

Bemerkenswerth ist das allmähliche Aussterben der Brachiopoden in den meisten Gebieten, in welchen die oberen Grenzschichten des Palaeozoicum nichtmarin d. h. brakisch entwickelt sind; diese Beobachtung machen wir, abgesehen von dem nordeuropäischen oberen Zechstein und der Tatarischen Stufe in dem oberen Productuskalk des Pendschab, in Kansas, Utah und der Prince Edwards Insel.

Die Korallenfauna der Dyas ist sowohl in den Binnenseefacies wie in den pelagischen Ablagerungen durch einen erheblichen Rückgang der Formen gekennzeichnet. Nur zum Theil dürfte der Grund dieser Erscheinung in dem Fehlen eigentlicher Korallenfacies liegen; denn die mittleren und oberen Productuskalke der Salzkette sind nicht gerade arm an massigen, riffbildenden Formen. Im wesentlichen bereitet sich die vollkommen neuartige Gestaltung der triadischen Korallen schon am Ende des Palaeozoicum unzweideutig vor. Von Pterokorallicrn sind nur *Zaphrentis*, *Amplexus* und *Lonsdalcia* übrig; neu ist die kurzlebende Zechsteinform *Polycoelia*. Unter den Tabulaten sind die Syringoporiden erloschen, unter den Favositen ist *Favosites* selbst (= *Pachypora* auct. non LINDSTR.), sowie *Michelinia* übrig geblieben, die noch in die Trias hinaufgehende *Araeopora* neu; von den Monticuliporiden ist *Geinitzella* und *Stenopora*, von den Fistuliporiden *Fistulipora*, *Dyboxskiella* und *Ilexagonella* vorhanden.

Die dyadischen Stromatoporiden sind durchgängig neu und deuten bereits auf die jüngeren Hydrozoen hin: *Disjectopora*, *Cartcriua*, *Irregulatopora* und *Cirropora*.

Sehr bezeichnend ist die Thatsache, dass die üppige, in den Zechsteinriffen culminirende Entwickelung der Bryozoen schon im Obercarbon, besonders dem russischen vorbereitet ist; die untercarbonische Bryozoenfauna entspricht in ihrer spärlicheren Entwickelung noch durchaus der der älteren palaeozoischen Formationen.[1] Die Gattungen *Fenestella*, *Polypora*, *Phyllopora*, *Thamniscus* und *Synocladia* sind im Obercarbon und in der Dyas verbreitet; nur *Archimedes* (oder *Archimedipora*) ist bezeichnend carbonisch.

In der russischen Artastufe leben die carbonischen Fusulinen (*F. longissima*) und Schwagerinen fort und sollen auch noch in der sicilischen Dyas („Calcare con fusulino" des Fiume Sosio) vorkommen.[2]

Neu ist für die Dyas das Auftreten der Vorläufer von Miliolidcn, Rotalien und Calcarinen.[3] Ganz eigenartig ist die Foraminiferenfauna des Zechsteins und besonders die des Bellerophonkalkes, die jedoch keine ausgesprochenen mesozoischen Typen enthält.

[1] Eine zureichende Begründung für die Zurechnung der Monticuliporiden etc., zu den Bryozoen ist nach Ansicht des Verfassers noch nicht gegeben.

[2] Ausser dieser allgemeinen Bezeichnung „calcare con fusulino" ist nichts über Arten oder Gattungen bekannt geworden.

[3] Nach mündlicher Mittheilung E. SCHELLWIEN's.

Die Flora der Dyas.

Die Flora der Dyas gliedert sich in zwei scharf getrennte geographische Gebiete — die Nordhemisphäre und die Südhemisphäre — oder genauer 1. die arktischen Continente und 2. den indo-afrikanischen Continent (Südbrasilien und Südafrika; Ostindien, Altai). Dieselben besitzen wenig Berührungspunkte und gleichen sich auf dem Wege des Austausches erst in der mesozoischen Aera aus.

Die Kennzeichen der nördlichen, eng mit der Carbonflora zusammenhängenden Dyaspflanzen[1] sind oben p. 291 erörtert worden. Das Verbreitungsgebiet der nördlichen Flora erstreckt sich sicher vom Ural (Artaslufe) über Europa bis in das östliche Nordamerika (Pennsylvania). Locale untergeordnete Verschiedenheiten sind überall wahrzunehmen. Durchgehende Unterschiede wie im Süden scheinen dagegen zu fehlen.

Von den im Folgenden abgebildeten Formen gelten die nachstehend aufgezählten als ausschliesslich dyadisch (die Dyasgattungen sind durchschossen gedruckt): *Odontopt. (Neurocallipteris)* *gleichenoides*, *Callipteris conferta* (*praelongata*), *Naumanni*, *Callipteridium gigas*, *Taeniopteris multinervia* und *plaururis*, *Neuropteris Planchardi* ZEILL. und *pseudo-Blissi* POT·, *Peeopt. (Scoleropteris) elegans* ZENK., *Peeopteris Bryriehi* WEISS (Mittel-Rothl.), *pinnatifida* (GUTB.) SCHK., *Sphenophyllum Thoni* MAHR., *Walchia piniformis*, *filiciformis*, *Zamites carbonarius* ZEILL., *Cordaites laevis*, *Baiera digitata*, *Dicranophyllum gallicum* ZEILL. sowie die (nicht abgebildete) *Psilotaceae Gomphostrobus bifidus* (E. GEIN.) ZEILL.

Schon im Carbon vorhanden, aber vornehmlich dyadisch sind *Odontopteris (Mixoneurum) obtusa* WEISS, *Neuropteris cordata* DART., *Pecopt. hemitelioides* BRGT. und *pseudoeropteridia* POT. Alle genannten Arten sind in dem europäischen und z. Th. (*Callipteris, Walchia*) auch in dem amerikanischen Rothliegenden weit verbreitet.

Die Flora des Kupferschiefers ist abgesehen von dem Erscheinen der Voltzien (*V. hexagona*) und Ullmannien als ein unter dem Einfluss des ungünstigen Klimas verarmter Rest der Rothliegendpflanzen anzusehen, von denen *Taeniopteris (T. Eckardi)*, *Baiera (B. digitata)* *Ullmannia (U. phalaroides)* weiterleben.[2] *Callipteris (Call. Goeppperti* MANTH. sp. — *Pecopteris Schneelesiana* auch.) fehlt auch hier nicht.

Die Landpflanzen, welche vor und nach der dyadischen Eiszeit in der Südhemisphäre (Taf. 65) lebten, haben häufig zur Entstehung von Kohlenflötzen Veranlassung gegeben und gehören einer zeitlich und räumlich mannigfach entwickelten Flora an, die gewöhnlich nach dem grossblättrigen Farn *Glossopteris* benannt wird. Doch ist hervorzuheben, dass die Blüthezeit der Gattung *Glossopteris* erst nach dem völligen Verschwinden der Gletscher während der Trias eintrat.

---

[1] Die wichtigeren Leitformen, deren Darstellung auf Taf. 58—60 der Ergänzung bedarf, sind in den folgenden vier Texttafeln zusammengestellt.

[2] POTONIÉ, Pflanzenpalaeontologie p. 380. Die l. c. vorgeschlagene floristische Dreigliederung des Rothliegenden (VII Flora Cusseuniry, Stockheim, Brive, Oppenau; VIII Cassel, Lebach, Manebachar und untere Goldlanterer Sch., IX obere Goldlanterer, Oberhöfer und Tambacher Schichten) beruht auf botanischen Unterschieden, die im Nachstehenden wesentlich auf die verschiedene geographische Entwickelung der einzelnen kleinen Becken zurückgeführt worden.

Callipteridium gigas
v. Gutbier (sp.)
Unterrothliegendes Com-
mentry. N. R. Zeiller.

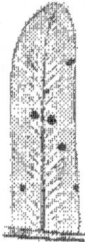

*Callipteridium
gigas* (v. Gutb.)
Weiss mit *Spi-
rorbis* (*Micro-
conchus*) *pusil-
lus* (Martin)
Keilhau =
*Spirorbis carbo-
narius* Rouly
= *Gyrogonys
Ammonis* Gür-
rich. Unter-
rothlig Oppenau.
N. Stracul.

Callipteris conferta Brgt.
Bituminöser dunkler Kalk
des Mittelrothliegenden von
Brauuau in Böhmen.

Die ausgeführten Fiederchen
stimmen oben mit *Callipteris praelongata* E. Weiss,
unten mit *C. conferta* überein. Das Stück ist das Original von *Callipteris tenui-
folia* Gutb., und beweist
nach Potonié die Zugehörigkeit aller Species aus der
Verwandtschaft von *Callipteris conferta* zu einer Art.
Mus. Breslau.

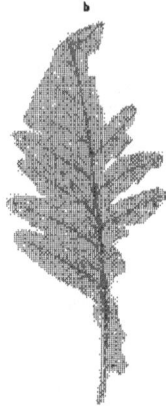

Callipteris conferta Brgt.
praelongata Weiss.
Unteres Rothliegendes von
Wurgwitz, Plauenscher
Grund.
Nach Stracul.

Callipteris Naumanni
(Gutbier) Stracul.
Unterrothliegendes (Mans-
bacher Schichten).
Nördlich vom Karl-August-
Schacht bei Kammerberg,
an der Strasse nach
Stützerbach.
Vergr. N. Potonié.

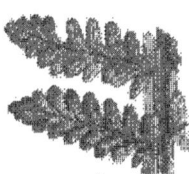

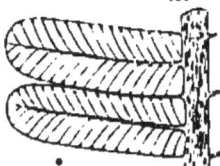

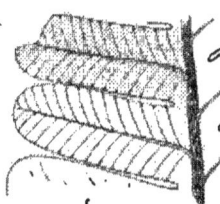

Fig. c u. d.
Pecopteris Beyrichi
WEISS.
Lebacher Sch. N. WEISS.

Fig. a, *Pecopteris pinnatifida* (GUTBIER) SCHIMPER ex parte.
Fig. b, *Pecopteris pseudoreopteridia* POTONIÉ.
Unterrothliegendes (Manebacher Sch.)
Ilmenau.
Nach POTONIÉ

Neuropteris Plancherdi ZEILLER
Unterrothlg. (untere Gehrener Stockheimer Sch.) Stockheim, Karolinengrube. Nach POTONIÉ

Fig. e—g. *l're. hemitelioides* BRGT.
Fig. e. Unterrothliegendes d. Windsberg Schachtes. Placensher Grund.
Fig. f. Mit Wassergruben. Placensher Grund. N. STERZEL. Vergr.
Fig. g. Unterrothliegendes zwischen Zankerode u. Wergwitz. ¹⁄₁. N. STERZEL.

Neurocallopteris gleichenioides (BRGT.) STERZEL.
Unterrothl. Halaplatte von Oppenau (Schwarzwald).
N. STERZEL.

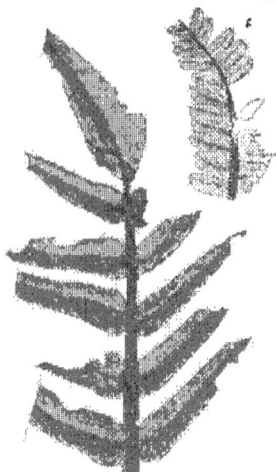

Neuropteris pseudo-Blissi POT.
Unterrothliegendes (Manebacher Sch.)
Ilmenau. Nach POTONIÉ.

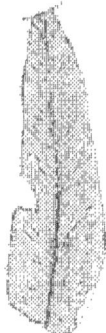

Neuropteris cordata BRGT.
Unterrothl.(Manebacher Sch.)
blauer Stein am Nordloch b. der Schmücke.
N. POTONIÉ.

Taeniopteris plancensis Stenzel. N. Stenzel.
(Verwandt oder ident mit *T. jejunata* Grand'Eury).
Unterrothliegenden v. Klein-Opitz, Nachrem.

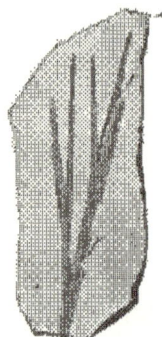

Baiera digitata (Brongn.) Heer. Mittelrothl. (Goldlauterer Sch.) — Knierbruche (von Fraitnen Tag. 1876). N. Potonié.

a, b. Odontopteris (Mixoneura) obtusa Brongn. mittl. u. oberes Rothlieg. Schwarzenbach b. Birkenfeld. N. Weiss.

Taeniopteris multinervia Weiss aus dem mittl. Rothliegenden von Lebach. Ein Stück der einen Hälfte des Wedels; ½ nat. Grösse. Nach Weiss.

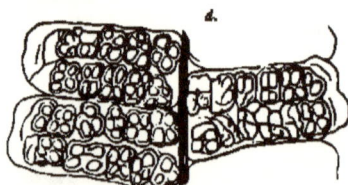

[Sphenophyllum Thoni Mahr. var. minor Stenzel. Unterrothliegenden, Holzplatz von Oppenau (Schwarzw.). N. Stenzel.

[Scolecopteris elegans Zenker. Mittelrothliegenden.
Fig. a ein Stück der Oberfläche einer mit den zusammengerollten Fiederblättchen erfüllten Hornsteinplatte in natürlicher Grösse. Fig b ein einzelnes Fiederblättchen in natürlicher Grösse. Fig. c ein einzelnes Fiederblättchen, 4½ mal vergrössert. Fig. d ein Stück eines Wedels im Dünnschliff in schwacher Vergrösserung. Kopie nach Strasburger. Die vier- oder fünfkapseligen Fruchthäufchen (Sori), welche fast die ganze untere Fläche der Fiederblättchen einnehmen, sind durch den Schnitt des Dünnschliffs quer durchschnitten.

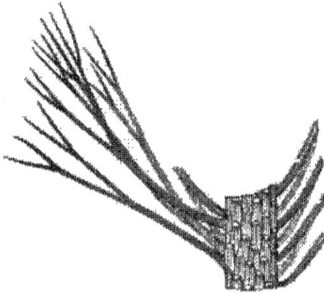

Dicranophyllum gallicum GRAND' EURY
aus dem dyadischen Kohlengebirge von St. Étienne.
Ein Stück eines kleinen Stämmchens mit den Blättern.
Nur die Blätter auf der linken Seite sind vollständig
gezeichnet. Kopie nach GRAND' EURY.

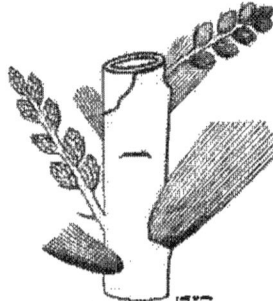

Cordaites laevis GRAND' EURY
a. d. dyad. Kohlengebirge v. St. Étienne. Ideale
Ansicht e. kleinen Stammes m. mhanl. (links)
u. weibl. (rechts) Inflorescenz, dem unteren
Ende mehrerer Blätter und einer Blattnarbe.
Kopie nach GRAND' EURY.

Walchia filiciformis SCHLOTH.
Im Unter- und Mittelrothliegenden.
Fig. 1. Jüngere Zweige.
Fig. 2. Einzelne Blättchen etwa 6 fach vergr.
N. GEINITZ.
a Mittelnerven.   b Seitennerven.

Samitoscarbonarius RENAULT ou.
POTONIÉ.
Unterrothlieg. (untere Gehroser
u Stockbreimer Schichten).
Ein beblattertes Sprossstück.
Stockheim. N. POTONIÉ.

Die enge Verknüpfung der Schichten glacialen Ursprungs und der Kohlenbildungen weist darauf hin, dass diese Kohlenpflanzen nicht ein tropisches, sondern ein gleichmässiges oder ein kühles, jedenfalls aber ein sehr feuchtes Klima (etwa wie in Südchile und im Feuerland) beanspruchten.

Im Carbon und im Jura ist weder *Glossopteris* noch *Gangamopteris* irgendwo mit Sicherheit nachgewiesen. Allerdings sei betont, dass die geologischen Verhältnisse in Südamerika, Neuseeland, Tasmanis und im Pendschab theils an sich controvers, theils mit den besser erforschten Gebieten (Ostindische Halbinsel, N.S.-Wales, Victoria und Queensland) nicht in Einklang zu bringen sind.

Gangamopteris ist vornehmlich dyadisch, *Glossopteris* erscheint gleichzeitig mit *Gangamopteris*, erreicht aber ihre Hauptentwicklung in der indoafrikanischen Trias und findet sich vereinzelt in den obersten palaeozoischen Grenzbildungen Russlands (Wologda). In Australien sterben die beiden grossblättrigen Farngattungen schon mit dem Schlusse des Palaeozoicum wieder aus.

Im südlichen Südamerika und im Altai scheinen Superstiten der europäischen Carbonpflanzen und südliche dyadische Typen *(Gangamopteris, Rhiplozamites, Callipteris)* in denselben Schichten vorzukommen. Falls die vorliegenden Angaben sich bestätigen, könnte diese Abweichung von den Gebieten der Südhemisphäre durch das Fehlen glacialer Ablagerungen in beiden Ländern erklärt werden.

Auch bei den übrigen Charakterformen der „Glossopterisflora" sind Ursprung, Verbreitung und Aussterben äusserst mannigfaltig:

Die schachtelhalmartige *Schizoneura* erscheint in der indischen Dyas (und Trias), verbreitet sich aber erst in der Trias bis Europa[1] und bis Südafrika. Die mit *Schizoneura* verwandte *Phyllotheca* tritt im oberen Palaeozoicum Australiens und Argentiniens auf, kennzeichnet die Trias in Ostindien und Südafrika, sowie endlich den europäischen Jura. Die Coniferen-Art *Voltzia heterophylla*, eine bezeichnende Pflanze des deutschen Buntsandsteins, tritt um eine geologische Periode früher in Indien auf, ist also von dort her eingewandert.

C. Abgrenzung und Gliederung der Dyas.

Die Abgrenzung von Dyas und Carbon.

Die Grenze von Carbon und Dyas kann noch nicht in jedem einzelnen Gebiet mit voller Sicherheit gezogen werden, da besonders in der Dyas die Ausbildung von Localfloren beinahe die Regel darstellt und da ferner durchgreifende Unterschiede der Brachiopodenfaunen nicht bestehen.

Doch scheint sich jetzt überall eine Verständigung anzubahnen: Die Grenze von Carbon und Rothliegendem wird allgemein zwischen Ottweiler und Cuseler Schichten gelegt; nur über die Altersbestimmung der französischen Aequivalente beider bestehen noch Meinungsverschiedenheiten.

[1] Das Auftreten in den obersten palaeozoischen Grenzschichten von Nordost-Russland (Wologda) deutet den Weg der Wanderung an.

Schwagerinenschichten und Artastufe sind überall leicht zu unterscheiden, wo die Medlicottiiden und die ältesten Arcestiden vorkommen. Will man die Artastufe und den Nosiokalk als Übergangshorizont d. h. als „Permocarbon" auffassen,[1] so bleibt von der marinen Fauna unserer Formation so gut wie nichts übrig.

Auch dort, wo die bezeichnenden Dyas-Zweischaler *(Pleurophorus, Schizodus, Bakewellia, Pseudomonotis)* in Masse auftreten (Kansas), kann ein Zweifel über die Grenze nicht bestehen. Ebenso ist die lebhafte Entwickelung der Stegocephalen, deren carbonische Vorfahren vereinzelt vorkommen, bezeichnend für die Dyas.

Hingegen ist die Entwickelung der immer noch sehr verbreiteten Brachiopoden derart, dass nur in der unteren Dyas des Mediterrangebietes einige neue Gattungen, im Norden hingegen nur wenige neue Species auftreten (s. o.). Der langsamen Rückbildung der carbonischen Brachiopodengruppen, wie wir sie z. B. in Kansas beobachten, steht hier kein Zuwachs irgend welcher Art gegenüber.

Über die Gliederung der marinen Dyas und die Stufeneintheilung innerhalb der Formationen.

Stufen, d. h. Zusammenfassungen mehrerer mariner Zonen lassen sich in der Dyas[2] noch weniger unterscheiden, als im Carbon. In der Dyas ist die fragmentäre Beschaffenheit unserer Kenntniss die Veranlassung, im Carbon umfasst die

---

[1] Der vieldeutige Name „Permocarboniferous" ist zuerst von Meek für einen Horizont (U. in Nebraska city) angewandt worden, der jetzt allgemein zu dem typischen Obercarbon gerechnet wird. Dafür wurde bekanntlich die Artastufe, der europäische Hauptvertreter des „Permocarbon", von Mojsisics zum mittleren Carbon gestellt.

Man liest vielfach die Meinung, so u. a. in der vortrefflichen Arbeit Karpinsky's über die Artinskischen Ammoneen (Mém. de l'Acad. de St. Pétersbourg. Sér. 7. T. 37. S. 96), dass Bildungen wie das Permocarbon „einfach als Übergangschichten zwischen den Systemen zu betrachten, nicht aber unbedingt in einem derselben unterzubringen seien". Zur Begründung dieser Anschauung pflegt man die Künstlichkeit unserer stratigraphischen Eintheilung hervorzuheben. Dieser letztere Umstand ist jedoch an mehr als feststehende Thatsache anzusehen, dass — falls nicht ein anderes Eintheilungsprincip zu Grunde gelegt werden kann —, lediglich die Gründe historischer Priorität und äusserer Zweckmässigkeit für die Abgrenzung der Systeme oder Formationen in Anwendung zu bringen sind.

Vom Standpunkte der Zweckmässigkeit kann es jedoch keinem Zweifel unterliegen, dass die allgemeine Einführung von „Zwischenschichten" des an und für sich künstliche System um kein Haarbreit natürlicher, wohl aber unbequemer und unübersichtlicher machen würde. Wir hätten dann die doppelte Zahl von Formationsnamen zu lernen, ohne dass nachlich irgend etwas gebessert wäre. Ferner würden, nachdem auf diese Weise der Grundsatz historischer Priorität verlassen ist, die formellen Streitigkeiten über die Zurechnung der einzelnen Stufen kein Ende nehmen. Denn die Reihe der „Zwischenschichten" ist bereits ziemlich vollständig: Ordovician, „Hercyn" oder „Übersilur", „Permocarbon", Tataricum, Rhaet (Infralias), Tithon, Liburnische Stufe etc.

[2] Die Stufennamen, welche sich für dyadische Ablagerungen in der französischen Litteratur finden, sind fast durchweg Synonyma von alteingebürgerten Bezeichnungen. Es ist nicht nothwendig, den Eschstein, der vor einer palaeontologischen Stufe und höchstens 2 Zonen entspricht, ausserdem noch mit einem besonderen Namen Thuringien (Reuvres) zu belegen. Ebenso unnöthig ist die Bezeichnung Lodèvien (Reuvres) für das Rothliegende. Der das gesammte Rothliegende umfassende Name von Lodève kennzeichnet einen Fundort, an dem nur die Lebacher Stufe entwickelt ist. Die fossilführenden Unterabtheilungen des Rothliegenden, die Cuseler und Lebacher Stufe können

untere Abtheilung nur eine marine Stufe. Auch im Fusulinenkalk lassen sich nur 3 Zonen unterscheiden, deren obere eine Grenzbildung darstellt und wegen des Vorkommens von neuen Thiergruppen meist als Stufe aufgefasst wird.

Eine übersichtliche Stufeneintheilung ist beim Abwärtsschreiten in der Schichtenfolge erst wieder im rheinischen Devon möglich, während andrerseits das kalkige Unterdevon in Böhmen, Nordamerika und der ähnlich zusammengesetzten Gebiete nur eine Unterscheidung verschiedener Facies gestattet. Das genau studirte Silur lässt eine Anzahl natürlicher auf Graptolithen und Trilobiten gegründeter Stufen erkennen, die je wieder in mehrere Zonen zerfallen; für die fossilreiche Entwickelung des skandinavischen Cambrium gilt das Gleiche. Im Obersilur macht hingegen die Vielgestaltigkeit der Facies, im älteren Cambrium die Lückenhaftigkeit unserer Kenntniss eine übersichtlich gegliederte Zusammenstellung nur hie und da möglich.

Ganz analog liegen die Verhältnisse in den mesozoischen Formationen, in denen allerdings der Moment ungenügender Kenntnisse im Wesentlichen fortfällt. Überall jedoch, wo ein häufiger Facieswechsel innerhalb grösserer Complexe die allgemeine Vorbreitung einheitlicher „Zonenfossilien" erschwert, ist eine Eintheilung in überall nachweisbare Stufen unmöglich. So verhalten sich nicht nur die Binnen-Ablagerungen der Südhemisphäre sondern auch ausgedehntere Theile der pelagischen Trias, vor allem in der oberen Abtheilung.

Von den Fortschritten der Erkenntniss ist eine natürliche Stufengliederung für die Dyas und das untere Cambrium zu erwarten. Für das Obersilur (ausschliesslich der Graptolithenschiefer), das kalkige Unterdevon und die Alpen-Trias erscheint eine solche Eintheilung in den natürlichen Verhältnissen der Faciesbildungen nicht begründet.[1]

Versucht man die marine Dyas nach der Entwickelung der Ammonitengruppen zu gliedern, so ergeben sich zwei Haupt-Abtheilungen, die wenigstens im Grossen und Ganzen dem Rothliegenden und Zechstein entsprechen. Während die Entwickelung der älteren eigentlichen Arcestiden die ganze Dyas kennzeichnet und auch Glyphioceratinen noch bis zu der oberen Stufe hinaufgehen, ist die Entwickelung der Medlicottiiden und der Thalassoceratinen für die ältere Dyas, das Auftreten der Ceratitiden[2] für die jüngere Dyas bezeichnend.

---

nicht wohl zu einer einzigen Stufe (Autunien Lapparent) zusammengefasst werden. Wenn auch die Flora ähnlich sind, so spricht die Selbstständigkeit der Lebacher Amphibien- und Fischfauna dagegen. Als Typus des „Saxonien" (Lapp.) wird das Oberrothliegende Deutschlands angenommen. Abgesehen davon, dass eine so gut wie fossilleere Schichtengruppe nicht wohl als Typus einer palaeontologischen Stufe angesehen werden kann, gehören die in der Übersichtstabelle (IV. Aufl. p. 992) angeführten fossilreichen Äquivalente des Saxonien nach der hier vertretenen Auffassung zu anderen Horizonten: die Schichten von Nebraska city zum Oberearbon, die Kalke und Dolomite von Kestroma zum Zechstein Thuringien; die Wichita beds sind ein Aequivalent des Artstufe oder des Unterrothliegende.

[1] Von einer Kritik der darauf hinzielenden Versuche kann also abgesehen werden.

[2] Mit den noch nicht scharf abgetrennten isolirtaken Formen Xenaspis, Hungarites, Otoceras und dem rauschaligen Xenodiscus. Die Stammform Paracelites erscheint in der untern Dyas. Ferner rechnet Noetling die untern Ceratitenschichten des Pendschab und die gleichhalte Zone des Haceras Woodwardi (Himalaya) zur Dyas. Hier erscheinen Ophiceras, Meekoceras, Aspidites (Prophylchites), Leconites, Prionolobus und andere Formen, die bisher als die ältesten Trias-Ammoneen angesehen wurden.

(Zu Seite 493.)

Vergleichstabelle der marinen Dyas mit besonderer Rücksicht auf die Ammoneen.[1]

	Übergangszone der untersten Trias.	mit *Otoceras*, *Ophiceras*, *Meëkoceras*, *Ceratite*, *Portaloceras* u. *Proptychites*	
			Dabei Glieder oben erwähnter zu verstehen.
mit Ammoneen:	Bairophenkalk der Ostalpen	mit *f Paraceltites* [1]	
	Schiefer v. Ngan-wei (China)	*Paronel, peracelticus geronus*	
	Kurz d. *Cycloloben Gkinani* d. Salt Range	*Meficonitis, f Cycloloben, f Poptonurus*	
ohne "	Tristische Schichten v. Rumland		
	Keling-Schichten d. Himalaja		
	Ob. Richs Schieferthone v. Artinsa		
	Mittl. u. ob. Zechstein v. Westeuropa		
mit Ammonen:	Djulfa–Schichten v. Armenien	" *Otoceras*, " *Hungarites*	
Stufe des *Otoceras Djulfense*		" *f Gastrioceras*	
	Oberer Productenkalk d. Salt Range		
ohne Ammoniten:	Kalk v. Wockülge im Karakorum	" " *Xenatiosus*, " *Xenapsis*	
	Kath v. Djülle–Bilia u. Tschakhan (scol. Albars)		
	Unterer Zechstein v. Domierkland, Engtland, Bas- u. Westeuropa	" *Xenodicus*	
	Kupferschiefer v. Wettereyn		
	Kupferschdstein v. Rhussland		
mit Ammonen:	Kalke von Aseralü auf Timor	Siahe Tafel 57 c.	
	Sohlänkalk von Sicilien		
Stufe m. " *Cycloloben* u. *Agathic. Suessi*		" *Cycloloben*, " *Popanocenus*	
		" *Agathiceras* (*Abichia*),	
		" *Propaviton* (*Daracit- trio*), *f Prosogerus*,	
		f Parapyrinites, Medlic- cotta, Perrinites, Ga- stroceras, Thalassocra	
	Ob. Wichita-Schichten von Texas	*Hyattites, Stacheoceras, Med-*	

(Seitlich:)

etwa	Kupferschiefer und Zechstein (Form. nort.)	
2	mit Ceratiden	
1	II. Marine Neo-Dyas	

Tafel 59 a und b.

*Medlicottia, *Parapronorites, *Pronorites, *Propinacoceras, Perrinitidae, Thalassoceras

Pop. (Nischneu) d. wichtigst. Arie-Ammoneen
*Popanoceras
*Pseudoaras
Tafel 59b.

*Gastrioceras, *Agathiceras, *Thalassoceras

ohne Ammoneen: Kupferschiefern von Russland
Productenkalk d. Salt Range
(Virgation u. Kalkbach bei?)
?Productenkalk-Mergel des Oman
(Wadi Ram-Ian)

mit Ammoneen: Arie-Stufe des westl. Ural

Kalke von Tschitichan in Tibet
Kalke von Darvras in Bochara
Kalke des Tropfdal (Karn. Alpen)
a. v. Neumarktel (Krain)

ohne Ammoneen: Artis-Stufe vom Bogdo
Kongluznarine Sphärergyen u. der
Kirschund
Unt. Productenkalk d. Salt Range
Schichten v. Verbek, Topdo (Kin-
nachinn) u. Tschitchin (Lau-
tensching) in Nördchin
Kohlenschichten von Nanking mit
Prod. cathayn
Ob. weisser Kalk des Timenches
mit Prod. indicus
Unt. Wichita-Schichten (m. Ver-
breien) von Texas

Ob. Carbon

L. Marine Palaeo-Dyas
ohne Verzilischen
Rothliegendea (Permo-Carbon aart.)
etwa

[1] Die einzelnen Glieder innerhalb der Unterteilungen I 1 u. 2 und II 1 u. 2 sind nicht alters-
verschieden, sondern annähernd homotaxe.
** bedeutet das erste, † das letzte Auftreten.
[1] Propinacoceras · Prepinacoceras + Nirenalite.

Obwohl die ungefähre Übereinstimmung der marinen und nichtmarinen Gliederung rein zufällig ist, liegt in derselben ein weiteres Moment für die Beibehaltung des Namens Dyas, der jedenfalls sachentsprechender als die allgemein angenommene Bezeichnung Trias ist.

Legt man die Entwickelung der Ammonitenfauna zu Grunde, so würde das Devon drei Abtheilungen (1. älteres u. mittl. Devon, 2. oberes Oberdevon, 3. Clymenienkalk), das Carbon nur einer Abtheilung mit zwei Grenzzonen (unten noch *Brancoceras* und *Pyclocuites*, oben bereits *Agathiceras* und *Gastrioceras*) entsprechen. In der Dyas lassen sich zwei Abtheilungen unterscheiden, deren weitere Gliederung die Aufgabe der Zukunft ist; die pelagische Trias enthält hingegen 3 oder 4 Haupt-Abtheilungen: die Aequivalente des Buntsandsteins und Muschelkalkes, die Tirolische und die Bajuvarische Abtheilung, deren stratigraphische Trennung jedoch schwierig ist.

Die Mannigfaltigkeit der jurassischen Ammoniten ist wieder geringer als die der triadischen, da hier die alte Dreitheilung der Formation auch der Entwickelung der Ammonitengruppen im Wesentlichen entspricht.

Es ergiebt sich aus dieser Übersicht, dass erst von der Dyas an die Ammoniten einen massgebenden Einfluss auf die Eintheilung der geologischen Formationen gewinnen, während im mittleren Palaeozoicum und Carbon die allgemeine Vertheilung der übrigen Organismen nicht in Einklang mit dem Auftreten der ersteren zu bringen ist.

D. Die Dyas der Nordhemisphäre.

I. Die Artastufe [1] Russlands und ihre arktische Fortsetzung.

Die Gleichstellung der Artastufe mit dem westeuropäischen Rothliegenden wird nicht nur durch die Lagerungsverhältnisse (im Hangenden des Obercarbon und im Liegenden des Zechsteins), sondern vor allem auch durch den palaeodyadischen Charakter der Flora erwiesen. Dass die Thierreste des „Permo-Carbon" im Allgemeinen mehr Beziehungen zu dem Carbon als zu dem Zechstein besitzen, erklärt sich aus der Artenarmut der Binnenmeere.

1. Die Artastufe nimmt am Westabhang des Ural vom Eismeer bis in die Kirgisensteppe und bis zum Donjetz einen breiten Raum ein und wurde schon von älteren Forschern (PANDER) richtig zur Dyas gestellt.[2] Die von SCHMALHAUSEN beschriebenen Pflanzenreste sprechen ganz entschieden für einen Vergleich mit dem

---

[1] Da Artinsk die russische, nach der Localität gebildete Adjectivform ist (wie artiensis im Lateinischen), würde Artinskische Stufe ein Pleonasmus sein, während Artinsk-Stufe schlecht klingt. Im Deutschen würde man also entweder Artische Stufe (Etage artien) oder besser nach Analogie der Coblenzschichten Artastufe sagen.

[2] Murchison hielt den Arta-Sandstein für Millstone grit, die neueren russischen Autoren meist für eine Zwischenstufe vom Carbon zur Dyas, „Permocarbon". Wäre die letztere Annahme richtig, so müssten nach Art die Cuseler und Lebacher Schichten als „Übergang" vom Carbon zum Zechstein aufgefasst werden, d. h. der wichtigste und am besten bekannte Theil der Formation würde zum „Übergang" und nur die Aequivalente des deutschen Zechsteins würden als Perm bezeichnet. Aus dem letzteren Grunde ist die Bezeichnung der Gesammtformation als Dyas empfehlenswerther.

westlichen Rothliegenden.[1] Hier wie dort tritt *Lepidodendron* zurück, Sigillarien sind nur durch Subsigillarien vertreten, die Leitformen *Calamites gigas*, *Cordaites* (mit *Cordaioxylon*), die Callipterisarten (*C. conferta* Brngt., *sinuata* Brngt.), die häufigen *Pecopteris* (*P. oxita* Brngt., *pinnatifida* Brngt.) und seltenen Sphenopteriden (*Oropteris lobata* Morris) sind hier wie dort vorhanden. Daneben finden sich wie überall in der Dyas Localformen: *Dolerophyllum* und die *Gingkoaceae Psygmophyllum*.

Während die Pflanzen die Gleichmässigkeit der Artinstufe mit dem westeuropäischen Rothliegenden erweisen, kennzeichnen die Brachiopoden den engen Zusammenhang mit der marinen Dyas und dem marinen Obercarbon,[2] die Ammoneen hingegen den Beginn einer neuen faunistischen und geologischen Entwickelung.

Bei den Brachiopoden und Fusulinen (*F. Verneuili*) der Artinstufe hat die gestaltenbildende Kraft bereits erheblich nachgelassen. Die meisten der immer noch zahlreichen (im Gebiete der Kama 53) Arten sind mit solchen des obersten Carbon (oben p. 299) nahe verwandt oder ident; nur wenige wie *Spirifer Krihaci* v. B.[3] und *Druschei* Toula, *Productus artiensis*[4] und *granulifer*, *praepermicus* Tschern., *pseudoaculeatus* Knot., *lunistriatus* Verm., *ignicus* Waag., *cancriniformis* Tschern. *Grinitzella columnaris* sind dem Horizont eigenthümlich. Viele der neu erscheinenden Formen sind kleine unscheinbare Geschöpfe[5] oder Vorläufer der Zechsteinfauna.[6]

In der reichen von Karpinsky bearbeiteten Ammoneenfauna der Artinstufe erinnern nur wenige Gattungen, wie *Glyphioceras*[7] (*Gl. Fedorowi*) und *Pronorites* an das Carbon oder schliessen sich eng an ältere Gattungen an; so *Gastrioceras* (cm. Frech mit nach vorn gebogener Siphonaldute; *G. Jossae*, *G. Suessi*) an *Glyphioceras*. Dagegen weist die Ableitung der Medlicottiiden von den Pronoriten auf eine complicirte Entwickelung hin. Noch wichtiger in geologischer Beziehung ist das Auftreten der ältesten Areestiden (*Popanoceras* und Verwandte s. oben p. 472 und Taf. 59 b).

Über die angeblichen, von Waagen in den Vordergrund seiner Beweisführung gestellten Discordanzen im russischen Carbon und Perm macht Krasnopolsky (l. c.) die folgenden Angaben: Im nördlichen und östlichen Theile des europäischen Russland wird der Fusulinenkalk von mariner unterer Dyas überlagert. Bei Beginn des Perm wölbte sich die dem heutigen Ural entsprechende Inselkette zu einem Gebirge auf. Im mittleren Ural ging die Erhebung rasch vor sich; hier lagern sandige Meeressedimente der Artin-Stufe, welche auf eine

[1] Krasnopolsky, Die Pflanzenreste der Artinschichten und Permischen Ablagerungen im Osten des europäischen Russlands. Mém. Com. géologiques II Nr. 4. 1887. Weitere Beziehungen ergeben sich aus der Auflagerung der marinen Helierophonschichten (mittl. und oberer Zechstein) auf den Oddener Sandsteinen, deren Flora dem mittleren Rothliegenden und Kupferschiefer entspricht.

[2] Dieselben entsprechen nach Tschernyschew dem mittleren Productenkalk der Salzkette.

[3] Abgebildet Taf. 57 a, Fig. 1, auf Spitzbergen schon im obersten Carbon.

[4] Am Donjetz und am Ural bereits in den noch zum Carbon gerechneten Schichten.

[5] *Prod. ulennatus* Stuck., *Krasnopolskyanus* Stuck., *elatus* Stuck., *Chonetes productoides* Stuck., *Spirif. artiensis* Stuck.

[6] *Spir. elatus* Schwerm., *Streptorhynchus pelargonatus* Schl., *Polycoelia profundi* Gein.

[7] Auch das verwandte *Paralegoceras* wird aus amerikanischen „Coal measures" angegeben, ist aber im europäischen Carbon unbekannt.

naheliegende Küste hindeuten, über dem Fusulinenkalk. Auch Stuckenberg [1] hebt hervor, dass im Gebiete der Kama die Artastufe an der Ostgrenze des Obercarbon „gewissermassen eine Bucht ausfülle". Im südlichen Ural vollzog sich das Ereigniss langsamer, denn hier finden sich über dem Obercarbon sandige Kalksteine und Mergel, welche in grösserer Entfernung von der Küste abgesetzt wurden. Im eigentlichen russischen Becken fand keine Erhebung statt; hier wird der rein marine Fusulinenkalk von Artaschichten mit einer pelagischen Ammoneenfauna gleichförmig überlagert.

2. Eine höhere, meist von den Artaschichten nicht getrennte Zone der unteren Dyas, die Kungur-„Stufe",[2] welche aus Kalk, Dolomit, Gyps und Anhydrit in bunter Mischung besteht, enthält noch die typischen, aus dem Carbon heraufreichenden Brachiopoden und Bryozoen neben dyadischen Mollusken.[3] Landpflanzen sind nur ganz vereinzelt (Ullmannia biarmica), Cephalopoden gar nicht vorhanden. Von Zechsteinformen erscheinen bereits Pecten pusillus Schl., Lima permiana King, Bakewellia antiqua Muth., Leda speluncaria Gein., Schizodus truncatus King, obscurus Gein., Murrodon Verneuilianum Kon., Pleurophorus Pallasi Vern. Carbonischen Charakter tragen: Prod. semireticulatus, Cora, longispinus, timanicus, Grunewaldti u. a. Chonetes variolaris Keys., Spir. poststriatus Nik., Saranae Vern., Sp. (Reticularia) lineatus und plumoconteans, Retzia remota Eichw. (= grandicosta Dav.), Merkelia eximia Eichw., Dielasma respinata Mart., Camerophoria Purdoni Dav., Dielasma plica Kat. und elongatum Gem., Fundina sp. Die eigentümlichen Formen sind so wenig bezeichnend, dass die Selbständigkeit als Stufe fraglich erscheint.[4]

3. Die über dem Arta-Sandstein liegende Neodyas („Perm" s. str.) beginnt mit Kalken, Thonen und Sandsteinen, die ausschliesslich nichtmarine Thierreste (Najaditen, Bairdia) und Landpflanzen enthalten (Calamites Kutorgae, C. gigas, Prygmophyllum).

4. Darüber folgt der Kupfersandstein mit eigentümlichen Theriodonten und Stegocephalen (Eryops, Rhopalodon, Melanosurus, Zygosaurus) und den Charakteren der westlichen Kupferschieferflora: Baiera, Prygmophyllum [4] und Ullmannia. Das Hangende bildet der russische Zechstein (s. u.).

Im Donjetzgebiet treten in den den obersten Carbonkalk (C₃) überlagernden Schiefern und Kalken, welche mit der Artastufe des Nordens verglichen werden,[5] fast ausschliesslich obercarbonische Arten auf, so Euloles carnicus Schellw., Nothok. nucleolus Kat., Prod. semireticulatus, nebrascensis, Spir. supramosquensis, Dielasma hastatum How., Fundina Verneuili und longissima; weniger zahlreich sind auch hier die neuen Arten wie Derbyia crassa, Euteles hemiplicatus und Productus inflatus. Bezeichnender sind die Zweischaler von dyadischem Habitus, die sich in den höheren, Steinsalz führenden Schichten neben den Brachiopoden einstellen: Schizodus Wheeleri

[1] Allgem. geolog. Karte von Russland, Bl. 127 u. 818, 1893.
[2] Stuckenberg, Allgem. geologische Karte von Russland. Bl. 127 p. 818 und p. 850 oben.
[3] Von 86 durch A. Strakhanow im Kamagebiet gesammelte Arten sind 40 carbonisch, 19 dyadisch, und 27 der Palaeodyas (Permocarbon) eigentümlich oder nicht genauer bestimmt.
[4] Prygmophyllum expansum A. Brong. sp. und cunifolium A. Brong. sp. gehört an derselben Gattung, wie das aus der Dyas von Lodève beschriebene Gingkophyllum Flabaea.
[5] Guide géol. XVI, p. 27 n. für die Kungurschichten: Jakowlew, Mém. Com. géol. XV 3. 1899.

SWALL., *Pleurophorus subcostatus* M. et H., *Nuculana attenuata* MEEK, *Beyrichi* SCHAUR., *Gerrillria (Bakewellia) bicarinata* KING, *Lima retifera* SHUM. Über die obere Dyas Russlands siehe unten p. 663 ff.

Vom Ural aus verbreitet sich die Palacodyas in den hohen Norden bis zur Bäreninsel (Kieselgesteine mit *Spir. Keilhavi*) und bis Spitzbergen. Hier reicht am Eisfjord und Bellsund die marine Entwickelung nach NATHORST[1] durch die obere Dyas hindurch bis in die Trias.

Die gesammte, 2000 m mächtige Schichtenfolge zeigt die folgende Reihe:

Trias: 8 Myalina-Schiefer mit *Myalina de Geeri*, *Pecten Norden-skiöldi* und (auf der Bäreninsel) *Myophoria* sp. aus der Gruppe der *M. decussata*.

Ob. Dyas: 7 Pseudomonotis-Schiefer.

      6 Retzia-Kalk mit *R. Nathorsti* (cf. *R. radialis*) u. *R. (Hustedia) Mormoni* (oder 6 = Kungur-Schichten?)

Arta-Stufe: 5 Productus-Kieselschiefer (Chert) 375—400 m, in übereinstimmender Entwickelung auf der Bäreninsel mit *Spirifer Keilhavi* v. B. (Taf. 57c, Fig. 1) und p. 407.

     Auf Spitzbergen nach TSCHERNYSCHEW[2] mit *Productus cancriniformis* TSCHERN., *postcarbonarius* TSCHERN., *Derbyia robusta* HALL?, *Spirifer alatus* SCHL. Ausserdem finden sich *Prod. grunulifer* TOULA, *transistriatus* VERN., *Wagpprechti* TOULA und *Spirifer Keilhavi* v. B., *Draschei* TOULA, *Spir. regulatus* mut. *arctica* (Taf. 63, Fig. 4) und massenhafte Spongiennadeln *(Trasmatites)*.

Obercarbon: 4 Spiriferenkalk (= Schwagerinenstufe) 10 m.

     Hauptlager der massenhaft im weissen Kalk vorkommenden Brachiopoden von Lovénsberg und Angelinsberg an der Hinlopenstrasse: *Spirifer Keilhavi*, *Saranae*, *cameratus*, *regulatus* mut. *arctica* FRECH, *Camerophoria plicata*, *Dielasma plica*, *Martleri*, *Rhynch. (Rhynchopora) Nikitini*, *Derbyia regularis*, *Chonetes granulifer*, *variolatus*, *Productus transistriatus*, *(?Margnifera)*, *Pr. timanicus*, *porrectus* KUT., *boliviensis* D'ORB., *uralicus* TSCHERN., *Wagpprechti* TOULA *(= multistriatus* MEEK).

     3 Cyathophyllum-Kalk = Zone mit *Prod. timanicus* und Corn mit *Prod. lineatus*, *Konincki*, *Athgris* Royssi und Lagen von Feuerstein und Gyps.

Die Stufe des *Spir. mosquensis* fehlt.

Untercarbon: 2 mit Landpflanzen nur auf Spitzbergen.

Oberdevon 1 „Ursa-Sandstein" mit *Archaeopteris hibernica*, *Bothrod. kiltorkense*, *Holoptychius* und Flötzen auf der Bäreninsel, deren Kohlenreichtum sehr bedeutend — 8 Millionen Tonnen — sein soll.

[1] NATHORST b. Hörnes, Geol. Mag. Dec. 3, Bd. 5, p. 241—251 u. Ball. Geol. Inst. Upsala 1899 p. 1.
[2] TSCHERNYSCHEW, Über die Artinsk- and Carbon-Schwämme vom Ural und Timan. St. Petersburg 1898. p. 46, 47.

Brachiopoden aus den Kieselschiefern (Spongienschichten) der marinen 497
Palaeodyas von Spitsbergen (· Artastufe),
mit Ausnahme von Fig. 5, 4 und 6 Neuzeichnungen TOULA'scher Originale.

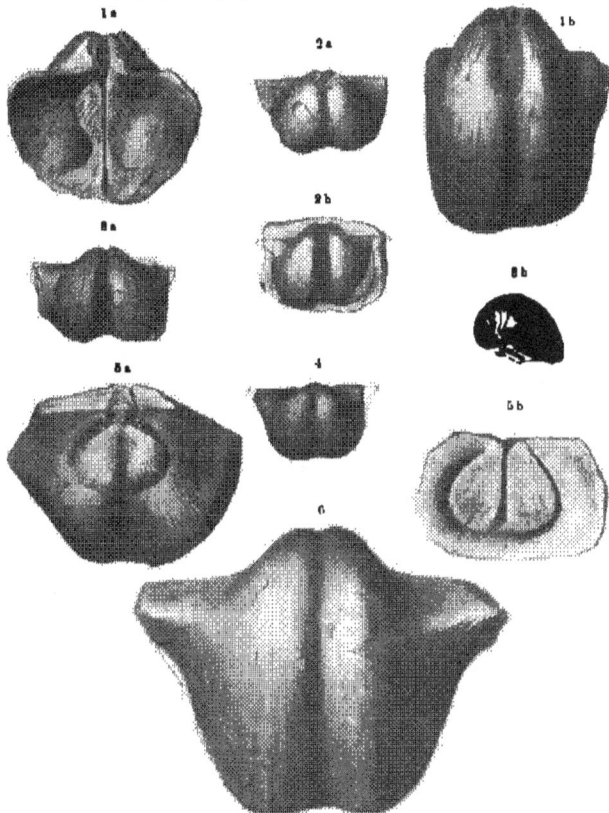

Fig. 1 a. b, *Productus granulifer* TOULA vergl. Fig. 6 in *Pr. Payeri* TOULA. Südkap, Spitsbergen. Steinkerne zweier Exemplare.

Fig. 2 a. b, *Productus horridus* Sow. var. Arena, S.W.-Spitsbergen.

Fig. 3 a. b, *Productus Wayprechti* TOULA. Oberstes Carbon (aus diesem das abgebildete Exemplar) und untere Dyas. Lovénsberg, Spitsbergen. Orig. von Fig. 3 a, 4 im Breslauer Museum.

Fig. 4, *Productus artiensis* TSCHERN. Oberstes Carbon (aus diesem das abgebildete Exemplar) und Artastufe im Ural und Spitsbergen. Fig. 4 v. Sterlitamak a. d. Belaja, Ural.

Fig. 5, *Derbyia robusta* HALL? (= *Streptorhynchus crenistria* TOULA). Aus denselben Schichten wie Fig. 1. Spitsbergen. Fig. 5 a, Brachialklappe. Fig. 5 b, Muskeleindruck der Stielklappe desselben Steinkerns.

Fig. 6, *Productus granulifer* TOULA (Mutation des *Productus horridus*) leg. NATHORST. Oberstes Carbon. Lovénsberg, Spitsbergen. Nat. Gr. Orig. im Breslauer Museum.

Von besonderer Bedeutung ist die Spitsbergische Dyas dadurch, dass die meisten Typen des deutschen und russischen Zechsteins auf diesen Ursprung bezogen werden können:

Die nachstehenden Bemerkungen beruhen auf dem Vergleich einer recht reichhaltigen vom Bären-Eiland und dem Lovénsberg stammenden Sammlung (NATHORST'sche Expedition) mit den Originalen L. v. BUCH's und F. TOULA's. Abb. p. 497.

1. *Spirifer rugulatus* mut. nov. *arctica* (Taf. 63, Fig. 4).

Die Spitsbergische schon im obersten Carbon auftretende Mutation ist als mut. *arctica* bezeichnet und unterscheidet sich durch höhere, kaum gebogene Area von der typischen Form (L. v. Fig. 5).

2. *Productus horridus* Sow. (Taf. 62, Fig. 10) und *granulifer* TOULA (letztere Form = *Prod. Pugeti* TOULA). Der Vorläufer dieser mitteleuropäischen Art ist wohl am besten als *Prod. granulifer* TOULA (oder *horridus* mut. *granulifera* TOULA) zu bezeichnen (N. J. 1875; t. 6, f. 8; Axel-Elland, Arta-Hinle). Wahrscheinlich gehört zu den grossen breitflügligen Schalenexemplaren als Steinkern *Prod. Pugeti* TOULA aus der Artastufe (Productus-Kieselschiefer) der Südspitze Spitzbergens (68 Bd. Sitz.-Ber. Wien. Ak. 1873, t. 4). *Productus granulifer* erscheint zweifellos schon im obersten Carbon, dem Spiriferenkalk des Lovénsberges, wie unser Textbild beweist.

Gruppe des *Spirifer Keilhaui* v. BUCH
Weitverbreitet in der marinen Palaeodyas. Nach den Originalen neu gezeichnet.

Spir. Kupangensis BUCH. Timor.   *Spir. Draschei* TOULA. Axel-Eiland Spitzbergen.
      Orig. BERAUN's.   Orig. TOULA's.

Ausserdem finden sich Formen, die von der tiefeingebuchteten Varietät des mitteleuropäischen *Prod. horridus* nicht verschieden sind, in Schichten unbestimmten Alters bei Arena. Spitzbergen (Textfig. 2 a b) und an der Nordküste des Bel-Sundes gegenüber Axel-Eiland (TOULA. N. J. 1875 t. 5, f. 8 stimmt mit unserer Figur 2 überein, ist aber verschieden von *Productus horridus* var. l. c. t. 6, f. 4).

3. *Productus spitsbergianus* TOULA aus TSCHERNYSCHEW (TOULA, 70. Bd. Sitz.-Ber. Wien. Ak. 1874 f. 8 d) — die übrigen Originale lagen mir nicht vor — ist nicht = *Marginifera? spitsbergiana* TOULA bei TSCHERNYSCHEW (Geol. Karte v. Russland Bl. 139, t. 7, f. 56). Vielmehr steht das vorliegende Originalexemplar TOULA's dem p. 497 Fig. 4 abgebildeten *Prod. artiensis* TSCHERN. ausserordentlich nahe und unterscheidet sich nur durch (scheinbar glatten) Nucus und eine etwas weniger starke Wölbung.

4. *Productus tenuistriatus* VERN. bei TSCHERNYSCHEW. Arta-Hinle, Allg. Geol. K. von Russland, Bl. 139, t. 6, f. 13, höchst wahrscheinlich = *Pr. Aagardi* TOULA von Axel Eiland N. J. 1875, t. 7, f. 9.

5. *Productus Cancrini* VERN. liegt in einem von der russischen Form (Taf. 63, Fig. 8) nicht unterscheidbaren Exemplar aus dem ?Zechstein oder der ?Artastufe von Arena, NW.-Spitzbergen vor (TOULA, N. J. 1875 t. 8, f. 7).

6. *Productus Wagenbachi* TOULA ist eine der wichtigsten und häufigsten Arten der Spitzbergener Dyas (Südcap von Spitzbergen und Hornsund; Sitz.-Ber. k. Ak. Wien. Bd. 68, Abth. I, 1873 t. 5, f. 1 -5 und N. J. 1875 t. 6, f. 2), die man als einen *Productus horridus* mit tiefem Sinus auffassen kann. Den Übergang bildet *Prod. impressus* (N. J. 1875 t. 6, f. 1) mit flachem Sinus. *Prod. Wagenbachi* erscheint bereits im obersten Carbon von Spitzbergen (Lovénsberg Fig. 2) und verbreitet sich in Amerika bis Utah (= *Prod. multistriatus* MEEK, Exploration across the Great Basin of Utah, Rep. on the palaeontol. Coll. Washington 1876 p. 350, t. 1, f. 8, „probably Carboniferous"). Siehe p. 497.

Neben diesen nördlichen Formen finden sich andere von weiterer Verbreitung:

7. *Spirifer Keilhaui* v. B. (Bären-Insel) t 57 b, f. 1 (ssu *Spiriferina* ault. Sp. *Parryanus* Tonla — Sp. *Wilczeki* Tonla von der Südspitze Spitzbergens · Sp. sp. Tonla, ebendaher, 68. Bd. Sitz.-Ber. Wien, Ak. t. 8, f. 1 1873), verbreitet sich in wenig verschiedenen Formen bis Kaschmir (Sp. *Rajah*) und bis Australien (Sp. *vespertilio*).

8. Sp. *Draeckei* Tonla mit sehr breitem Sinus (Axel-Eiland) gehört zu derselben Gruppe wie Sp. *Keilhaui* und steht dem gleichalten Sp. *supramprensis* Bran. von Timor ausserordentlich nahe.

II. Die untere marine Dyas des Grossen Mittelmeeres.

Asien: Darwas, Pendschab, Tibet (Tschitischun), Kaschgarien, SW.-China, Nanking, Timor etc.
Europa: Sosio, Sicilien. N.-Amerika: Texas.

Die centralasiatische Fortsetzung der russischen, Cephalopoden führenden Arta-schichten findet sich erst in Bokhara (Darwas[1]): Aus einem von hier stammenden Stücke von Cephalopodenkalk bestimmte Kaninsky die Charakterformen der Arta-Ammoniten *Pronorites uralicus*, *Popanoceras*, *Prouguyeras*, *Medlicottia* z. Th. in iden-

ten Arten. Die Altersbe-stimmung der Schichten von Yar-ka-lo (?Ober-carbou — Dyas) und der übrigen südchinesischen, eng mit dem Obercarbon verknüpften Vorkommen wurde bereits im Zusam-menhang mit diesem (auf p. 387—390) erörtert. Stratigraphisch zwei-fellose Vorkommen der un-teren marinen Dyas sind

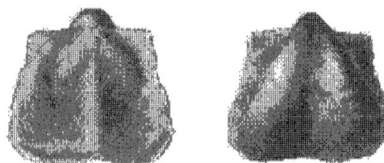

Productus Purdoni. Mittlerer und oberer Productuskalk. Tschiluru, Salzkette Vollständig erhaltenes Exemplar von mittlerer Grösse. ¹/₁. (Auf der Abbildung Wannn's fehlen die betachbnenden Flügel).

ferner in Asien: 1. Die indische Salzkette (Salt Range im Pendschab), 2. die Klippen des Tschitischun im Himalaya, 3. die Brachiopodenmergel des Flusses Guusan im sogenannten westlichen Kwen-Lun (Kaschgarien), 4. die mit Kohlenschichten wechselnden marinen Kalke der Hügel von Nanking, 5. die Kalke von Timor.

Abgesehen von der an erster Stelle zu besprechenden Salzkette sind alle Vor-kommen der unteren Dyas im Gebiete des alten Mittelmeeres wenig ausgedehnte, leicht zu übersehende Bildungen, deren Kenntnis erst aus den letzten Jahren datirt. Zum Theil handelt es sich um „Klippen" von geringfügigem Umfang und verschieden-artiger Entstehung: so ein Sosio, in den Alpen, in Tibet und Centralasien über-haupt. Das Vorhandensein reicher Cephalopodenfaunen in diesen Klippen ist be-weisend für den Zusammenhang der alten Dyasmeere. Die postcarbonische Ge-birgsbildung bildet den Grund des vereinzelten Vorkommens: Die untere marine Dyas war wahrscheinlich die jüngste noch mitgefaltete Stufe und somit den zer-

---

[1] In Darwas, einer der östlichen Provinzen des Chanats Bokhara. In unmittelbarer Nähe von Afghanistan kommt, abgesehen von der durch Kaninsky nachgewiesenen Artastufe, auch Fusulinenkalk vor, wie v. Kaniny neuerlich festatellte. Geologische Untersuchungen aus Bokhara, Denkschr. W. Ak. Bd. 70, p. 87.

störenden Einflüssen der Denudation in den soeben aufgewölbten Hochgebirgen besonders ausgesetzt.

1. Die gesammte Schichtenfolge der Salzkette im Pendschab und das Verhältniss der marinen Kalke zu den glacialen Bildungen wird in den die Südhemisphäre behandelnden Abschnitten erörtert. Hier sei nur kurz die Aufeinanderfolge der Horizonte a. NOETLING zusammengestellt, die zum Theil keine grossen Verschiedenheiten aufweisen (8—10), zum Theil nur wenig gemeinsame Merkmale zeigen. Am schärfsten gliedern sich der unterste (5) und der oberste Horizont (11) in palaeontologischer Hinsicht ab; die Zone d. *Fus. kattaensis* mit ihrer reichen Fusulinenfauna (der einzigen in der Salzkette beobachteten), ist meist (auch p. 385) als obercarbonisch[1] bezeichnet worden. Hierfür spricht die Verbreitung der Brachiopoden. Da jedoch

Profil der Salzkette an der Strasse zwischen Virgal und Uchali,
die Anordnung der einzelnen Unterabtheilungen der kieselhaltigen Kalksteingruppen zeigend.

1 Olivenfarbiger Thon, mittlerer gefleckter Sandstein. 2 Amb beds, untere Productus-Kalk. 3 Katta, untere Schichten des mittleren Productus-Kalk. 4 Virgal, mittlere Schichten desselben. 5 Kalabagh, obere Schichten desselben. 6 Jabi, obere Productus-Kalk, untere und mittlere Schichten. 7 Tschidru, obere Schichten des oberen Productus-Kalk 8 Ceratiten Kalk. 9 Ceratiten Mergel. 10 Ceratiten-Sandstein. 11 Bunte Mergel. N. WAAGEN.

nach NOETLING's neuen Funden der echte Ceratitide *Xenodiscus carbonarius* beinah im unmittelbaren Hangenden der Fusuliuen-Schichten auftritt, so ist die untere Grenze der Dyas tiefer anzusetzen.

Die Zurechnung der oberen zwei Drittel der Productus-Schichten (mittlerer und oberer Theil des Productus limestone) zur Neodyas beruht auf dem Auftreten von Ceratiliden. NOETLING fand *Xenodiscus carbonarius* recht häufig im oberen Theile der mittleren Stufe. Die Unterscheidung der zwei Zonen des mittleren Productuskalkes ist, wie es scheint, vor allem durch die abweichende Facies-entwickelung der oberen, an Riffkorallen reichen Gruppe bedingt.

2. Während in der Centralregion des Himalaya die marine untere Dyas unbekannt ist, findet sich nördlich davon in Tibet ein interessantes, ganz vereinzeltes Vorkommen. Im Gipfel des Berges Tschititschun N. I (Höhe 17740') ragen

---

[1] WAAGEN hat diese Anschauung früher (1887) vertreten, ist aber später wesentlich auf Grund der Annahme der erwähnten Schichtenunterbrechung am Ural zu einem abweichenden Resultate gelangt; er hält seine gesammte Productus-Serie für jünger als das europäische Obercarbon.

Marine Neo - Dyas	**Oberer Productuskalk**		...mite unbestimmten Alters, wahrscheinlich nicht älter als Jura, discordant auf den älteren lagernd.
			Stephanites superbus. Licht olivengrüne, harte, dünnblättrig geschichtete Kalke, getrennt ...itro oder sandige Zwischenlagen; zu oberst mit einer Bank voll undeutlicher Pelecypoden-...pper Ceratite Limestone aut.) 3—4 m. Die Cephalopoden sind: *Stephanites superbus* W. ...(*Acrochordiceras* WAAGEN) *distractum* W., *Prionites tuberculatus* W., *Celtites* spec. u. and.
			...olivengrüne Mergel mit vereinzelten Kalkbänken, die von unten nach oben näher zusammen-...in Fauna wie oben.
	Mittlerer Productuskalk WAAGEN		*Flemingites flemingianus.* Licht graugrüner, sandiger, manchmal weicher, manchmal ...r Kalkstein (Ceratite sandstone WAAGEN), 1 m. Mit zahlreichen, theilweise riesigen *Fle-...s flemingianus* W. und *Aspidites superbus* WAAGEN.
			...olivengrüne Mergel mit vereinzelten Kalkbänken, 10 m. *Flemingites* fehlt; dagegen *Aspidites* ...s noch vorhanden, ab und zu dünne Bänke mit zahlreichen *Bellerophon* sp. (= *Nucheta*
			Koninckites volutus. Dunkel blaugrüne Mergel mit eingeschalteten dünnen Kalkbänken, ...Cephalopoden: *Koninckites volutus* WAAG., *Otoceras* sp., „*Nageceras*" (nov. gen.), *Hauerianum* andere. *Ceratodus* sp.
			Irinodobus rotundatus. Lichtgrauer Kalk, eine dünne Bank bildend, voll mit *Irino-...latus* W., „*Nageceras*" (nov. gen.), *Hauerianum* KON., *Gyronites* und andere.
Glaciale Palaeo-Dyas	**Unt. Productuskalk (Upper Speckled Sandstone) WAAG.**		*Celtites* sp. Lichtgraue, dünnbankig geschichtete Kalke mit mergeligen Zwischenlagen (Lower ...limestone aut.), 5 m. Mit zahlreichen, meist schlecht erhaltenen Cephalopodenresten. Häufig ...tites sp., der wahrscheinlich noch nicht benannt ist. (In diesem Horizont fand sich bei ...in Siegroccphalenschädel).
	Unt. u. mittl. Speckled Sandstone WAAGEN		

...brieflichen Mittheilung F. NOETLING's beruht der wesentliche Unterschied der vorliegen...iederung darauf, dass WAAGEN auf seiner Reise 1872 durch schwere Krankheit behindert ...en Fossilien sind vornehmlich von WYNNE gesammelt und schichtenweise nicht scharf getrennt. ...ervorzuheben, dass an dem Profil NOETLING's nichts geändert ist, dass dem Herausgeber je...us faunistisch mehr auf die untere Trias hinzudeuten scheint. Immerhin kann eine end...nach der Bearbeitung der Fossilien erfolgen.

...eontologisch immer bis zur Zone der *Fus kattnerale* hinaufzurücken. In der Dyas bei ...ndotten, im Zechstein Russlands und Westeuropas fehlen Fusuliniden gänzlich; die Form...durchaus abweichenden Charakter durch das Auftreten der in der Primordyas fehlenden

foſſilreiche Kalkklippen[1] aus
einer Mulde juraſſiſcher Spiti-
Mergel auf und ſtehen im Zu-
ſammenhang mit intruſiven Dia-
baſporphyriten.

Die weiter unten in ihren
wichtigſten Vertretern namhaft ge-

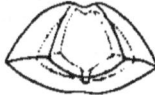

Spir. lyra Ktv. (oberſtes Carbon, Ural;
punctiert) u. *merſ. tibetica* Diez. (Palaeodyas d. Tſchititſchun, ganze Linien.)
Diagramm zur Veranſchaulichung der
geringfügigen Unterſchiede.
Vergleiche *Sp. lyra* Taf. 47 c, Fig. 3.

Sp. (Martinia) acutomarginalis Diener
Martinia Semiramis Gemmellaro,
Sodokalk. N. Shuper.

machte Fauna iſt die reichhaltig-
ſte, welche bisher in der Palaeodyas von Centralaſien gefunden
wurde. Die nahen Beziehungen
zu der oberen Zone der mittleren
Productuskalke (Virgal und Kalabagh beds[1] Waag.) ſind ebenſo
unverkennbar wie die Überein-

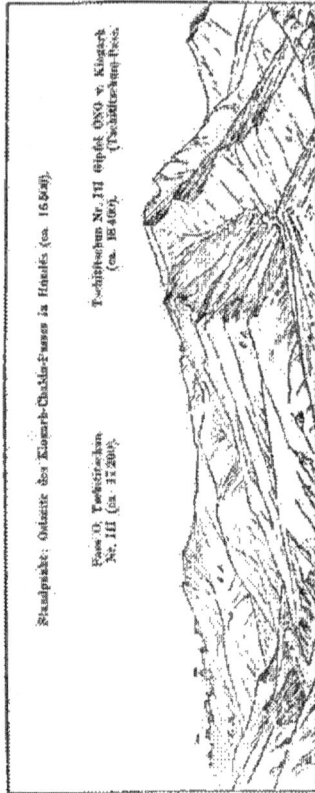

Klippenreihe im NO. des Tſchititſchun Nr. 1. Nach C. Diener.

Standpunkte: Oſtſeite des Klippeng-Chaklu-Rumos in Höhefels (ca. 15500).

Tſchititſchun Nr. 111 Gipfel ONO v. Klippart (Tſchititſchun-Pass.
(ca. 16460).

Paaa O. Tſchititſchun
Nr. 111 (ca. 15200).

O.N. Glacial Nadeleln (Pirgoh). Sp.-Sb. Spiti Mergel. ca. Klippen (Palaeodyas).

---

[1] Palaeontologia Indica Ser. XV Himalayan Fossils, Vol. I P. 3 the Permocarboniferous Fauna
of Chitichun N. I by C. Diener. M. 13 Tafeln.

[1] Unter 23 mit den Salt Range gemeinsamen Brachiopoden-Arten gehören 20 dieser Zone an.
Ein Vorkommen „nördlich von Milam“ im Handé-gebiet von Tibet enthält im weisen Crinoidenkalk
außer indifferenten Formen *Notothyris subreticularis*, dürfte aber (n. Diener l. c. p. 100) aus dem
Klippenkalk des Tſchititſchun ſtammen.

stimmung des einzigen vorliegenden Cephalopoden mit einer am Fiume Sosio vorkommenden Gruppe. Angesichts der Wichtigkeit der Tschitischun-Fauna sind
zahlreiche Arten derselben — besonders die ausserdem im Pendschab, bei Yar-ka-lo
und in Sicilien vorkommenden — auf Tafel 57d[1] abgebildet worden.

Im Klippenkalk von Tschitischun finden sich nach DIENER:

Phillipsia Middlemissi DIEN.
Chiropyge himalayensis DIEN.
Popanoceras (Stacheoc.) Trimurti DIEN.
Productus lineatus WAAG. (Artaustufe).
    »   *indivisus* var. *chitichunensis* DIEN.
    »   cf. *subcostatus* WAAG.
    »   *gratiosus* WAAG. (Productusk., Timor).
    »   *cancriniformis* TSCHERN. (Fig. 3[?], Ar-
        tastufe).
    »   *Abichi* WAAG. (Djulfa, Timor).
    »   *mongolicus* DIEN. (Loping).
    »   *(Marginifera) typicus* WAAG. (Fig. 2,
        Artaustufe).
Aulosteges tibeticus WAAG. (Fig. 7.)
Lyttonia nobilis WAAG. (Taf. 57b, Fig. 10)
Spirifer musakheylensis DAV. (Artaustufe, Timor.
     Vergl. Taf. 57c, Fig. 8.)
    »   *Wynnei* WAAG. (Produc. Artaust., Fig. 8).
    »   *lyra* mut. *tibetica* DIEN. (kaum verschie-
        den von dem im obersten Carbon des
        Ural vorkommenden *Spir. lyra* KUT.;
        Sculptur und Form sind übereinstim-
        mend. Nur der Sinus zeigt gering-
        fügige Unterschiede, wie der Vergleich
        von Originalen lehrte. p. 501.)
    »   *(Martinia) elegans* DIEN. (Sosio).
    »   *semiplanus* WAAG. (Arta).

Spirifer (Martinia) nucula EICHW. (Timor).
    »   *arctowarginalis* DIEN. (Sosio).
    »   *contractus* MEEK et WORTH.
Athyris Royssi L'EV. (Artaustufe).
    »   *subexpansa* WAAG.
    »   *capillata* WAAG. (Mittl. Productaskalk.
        Timor).
Spirigerella grandis WAAG. (Tre-do, Yünnan).
      Taf. 57a, Fig. 4.
    »   *Derbyi* WAAG.
    »   *pertumida* DIEN. Fig. 10.
Enteles Tschernyschewi DIEN. (von GRÜNELL).
Rhynch. (Uncinulus) timorensis BEYR. Fig. 13,
        (Timor, Sosio).
Camerophoria Purdoni DAV. (Ob.-Carbon, Yar-
        ka-la, Nanla, Arta). Taf. 47b,
        Fig. 11.
    »   *gigantea* DIEN. (Varietät von
        C. Purdoni). Fig. 8.
Terebr. (Hemiptychina) spiralplicata WAAG.
        (Mittl. Productusk., Timor).
    »   *inflata* WAAG.
    »   *himalayensis* DAV.
    »   *(Notothyris)* cf. *subvesicularis* DAV.
Dielasma bidens WAAG. Fig. 12a, 12b.
Ambigoisphonella cf. *craiculum* KON.
Lonsdaleia indica WAAG. et WENTZ.

3. Weniger sicher ist die Altersbestimmung der Brachiopodenmergel des
Flusses GUSSASS in Kaschgarien, welche der „tibetanischen Transgression"
(Bogdanowitsch) entsprechen.[2] Die tibetanische Transgression ist jedenfalls wesentlich jünger als der hier verbreitete Fusulinenkalk mit *Prod. semireticulatus* und
macht sich im mittleren Kwen-Lun durch rothe Sandsteine und Conglomerate
kenntlich (Tschantschen-Darja, Tagri-kolou, Sariktuss). Neben den indifferenten
Orthiden, Spiriferen und Producten dieser Abtheilungen deutet das Vorkommen
von *Spir. (Martinia) planoconvexus* MEEK, *Productus cancriniformis* TSCHERN. (Taf. 57d,
Fig. 3) und des denselben sehr nahe stehenden *Prod. tibeticus* FRECH auf ein
etwa der Artastufe (,,Permocarbon") entsprechendes Alter; auch *Streptorhynchus
difficilis* erinnert mehr an *Str. pelargonatus* als an ältere Formen.

Die gefalteten obercarbonischen Bildungen sollen nach den vorliegenden Angaben discordant von den Brachiopodenkalken und Conglomeraten überlagert werden.

---

[1] Die Figurennummern ohne Tafelangabe beziehen sich auf Taf. 57d.

[2] FRECH bei SUESS, Beiträge zur Stratigraphie von Centralasien. Denkschr. d. Wiener Akad.,
1894 und DIENER, Die Aequivalente der Carbon- und Permformation im Himalaya. Sitz.-Ber. K. Ak.
d. Wissensch. Wien, Math. Naturw. Kl., Abth. I, Bd. 106, 1897.

4. Auch im mittleren Theile von China, am Unterlaufe des Yang-Tsy ist eine ähnliche Entwickelung zu beobachten. F. v. Richthofen fand auf einer seiner ersten Excursionen zwischen Nan-king und Tschönn-kiang (Prv. Kiang-su) zwischen den Steinkohlenflötzen Schieferschichten mit einer individuenreichen, aber artenarmen Fauna, die wesentlich aus Productusarten und Bryozoen besteht. Die schneeweissen Kalkgerüste der letzteren zeichnen sich durch besondere Schönheit der Erhaltung aus.

Eine Bestimmung der häufigeren Arten ergab, dass dieselben mit Formen des Productuskalkes der indischen Salzkette ident sind: Der grobgerippte bei Nan-king

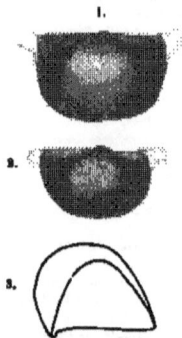

Productus tibeticus Fuchs.
Fig. 1 die concave, Fig. 2 die convexe Klappe; Fig. 3 querschnitt.
Brachiopodenkalk der Palaeodyas, Flora Ummm. Westl. Kwenlun-Kette. Südl. von Yarkand.

Popanoceras megaphyllum Beyr. Untere marine Dyas, Timor. Grosse Zeichnung der erhaltenen Lobenlinien [1].
(1 Externsattel, 2, 3 Seitensättel, 4—7 Hülfssättel.)
Nach dem in Berlin befindlichen Original Beyrich's von Dr. Volz gezeichnet.

häufig vorkommende *Productus indicus* Waagen (Taf. 57 c, Fig. 13) *Productus lineatus* Waagen (l. c. t. 66) und *P. Vishnu* Waagen (Salt Range Fossils t. 70) kennzeichnet den oberen Productuskalk (Jabi-Schichten), *Lonsdaleia salinaria* Waagen (l. c. t. 100, f. 1, 3, 4) ist eine wichtige Form der mittleren Productusschichten.

Während über die Horizontirung des unteren Productuskalkes Meinungsverschiedenheiten bestehen, wird die mittlere Abtheilung der indischen Schichtenfolge meist dem Rothliegenden gleichgestellt, die obere bereits mit dem Zechstein verglichen. Demnach gehören die Steinkohlenlager von Nan-king dem oberen Theile der älteren Dyas an.[1]

5. Dass die Kalkschichten von Timor mit bezeichnenden Arten der Gattungen

---

[1] Die Arten wurden vom Verfasser bestimmt. Siehe Fuchs, Palaeozoische Faunen aus Asien und Nordafrika. N. J. 1895, II. Seltener als die oben genannten Arten sind: *Euomphalus pusillus* Waag. l. c. t. 9, f. 8, *Productus gratiosus* Waag. l. c. t. 66, f. 1 3, *Pr. tumidus* Waag. Taf. 57 d, Fig. 9, *Derbyia* sp. Hierzu kommt die eigenthümliche, zunächst mit *Lyttonia* verwandte *Leptodus asymmetrica* nov. gen. nov. sp. (Tafelerklärung von Taf. 57 c.)

Cyclolobus und *Popanoceras* die nächste Beziehung zur Dyas besitzen, wurde bereits von BEYRICH hervorgehoben[1] und von ROTHPLETZ[2] im einzelnen begründet. Die Ammonitenarten und die Brachiopoden gestatten eine nähere Vergleichung mit dem Sosiokalk. Popanoceren mit den dreispitzigen Loben des *Pop. megaphyllum* BEYR. und *tridens* ROTHPL. („*Stacheoceras*" auct.) fehlen in der untersten Dyas und finden sich im Sosio- und Tschitischunkalk (*Pop. Gruenewaldti* GEML. Taf. 59a, Fig. 6 bezw. *Pop. Tšiumurti* DIEN.). Vor allem ist die für den Fiume Sosio bezeichnende, bei Arta fehlende Gattung *Cyclolobus* (Taf. 59a, Fig. 4) auch auf Timor gefunden worden. Dieselbe kommt auch im oberen Productuskalk vor und deutet auf einen Vergleich mit dieser Zone hin; jedoch fehlen auf Timor die Ceratitiden gänzlich. Die Brachiopoden kennzeichnen in ihren bis zum Pendschab verbreiteten Vertretern meist den oberen Theil des mittleren Productuskalkes und die Cephalopoden führende Unterstufe des oberen Productuskalkes (Jabi Beda), so *Athyris capillata* WAAG. (Mittl. Prod.K.—Ob. Prod.K.), *Camerophoria pinguis* WAAG. (Mittl. Prod.K.), *Terebr. (Hemiptychina) superplicata* WAAG. (Unt. Prod.K.—Ob. mittl. Prod.K.), *Chonetella nasuta* WAAG. (Mittl.—Ob. Prod.K., Taf. 57c, Fig. 3), *Productus asperulus* WAAG. und *Abichi* WAAG. (beide Mittl.—Ob. Prod.K.) und *Productus gratiosus* WAAG. (Mittl.—Ob. Prod.K.).

6. Als westliche Fortsetzung der Dyas-Vorkommen im Bereich des alten Mittelmeeres sind die oberen schwarzen Kalke von Balia Maaden (Mysien), die Klippenkalke des Fiume Sosio in Sicilien, die (schon oben p. 358 erörterten) Vorkommen der Karnischen Alpen und das vereinzelte Erscheinen von Cephalopodenschiefern in Südfrankreich mit *Daraelites*, *Gastrioceras* und ? *Paracelites* (St. Girons, Dep. Ariège) aufzufassen.[3]

Die Überleitung bilden wahrscheinlich die isolirten und zweifelhaften Vorkommen im östlichen Alburzgebiet (Djilin-Bilin-Pass[4]) und Tschehar-Bag bei Tschalchanu.[5] Eine directe Vergleichung mit den Artschichten des Ural verbietet sich durch die Verschiedenheit der Fauna: z. B. wandern, um nur die wichtigste Thatsache hervorzuheben, die Charakterformen des asiatischen Obercarbon *Lyttonia* und *Richthofenia*[6] in der Dyaszeit nach Südeuropa aus, sind jedoch im Ural ebensowenig wie *Scacchinella*, *Megarhynchus*, *Chonetella*, *Oldhamina*, *Geyerella* und *Orthotetina* nachgewiesen worden.

[1] Über eine Kohlenkalkfauna von Timor. Abhandl. d. Berliner Akademie für 1864. Berlin 1865. Taf. 1—3. p. 61—96. Besonders p. 91 wird klar ausgesprochen, dass der artenarme deutsche Zechstein eine locale Entwickelung darstellt, „und dass in fernen Erdtheilen Ablagerungen, die man wegen der grösseren Reichthums an organischen Einschlüssen zunächst in die Zeit des Kohlenkalksteins zu stellen berechtigt ist, auch noch das Zeitäquivalent der Formationen des Rothliegenden und Zechsteins darstellen". Erst ein Vierteljahrhundert später wurde die vollkommene Richtigkeit dieser Anschauung erwiesen.

[2] Palaeontogr. 39, p. 66.

[3] Vergl. E. HAUG, Verhandlungen des internationalen Geologencongresses zu Zürich. 1894, p. 91. Die schwarzen Schiefer mit Cephalopoden liegen über Obercarbon und werden von Bunisandstein überdeckt.

[4] *Spirifer rugulatus* KIT.

[5] *Orthotetes (Orthothrina) persicus* EHRENW., *Productus ovalis* WAAG., *Dalmanella indica* WAAG. sp. Doch deuten diese Vorkommen auf den neo-dyadischen Djulfa-Horizont hin.

[6] Der sich andere wunderlich geformte Gattungen aus der Verwandtschaft von *Auloceras (Scacchinella* und *Megarhynchus)* anschliessen.

Die untere marine Dyas in Sicilien.

Der Norden der Insel Sicilien[1] (Provinz Palermo) besteht aus gefalteten Schichten der Trias, die von Jura überlagert werden. Das in dieselben eingesenkte Thal des Fiume Sosio ist von Mitteleocaen erfüllt und aus diesem erheben sich drei isolirte palaeodyadische Kalkklippen[2] bis zur Höhe von 25 m: 1. Rocca di S. Benedetto, 2. Rupe di Pazzo di Burgio, 3. Pietra di Salomone.

An der Rocca di S. Benedetto unterscheidet GEMMELLARO 1. einen unteren, dichten grauen (oder weissen) Fusulinenkalk (compatto) und 2. einen oberen porösen Grobkalk (calcare grossolano). Fusulinen müssen übrigens in diesem „Fusulinenkalken" selten sein, da ich in den ziemlich zahlreichen von mir untersuchten Stücken nie ein Exemplar gesehen habe.

An der Pietra di Salomone wird ein sehr mannigfach ausgebildeter, dichter (Crinoiden-) Breccien-Kalk von grauer oder gelblicher Farbe, der dem dichten Kalke (1) entspricht, durch weissen „Fusulinenkalk" überlagert. Auf diesem letztgenannten Felsen kleben noch Reste des transgredirenden Mitteleocaen, so dass hier wohl echte Erosionsklippen vorliegen.

Über das Verhältnis der Trias zu der marinen Dyas konnte nichts festgestellt werden.

Ebenso fehlen Hinweise auf die Beantwortung der Frage, ob den oben gekennzeichneten zwei Horizonten auch verschiedene Arten der Ammonenfauna entsprechen.[3] Die überaus mannigfaltigen sicilischen Dyas-Ammoniten (s. oben p. 457 ff.) zeigen einerseits Beziehungen zur Artamtufe (eine idente Art[4]), andrerseits zu den wesentlich jüngeren Schichten von Timor und den oberen Productuskalken (Cyclolobus[5]) und erheben somit die Vermutung, dass hier verschiedene (zwei oder drei) stratigraphische Zonen vorliegen, fast zur Gewissheit. Leider giebt die Bezeichnung des Vorkommens der Ammoneen in dem calcare grossolano und compatto keinen Hinweis auf stratigraphische Unterschiede.[6]

---

[1] G. GEMMELLARO, La fauna dei calcari con Fusulina della Valle del fiume Sosio. Palermo 1887—1899 (bis zur Hälfte der Brachiopoden erschienen).

[2] GEMMELLARO war geneigt, die äusserlich — in der Farbe und Gesteiu — mit Hallstätter Kalken übereinstimmenden Klippen der Trias zuzurechnen, E. v. MOJSISOVICS erkannte das höhere Alter des Vorkommens.

[3] Es wäre an sich ebenso gut denkbar, dass innerhalb desselben Gesteins verschiedene Zonen vertreten seien.

[4] Medlicottia Orbignyana (Artastufe, Taf. 59 b, Fig. 16) ist nach KARPINSKY M. Trautscholdi vom Sosio; zwei Arten stehen einander sehr nahe (Gastrioceras suessi GEMM. dem G. suessi KARP.; Agathiceras suessi GEMM. dem Ag. uralicum KARP.), 8 andere Formen erinnern an uralische Arten.

[5] Auch Hyattites findet sich ausser am Sosio nur noch in Texas und fehlt am Ural. KARPINSKY macht mit Recht darauf aufmerksam, dass auch geographische Unterschiede vorliegen könnten.

[6] Aus dem calcare grossolano werden citirt: Stacheoceras Karpinskyi und Pararomoprorites Koninoki.

Aus dem calcare compatto: Popanoc. (Hyattites) Geinitzi. Alle Popanoceras-Arten. Pop. (Stachec.) planorum, perspectivum, Enras, benedictinum, Agath. Suessi, Kingi, Blastefandi, Medlicott. Verneuili, Schopeni, Marconi, Promgorerus Heyrichi, Galilaei, affine, Mojsisovicsi, Parapro-

Die Crustaceen,[1] Gastropoden und Zweischaler sind nicht weniger mannigfaltig entwickelt als die Cephalopoden, aber nicht zu stratologischen Vergleichen geeignet, da ihre Vertretung an anderen Vorkommen (Artastufe und Productuskalk) nur dürftig ist. Doch sei die weitgehende Übereinstimmung zwischen den Gastropoden der Alpen (Krain, Kärnten) und denen des Sosio hervorgehoben.

Die bisher nur zum Theil beschriebene Brachiopodenfauna des Sosiokalkes besitzt zweifellos eine sehr ausgeprägte Eigenart,[2] wie die Gattungen *Megarhynchus* und *Scacchinella*, die auch in den Alpen vorkommende Gruppe *Geyerella*,[3] der aberrante Sp. (*Martinia*) *polymorphus* Gemm.,[4] sowie die hier bis Europa vordringenden asiatischen Formen *Richthofenia* und *Lyttonia* beweisen. Auch in den Karnischen Alpen kommen einige dieser südlichen Formen (*Scacchinella* und *Richthofenia*) vor. Immerhin sind nicht sämmtliche Brachiopodenarten dem Sosiokalk eigenthümlich: Insbesondere kommen in den Klippenkalken des Tschititschun 5 Arten vor,[5] welche zweifellos mit sicilischen ident sind.

morites Krainski, Pronorites (Daraelites) Merki. Thalass. Phillipsi, subreticulatum, uieruwiseus, Paraceltites Ikoferi.

Bei Passo di Burgio finden sich: *Cyclolobus* (*,Waragenacrena*) 2 Arten, *Popan.* (*Stacheus*) *mediterraneus*, *Tirtori. Dorne. Popan.* (*Hyattites*) *incyidum, Amox., Agathic. Nerei, elegans, insigne, analiforme. Agath.* (*Hoffmannia*) *Hoffmanni. Medlicottia Verneulli, bifrons, Prozegeurus Beyrichi.*

[1] Einige Trilobiten sind auf Taf. 60 b abgebildet. Der Brachyure (*Apocrurrinus* (Taf. 59 b, Fig. 3) ist ziemlich sicher bestimmbar; die zu den zuerursen Decapoden gerechneten Reste von Palaeopemphyx bestehen nur aus Theilen des Cephalothorax, welche der Muschelkalkform ähneln. Eine vollkommen sichere Bestimmung ist jedoch bei der Unvollständigkeit des Materials nicht möglich. Hingegen gehört „*Peraprompus*" Gemm. nicht zu den Decapoden, sondern ist ident mit der Phyllopodengattung *Cyclus* (englische Steinkohlenformation), die auch als Entwickelungsform von *Limulus* gedeutet wird.

[2] Allerdings dürfte *Hburtino* Gemm. nicht von *Dielasma*, und *Spummifera* Gemm. nicht von *Athyris* unterschieden werden können, ebenso wie *Bostrunterrih* Gemm. nur ein Section von *Notothyris* bildet.

[3] *Richthofenia*, *Megarhynchus*, sowie die etwas abseits stehende *Scacchinella* bilden, wie G. Gemmellaro im Wesentlichen richtig hervorhob, eine zusammenhängende Gruppe; für die beiden zuletzt genannten Gattungen kann der (Unterordnungs-) Name *Corallopsida* Waag. als Familienbezeichnung beibehalten werden. Ich möchte im Gegensatz zu Gemmellaro (sopra due nuovi generi di Brachiopodi etc., Palermo 1896, p. 9) keine grundsätzliche Verschiedenheit innerhalb der Reihe *Strophalosia-Aulosteges-Megarhynchus-Richthofenia* sehen. Die (kleine) Deckelklappe zeigt bei allen nur unwesentliche Unterschiede der Grundelemente: Das Medianseptum ist bei *Aulosteges* (p. 287) lang, bei *Megarhynchus* kurz, der Schlossfortsatz bei ersterem kurz, bei letzterem verlängert. Die Eindrücke der Divaricatoren stehen bei *Megarhynchus* auf hohen Sockeln, liegen aber an demselben Stelle, wie z. B. bei *Aulosteges Medlicottianus* (p. 287). Ebenso ist die Hohlklappe von *Megarhynchus Marii* nur durch grössere Höhe und vortretende Deltidialgegend von *Aulosteges gigas* (natl. Zechstein Taf. 63) verschieden, während allerdings die Unterschiede von den älteren Arten (*A. Medlicottianus* p. 287) bedeutsamer sind.

Von den weiteren Brachiopoden der Sicilischen unteren Dyas steht *Richthofenia sinula* der Indischen Art näher als *R. communis*, welche der warzelförmigen Anhänge entbehrt. Die Gruppe oder Untergattung *Geyerella* Scvellw. (Textbild) schliesst sich zunächst an *Derbyia* an und ist nur im Sosio und in den Ostalpen gefunden worden.

[4] Von dem wohl *Martinia variabilis, arüiformis, lamellosa* und *umbonata* nicht zu trennen sind. Cf. l. c. Taf. 51.

[5] Deren Benennung und Beschreibung fast gleichzeitig durch C. Diener (1897) und Gemmellaro (1898) erfolgt ist. Da eine Vergleichung bisher nur auf Grund der Abbildungen möglich war, ist die Zahl der als ident zu bezeichnenden Arten noch gering, wird sich aber nach Ausführung directer Vergleiche zweifellos wesentlich vermehren.

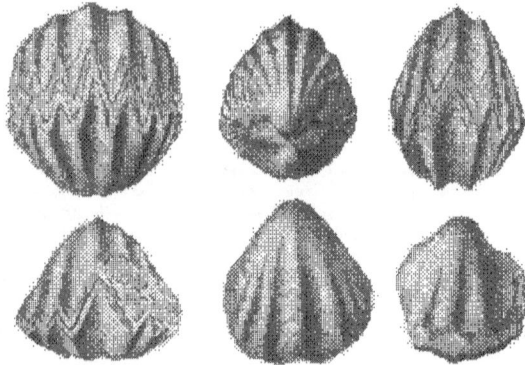

Retzia Wangeni Gemm. (*R. Tschermaycheri* Gemm. non Dien. = *R. Oehlerti* Gemm.) Sosiokalk. N. Sempra.

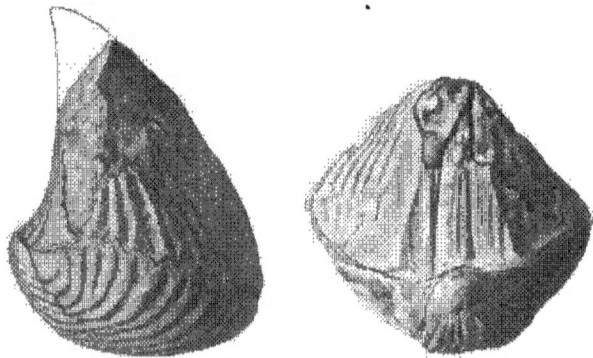

Sp. (Martinia) acutomarginalis Diener v. *Martinia Semiramis* Gemm. – *Coraclia* Gemm.

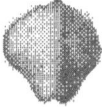

Spirifer (Martinia) polymorphus Gem.   *oviformis* Gem.   *lamellosus* Gem.   *rotobilis* Gem.
Sosiokalk. N. M. Gemm.

Weitere Beziehungen bestehen, wie die folgende Tabelle erkennen lässt, zum mittleren Productuskalk, Timor, Djulfa, Yar-ka-lo und dem unteren Zechstein. Das zunächst gelegene, faciell ähnliche Vorkommen des Trogkofels in den Ostalpen besitzt zwar etwas höheres Alter, zeigt aber aus den angegebenen geographischen Gründen die nächsten Beziehungen.

Brachiopodenarten, die in der Palaeodyas grössere Verbreitung besitzen (vergl. Taf. 57 d).

	Timor Series (Sicilien)	Tschitischen (Tibet)	Mittlerer Productuskalk	Yar-ka-lo (Yünnan)	Timor (Ajer Mati)	Unt. Zechstein	Ob. Dyas djulfa
Rhynchonella (*Uncinulus*) *timorensis* BITT. (= *Threbabli* WAAG.)							
= *Niculus* GEMM.)		+	+	+	+	+	−
Camaroph. humbletonensis HOW. (= *multiplicata* KING — *acuminata* GEMM.)		+		+		+	−
Camaroph. Pardoei DAV. (= *plicata* KEY. *alpina* SCHELLW.)							
Obercarbon und .		−	+	+	+	−	
Hemiptychina sparsiplicata WAAG. .			+	+		+	−
Dielasma biplex WAAG. .			+	+		−	−
Athyris subexpansa WAAG. .			+	+	−	−	−
Spirigerella grandis WAAG. (Tre-do, Yunnan, Balia Maaden) .			÷	−	−	−	
Spir. (*Martinia*) *acutomarginalis* DAV. *Semiramis* GEMM.							
Cornelia GEMM. .		−	+				
Spir. (*Martinia*) *elegans* DAV. (= *Dielasma* GEMM. *rocumiculata* GEMM.)							
Spir. (*Reticularia*) *Waageni* LÓCZY (= *affinis* GEMM. = B. Maaden)		+		÷		−	+
Spirif. Wynnei WAAG. (= *Niculus* GEMM.)		+	÷	+			
Enteles Tschernyscheffi DAV. (non *E. Tschernyscheffi* GEMM.)		+	+				
Enteles elegans GEMM. .		+	+	−	−	−	

Marine Palaeodyas in Nordamerika.

Im Südwesten des palaeozoischen Gebietes von Nordamerika liegt etwa zwischen dem Red River und dem Colorado die mehrere Hundert engl. Quadratmeilen umfassende Dyas von Texas.

---

[1] Höchst wahrscheinlich gehört zu den übereinstimmenden Arten noch *Sp.* (*Martinia*) *aurola* RUPERT. (Timor, Tschitischen und Balia Maaden [N. W. Kleinasien]) = *rupicola* GEMM. (Senio). Die Unterschiede sind jedenfalls ganz minimal.

[2] Die Gleichzeitigkeit der Abfassung der Arbeiten C. DIENER's (erschienen 1899) und G. GEMMELLARO's (erschienen 1899) ergiebt sich u. a. daraus, dass beide unabhängig zwei verschiedene *Enteles*-Arten nach Th. TSCHERNYSCHEW benannt haben. Da C. DIENER's Arbeit früher erschienen ist und *Enteles Tschernyscheffi* GEMM. (non DIENER) mit *Enteles Waageni* GEMM. und *Oehlerti* GEMM. zusammenfällt (M. Austra), so erledigt sich diese Verwirrung ziemlich einfach: *Enteles Tschernyscheffi* GEMM. ist als *E. Waageni* GEMM. zu bezeichnen.

Die Dyas lagert auf Obercarbon mit charakteristischer Fauna;[1] eine scharfe Grenze ist nicht vorhanden. Diejenigen Schichten, aus denen der bezeichnende Dyasammonit *Popanoceras Parkeri* Heilprin[2] stammt, sind bereits zu der jüngeren Formation zu rechnen.*

Besonders wichtig ist der Ammoneen-führende Aufschluss bei Wichita military crossing, der von White beschrieben wurde,[3] während eine zusammenfassende Schilderung der texanischen Dyas von W. F. Cummins[4] herrührt.

Eine der reichsten Wirbelthierfaunen, welche überhaupt aus dem Ende der palaeozoischen Zeit bekannt sind, stammt nach Cope aus Texas und dem östlichen Theile von Illinois; nicht weniger als 21 Arten von Fischen, 16 Stegocephalen und 39 verschiedene Reptilienformen wurden unterschieden. Die folgende summarische Aufzählung[5] giebt einen Begriff von der Mannigfaltigkeit des Wirbelthierlebens:

Klasse und Ordnung	Familie	Die wichtigeren Gattungen	Texas	Illinois
Fische: *Selachii*		*Sagenodus* Taf. 60, Fig. 8—10.	+	+
		Pleuracanthus (= *Orthacanth.*) und die zugehörigen Zähne;	—	—
Dipnoi		*Diplodus* (= *Didymodus* Cope)	+	+
		Nagonotus (= *Ctenodus*) (? Arten)	+	+
		Peganodus	+	—
Teleostomi		*Ectosteorhachis*	+	—
Amphibien: *Ganocephala*		*Trimerorhachis*	+	—
		Zatrachys	+	+
	Rhachitomi	*Eryops*	+	+
		Acheloma etc.	+	—
	Stegocephali *Embolomeri*	*Diplocaulus*	+	+
Reptilien: *Theromorpha*	*Clepsydropidae*	*Cricotus* (p. 447)	+	+
		Clepsydrops	+	+
		Archaeobelus	+	—
		Dimetrodon	+	—
		Naosaurus (p. 444)	+	—
		Theropleura	+	—
		Edaphosaurus n. n.	+	—
	Pariotichidae	*Pariotichus*	+	—
		Eetocynodon	+	—
		Pantylus	+	—
	Holosauridae	*Bolosaurus*	+	—
		Chilonyx	+	—
	Diadectidae	*Diadectes*	+	—
		Empedias	+	—
		Helodectes	+	—

---

[1] N. White u. a. mit *Dielasma bovidens, Spir. cameratus* (Taf. 47c, Fig. 9), *Athyris subtilita, Prod. semireticulatus* n. *nebrascensis* (Taf. 47c, Fig. 15), *costatus, Corn, Meekella eximia* M. H., *Myalina subquadrata* Shw., *Macrocheilus pomterosum* n. a.

[2] Proc. Acad. Nat. sciences Philadelphia 1884, p. 58 und Karpinsky, Ammoneen der Artinskstufe t. 5, f. 5.

[3] Cf. A. White, On the Permian formation of Texas. American Naturalist, Febr. 1889, p. 109 bis 128, M. Tafel. Ref. N. J. 1890, I p. 96. Ders., The Texas Permian and its mesozoic types of familie. Bull. U. S. Geolog. survey N. 77, 1891. Ref. N. J. 1892, II p 296.

[4] W. F. Cummins, Ann. Rep. of the Geol. survey of Texas, I 1889 und besonders ibid., II p. 460 (referirt u. a. Palaeontogr. 1899, p. 68).

[5] Cope. Catalogue of the species of Vertebrata etc. Transactions of the American philosophical society N. Ser. Bd. 16. Philadelphia 1890.

[6] Wahrscheinlich synonym mit *Kayopu.*

[7] und Neu-Mexico. Die gesperrt gedruckten Formen sind abgebildet.

#/ P, enthere *teilweise stams* in the Lower Coal Measure, Strompferration, Near C. layer, ↑ *was not found* in Permian (?!).

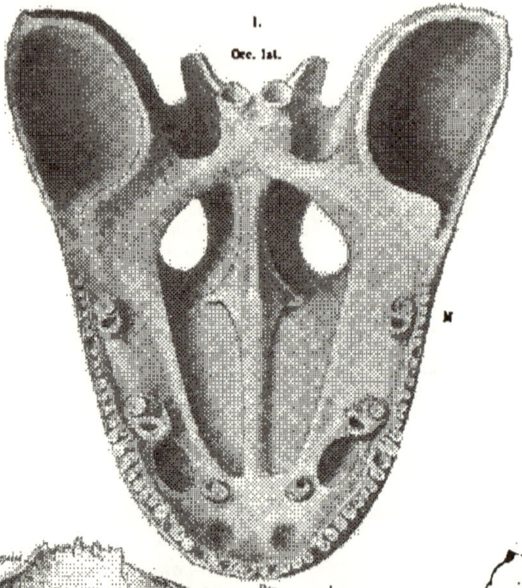

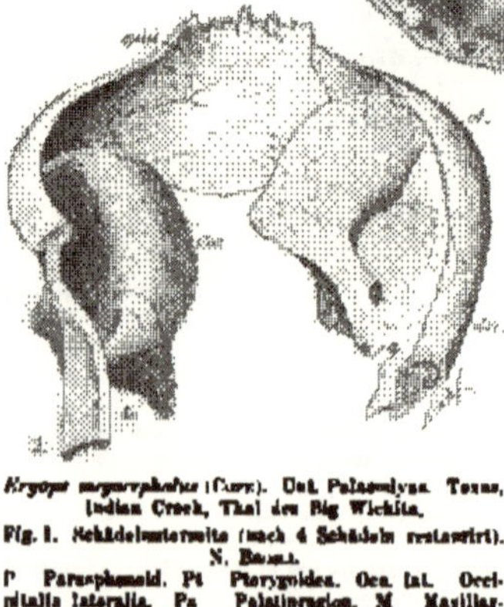

Eryops megacephalus (Cope). Unt. Palaeozoa. Texas,
Indian Creek, Thal des Big Wichita.

Fig. 1. Schädelunterseite (nach 4 Schädeln restaurirt).
N. Basis.
P Parasphenoid. Pt Pterygoidea. Occ. lat. Occi-
pitalia lateralia. Pa Palatinregion. M Maxillar-
region. Pm Praemaxillarregion. V Vomerregion.
Fig. 2. Schultergürtel, von oben. epist. Episternum.
cl. Clavicula. clei. Cleithrum. Cor. Coracoid. Sc. Scapula.
Fig. 3. Linke Vorderextremität, von unten. Fig. 4. Linke Vorderextremität, von oben. (Verkl. n. Cope.)

Dyas-Ammoneen aus der oberen Palaeodyas (obere Wichita-Schichten) von Texas.
N. C. A. White.

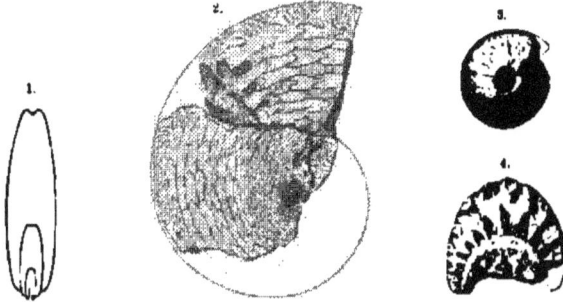

Fig. 1 u. 2. *Medlicottia Copei*.
Fig. 1. Skizze, den Querdurchschnitt der Windungen zeigend. Fig. 2. Seitenansicht.
Fig. 3 u. 4. *Popanoceras Cumminsi*.
Fig. 3. Seitenansicht eines kleinen Exemplares. Fig. 4. Teilansicht eines grösseren Exemplares.

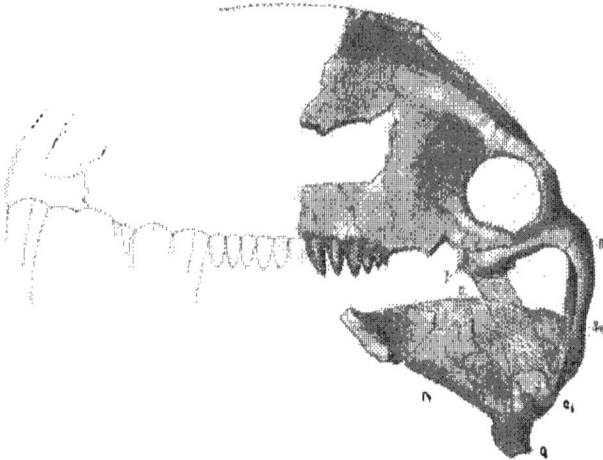

Naosaurus claviger Cope. Untere Dyas. Texas. ⅓ nat. Gr.
Pa = Parietale.   Q = Quadratum.
Sq = Squamosum.   J = Jugale.
Qj = Quadrato-Jugale.   Pt = Pterygoideum.

Aus Transactions of the American Philosophical Society held at Philadelphia, for promoting useful knowledge. vol. XVI. New series, 1890, Taf. II u. III.

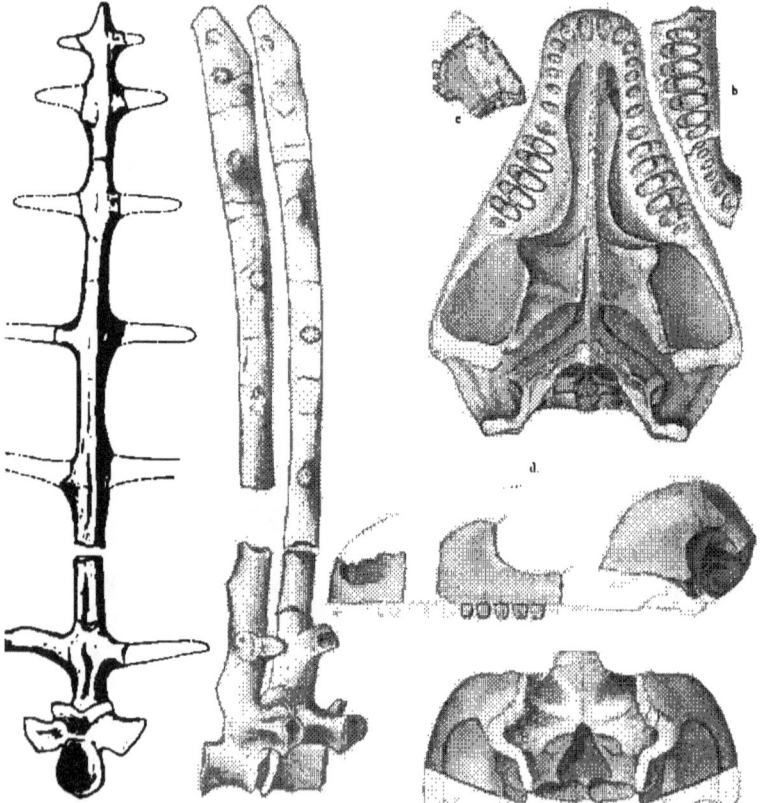

Naosaurus claviger COPE.
²/₃ nat. Gr.
Wirbel mit enorm verlängerten seitlich verzweigten Dornfortsätzen.
Aus der unteren Dyas von Texas. Nach COPE.

Empedias molaris COPE. (Nach COPE.) ¹/₂ nat. Gr.
Untere Dyas, Texas.
a. Gaumenansicht des Schädels. b. Desgl. c. Seitenansicht der Symphyse. d. Seiten- und e. Hinterhaupts-
Ansicht.

Dieselbe Entwickelung wie die texanische Dyas zeigen die altersgleichen Schichten in Kansas (vergl. p. 378, 379); auch hier ist ein allmähliger Übergang in das Carbon nachweisbar. Jedoch zeigen in Kansas Palaeo- und Neodyas („Permocarboniferous" und „Permian") ungleichförmige Lagerung. Der obere Theil der älteren Stufe ist durch Salzschichten, die Ablagerungen eines eintrocknenden Binnensees gekennzeichnet und das wiederkehrende Meer lagert discordant auf den älteren Sedimenten. Im Folgenden sind die Kansasschichten nach einer neueren, mit sehr zahlreichen (überflüssigen) Namen versehenen Übersicht[1] aufgezählt.

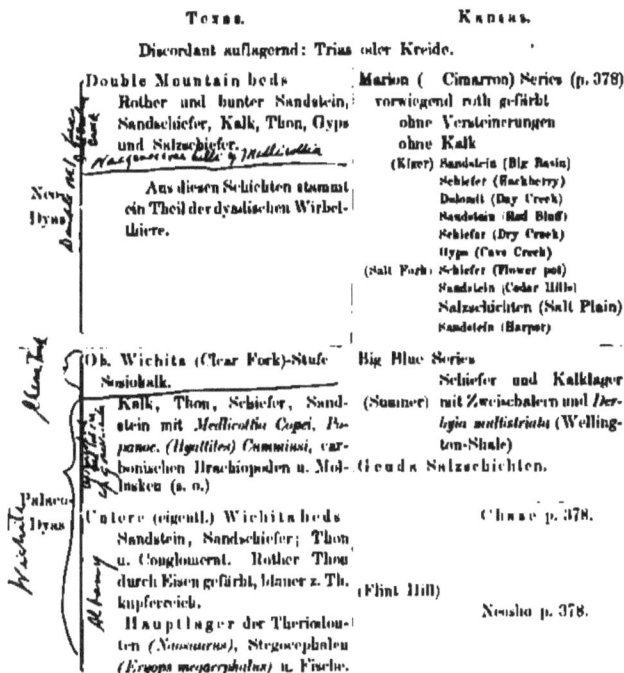

Texas.	Kansas.
Discordant auflagernd: Trias oder Kreide.	
Double Mountain beds	Marion (Cimarron) Series (p. 378)
Rother und bunter Sandstein,	vorwiegend roth gefärbt
Sandschiefer, Kalk, Thon, Gyps	ohne Versteinerungen
und Salzschiefer.	ohne Kalk
	(Kiger) Sandstein (Big Basin)
Aus diesen Schichten stammt	Schiefer (Rackberry)
ein Theil der dyadischen Wirbel-	Dolomit (Day Creek)
thiere.	Sandstein (Red Bluff)
	Schiefer (Dry Creek)
	Gyps (Cave Creek)
	(Salt Fork) Schiefer (Flower pot)
	Sandstein (Cedar Hills)
	Salzschichten (Salt Plain)
	Sandstein (Harpor)
Ob. Wichita (Clear Fork)-Stufe	Big Blue Series
Sesiokalk.	Schiefer und Kalklager
Kalk, Thon, Schiefer, Sand-	(Sumner) mit Zweischalern und Der-
stein mit Medlicottia Copei, Po-	byia multistriata (Welling-
panoae. (Hyattites) Cumminsi, car-	ton-Shale)
bonischen Brachiopoden u. Mol-	Geada Salzschichten.
lusken (s. o.)	
Untere (eigentl.) Wichita beds	Chase p. 378.
Sandstein, Sandschiefer; Thon	
u. Conglomerat. Rother Thon	
durch Eisen gefärbt, blauer z. Th.	(Flint Hill)
kupferreich.	Neosho p. 378.
Hauptlager der Theriolou-	
ten (Naosaurus), Stegocephalen	
(Eryops megacephalus) u. Fische.	

Allmähliger Übergang in das Obercarbon.

[1] F. W. Cragin, The Permian system in Kansas. Colorado College studies 1896. 6.

Der grössere Theil der Wirbelthiere stammt aus der tiefsten Zone der unteren Wichita-beds,[1] ein kleinerer aus den oberen (neodyadischen) Double-Mountain beds. Die zwischen beiden liegenden oberen Wichitaschichten enthalten eine wesentlich aus carbonischen Typen bestehende Fauna von Mollusken und Brachiopoden,[2] sowie einige an den Sosiokalk erinnernde Ammoneen. *Medlicottia Copri* WHITE, *Popan. Walcotti* WHITE und *Pop. (Hyattites) Cumminsi* WHITE haben ihre nächsten Verwandten in der marinen sicilischen Dyas.

Auf eine Vertretung der unteren marinen Dyas in Californien könnte das Vorkommen von *Spirifer Wymei* hinweisen, der in den Schieferthonen (Argillites) über dem McCloud-Kalk in Californien vorkommt und anderwärts, am Tschititschun, in der Salskette (Virgal Beds) und am Ural (Artastufe) die untere marine Dyas kennzeichnet.[3]

Die rothen Mergel und Schiefer, welche die phantastisch bunten Formen der Painted desert in Arizona, Neu-Mexiko, Utah und Colorado zusammensetzen, überlagern den Aubreykalk (Profil p. 9, VII) und besitzen ebenfalls das Alter der Dyas. Versteinerungen sind nur spärlich beschrieben worden. Eine Anzahl von Zweischalern sammelte ich in dolomitischen Mergeln von Fort Douglas bei Salt Lake city:

Pleurophorus imbricatus WAAGEN.   *Schizodus Schlotheimi* KING. (Fossils of
Allorisma cf. *elegans* KING.   the Magnesian limestone t. 15, f. 3) und
Edmondia aspinmvallensis MEEK.   *Dalmanella* sp.

Dieselben Wirbelthiere wie in Texas werden im östlichen Illinois aus einem röthlichen Schieferthon beschrieben, der dem obersten Theil der meist als Obercarbon bezeichneten Serie angehört: Etwa 2100' über der Basis, 110' unter dem obersten Theile dieser Schichtenfolge [4] liegt in Vermilion county ein „Bonebed", dessen Reptilienfauna (*Clepsydrops Colleti* COPE und *Winslowi* COPE, *Cricotus heterodilus* COPE p. 447) für Dyas spricht. Die Fische sind weniger bezeichnend.[5]

Die Brachiopoden, welche z. Th. noch über dem Bonebed vorkommen, sind carbonische, vielfach in die marine Dyas hinaufgehende Arten,[6] so dass jede Beziehung zur Trias ausgeschlossen ist. Wir haben wahrscheinlich in Illinois ein Aequivalent der Artastufe vor uns und die Reptilien als die ältesten bisher bekannten Formen der Klasse anzusehen.

[1] Als Wichita-beds bezeichnet Cummins die unteren Vertebratenschichten, während er die „Cephalopoda-beds" als Clear Fork bezeichnet; gerade die letzteren sind i. d. Fauna Wichita. Da der letztere Name eingermassen bekannt geworden ist, glaube ich denselben auch hier beibehalten und mit der obigen Unterscheidung verwenden zu müssen.

[2] V. a. *Nautilus Winslowi* MEEK und WORTH, *Enomphalus subquadratus* M. et W., *Bellerophon montifortianus* NORK. et PRINT., *Pleurophorus occidentalis* GEIN., *Yoldia subacrita* M. et W., *Myalina permiana* SWALL., *M. orientalis* M. et W., *Sierrillein (Hakenvillia) longa* GEIN., *Aviculopecten occidentalis* SHUM., *Syringopora* sp.

[3] PRASSE Nairn deutet diesen californischen Horizont als oberstes Carbon. Mesozoic changes in the faunal geography of California. Journal of geology Chicago 1895, p. 373.

[4] D. COPE, Proc. Americ. Philos. soc. Vol. 17, N. 100 (1877), p. 52; über die Schichtenfolge siehe Geology of Illinois IV. p. 245. Aus der genauen Übersicht der Schichtenfolge ergiebt sich, dass in dem Bonebed selbst und in 3 oder 4 Horizonten darüber die aufgeführten Brachiopoden vorkommen.

[5] *Diplodus (Didymodus* COPE, Zähne von *Heuroeanthus), Sagenolus, Peplorhina.*

[6] *Spirifer cameratus, Spir. lineatus, Athyris subtilita, Dielasma buridens, Meekella crassa, Prod. pngispinus, Rogersi, scabriculus, Spiriferina kentuckiensis;* ausserdem *Lophophyllum proliferum.*

III. Das Rothliegende in Mitteleuropa.

A. Das Rothliegende und das oberste Carbon in Böhmen und Schlesien.

Die enge Verbindung der productiven Steinkohlenformation mit dem Rothliegenden lässt eine gesonderte Behandlung beider vielfach unthunlich erscheinen.
Es wurden daher schon oben (p. 350—354, 341) die Carbon- und Rothliegend-Vor-
kommen der rheinischen Gebirge und des südlichen Harzrandes im Zusammenhang
erörtert. Im Folgenden sollen — abgesehen von den zerstreuten Vorkommen Westeuropas — die auf der alten böhmischen Masse und dem französischen Centralplateau lagernden Kohlenbecken in ähnlicher Weise behandelt werden.

Jede Gruppe dieser kleinen,
theilweise durch spätere Denudation getrennten Kohlenbecken hat
ihre Localgeschichte,[1] ihre locale
Flora und Fauna. Vollständige
Schichtenfolgen sind nirgends vorhanden. Im südlichen und östlichen (Böhmisch Brod) Böhmen
fehlt das Obercarbon, und vielfach

**Profil durch das mittlere Rothliegende
bei Böhmisch Brod. Nach J. Krejci.**

1 Rothliegendes.   4 Kreidegebilde.
2 Kohlenflötzchen.   5 Granit.
3 Phyllit.

lagert das mittlere Rothliegende auf dem Urgebirge; in der Mitte des Landes (Radnitz) ist das Rothliegende mehrfach durch spätere Denudation entfernt worden.

1. Das Obercarbon.

Die Carbonschichten der böhmischen Binnenbecken, deren combinirtes
Normalprofil (Radnitz-Kladno) hier wiedergegeben ist, beginnen meist mit einem
Grundconglomerat, der ersten Ausfüllung des alten Gebirgsseen. Zuweilen lagert
jedoch auch Schieferthon oder das Kohlenflötz (Libuschin bei Kladno) unmittelbar
auf dem Grundgebirge. Grosse Unbeständigkeit in der Mächtigkeit der Flötze, ein
Anwachsen der Zwischenmittel und vollkommeres Auskeilen der Kohle deutet auf
die unregelmässigen Ablagerungsverhältnisse der Gebirgsbecken. Zu dem gleichen
Schluss der Zusammenschwemmung (Allochthonie) der Flötze führt das mehrfach
(besonders bei Kunowa) in der Steinkohle beobachtete Vorkommen von Geröllen.
Vereinzelte, aufrecht stehende (bis 3 m hohe) Calamitenstämme beweisen jedoch,
dass gelegentlich auch ein an Ort und Stelle gewachsener Wald zu der Flötzbildung
beitragen konnte.

Die Faltung ist wesentlich intracarbonisch und hat somit die Carbon-Roth-
liegendbecken nur in postumen Bewegungen betroffen. Häufiger finden sich da-

---

[1] Eine sehr ausführliche Darstellung giebt F. Katzer in der Geologie von Böhmen p. 1074 bis
1228. (Hier auch vollständige Litteraturnachweise.) Einige der wichtigeren Arbeiten sind:
K. Feistmantel, Die Steinkohlengebilde in der Umgebung von Radnitz in Böhmen. Abh. böhm.
Ges. d. Wissensch. V. F., 11. Bd. 1881. Ders., Das Steinkohlenbecken bei Klein-Prilep etc. Arch.
Naturw. L.-Durchforsch. II, 1872.
D. Stur, Steinkohlenflora von Rakonitz. Verh. G. R. A. 1896. Ders. über die ausseralpinen Ab-
lagerungen d. Steinkohlenform., ebend. 1874. p. 180: Umgebung von Rakonitz und Kounova, ebenda
p. 367: ders, Geolog. Verhältnisse des Jemnitzschachtes. Jahrbuch G. R.A. 1879. p. 869.

gegen Brüche, die jedoch nicht in allen Fällen die unregelmässige Vertheilung der Flötze erklären. Vielmehr scheinen — abgesehen von der ursprünglichen Unregelmässigkeit des Absatzes — zuweilen auch Auswaschungen vorhandener Flötze stattgefunden zu haben.

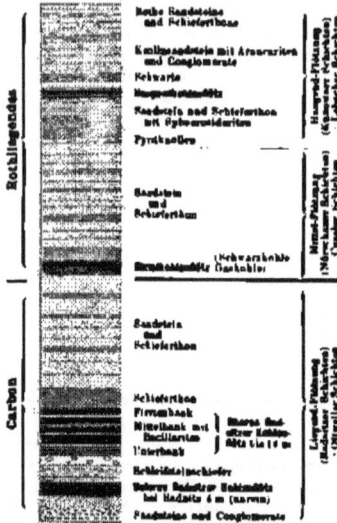

Schematische Darstellung der Ablagerungen des Carbonsystemes in Böhmen. Z. Th. nach K. FRIEDRICH.
Das Mittelkohlenflötz führt gewöhnlich unten Plattelkohle, oben Schwartzkohle. Ueber dem Hangendkohlenflötz folgt zunächst die sogen. Schwarte, darüber Schieferthon mit Sphaerosideriten.

Die Ähnlichkeit der allgemeinen Entwickelung mit der des Thüringer Waldes und des französischen Centralplateaus erleidet nur eine Ausnahme: das fast vollkommene Zurücktreten von Eruptivdecken und Tuffen im Inneren der böhmischen Masse.[1] Im Gebiet von Schatzlar, au der Schlesischen Grenze sind Melaphyre und Quarzporphyre mächtig entwickelt. Jedoch liegt hier ein anderer Entwickelungstypus — autochthone Flötzbildung — vor, welche nicht mit der Facies der allochthonen kleinen Kohlenbecken verwechselt werden darf.

In Mittelböhmen beginnen die Vorkommen des Obercarbon und des Rothliegenden bei Kralup und verbreiten sich über Schlan, Kladno, Rakonitz, Beraun,[2] Radnitz, Miröschau,[3] Pilsen und Manetin bis nach Mies. Am südlichen Fuss des Riesengebirges überlagert Rothliegendes das Schatzlarer Carbon (oben p. 341).[2]

Geringere Ausdehnung besitzen die Vorkommen des Rothliegenden in Ostböhmen (Senftenberg, Landskron sowie die Becken von Schwarz-Kostellets und Silber-Skalitz, s. unt.

p. 527). Ebenso geringfügig ist die Ausdehnung des Rothliegenden im Süden des Landes bei Budweis, Tabor, Wlaschim und Diwischau.

Die folgende kleine Tabelle der Rothliegend- und Carbonvorkommen des mittleren, westlichen, südlichen und östlichen Böhmen geht zwar von der Zusammenstellung KATZER's (l. c. p. 1211) aus, weicht aber insofern ab, als die beiden

---

[1] Bei Radnitz und Kladno sind wenig mächtige Lager von Porphyrtuff bekannt.

[2] Hier findet sich ausschliesslich Obercarbon, während sonst Rothliegendes das Hangende bildet oder wie im Süden und Osten ausschliesslich auftritt.

[3] Vergl. KATZER, Geologie von Böhmen, p. 1000.

Radnitzer Flötzzüge mit den Ottweiler Schichten verglichen worden.[1] Zweifellos gehören hierher die oberen Radnitzer Flötze, die Vorkommen von Stradonitz (unweit Beraun), Miröschau (mit *Pecopt. arborescens* und *Huckraeti, Sphenoph. verticillatum*), das untere Pilsener Kohlenflötz, Prilep[2]) und die kleine, südlich von letzterem gelegene Merkliner Mulde.[2]

Für das untere Radnitzer Flötz wäre eine Gleichstellung mit der oberen Zone der Saarbrücker Schichten in Betracht zu ziehen, wenn man der auf älteren Bestimmungen beruhenden Angabe des Vorkommens von *Sphenopt. obtusiloba, Neuropteris gigantea, Mariopt. muricata* und *acuta*[4] (KATZER, l. c. p. 1092) Vertrauen schenken wollte. Vorwiegend sind allerdings auch in diesen Listen Ottweiler Arten vertreten.

Die umfangreichste Kohlenablagerung in Mittelböhmen ist vielfach durch Verwerfungen zerstückelt und erstreckt sich von Kralup an der Moldau über Kladno und Schlan nach Rakonitz in einer Ausdehnung von 20 ☐ Meilen. Das bis 8,50 m mächtige (obere) Hauptflötz und das Grundflötz (letzteres über Grundconglomerat) wird mit dem Radnitzer Ober- bezw. Unterflötz verglichen. Eine genauere Horizontirung ist nach den vorliegenden Versteinerungslisten unthunlich. Bemerkenswerth ist der Reichtum an Landthieren, unter denen besonders Arachniden und Insekten in dem Schleifsteinschiefer zwischen den beiden Flötzen häufig sind.

2. Das Rothliegende in Mittelböhmen.

Die Frage der Abgrenzung von Rothliegendem und Obercarbon in Mittelböhmen ist von allgemeinerem Interesse, weil hier in dem strittigen Nürschaner Grenzhorizont (der Gas- oder Plattelkohle) eine reiche Wirbelthierfauna — neben der texanischen die reichste des jüngeren Palaeozoicum — durch A. FRITSCH[1] entdeckt und beschrieben worden ist. Aus der folgenden Über-

---

[1] Allerdings kann auch dies nur mit allem Vorbehalt ausgesprochen werden, da die Bestimmungen der Pflanzen sämmtlich aus alter Zeit stammen. Der STUR'sche *Pecopt. Gallion/anerarch* (vergl. I, p. 85) ist von dem Verfasser selbst als provisorisch bezeichnet worden (Verhandl. d. R.A. 1874, p. 209) und wurde durch die späteren Forschungen nicht bestätigt. U. a. besteht kein phytopalaeontologischer Grund, die Miröschauer Schichten für älter zu halten als die Radnitzer. Ferner sei erwähnt, dass die Resultate und Zeimech-Wieshauer Schichten nach Stur etwa den Nürschauer Schichten d. h. der Cuseler Stufe entsprechen.

[2] Nach den vorliegenden Bestimmungen scheinen die hier gefundenen Arten sämmtlich oder für den oberen Theil der Saarbrücker Schichten als für die Ottweiler Stufe zu sprechen, wo *Sphen. obtusiloba* und *Horninghausi*. Es findet sich in diesem kleinen Becken nur ein einziges Flötz zwischen Grundconglomerat und hangenden Schiefern.

[3] O. FEISTMANTEL, Sitz.-Ber. der böhm. Ges. der Wissenschaften, 1872.

[4] *Mariopteris muricata* würde z. B. unbedingt als leitend für die Saarbrücker Stufe zu betrachten sein. Doch gemessen die älteren Bestimmungen, vor allem diejenigen O. FEISTMANTELS (Pflanzenreste des böhmischen Steinkohlengebirges, Palaeontogr., Cassel 1874—76), deren Originalstücke ich im Breslauer Museum nachprüfen konnte, nur grösten Vorsicht.

[1] A. FRITSCH, Fauna der Gaskohle, 3 Bände. Prag. 1888—1895 umfasst die Beschreibung der Stegocephalen und Fische. Vergl. die Bemerkung p. 446. Ein vierter Band ist begonnen. Für die obige Frage vergleiche man auch KATZER, Geologie von Böhmen. p. 1144 ff. und (in entgegengesetztem Sinne): K. A. WEITHOFER, Altersverhältnisse der mittel- und norddeutschen Carbon- und Permablagerungen. Sitz.-Ber. Wiener Ak. Math. Nat. Kl. Bd. 107 (1), p. 1 (1898).

Beraun				Kladno-Rakonitz (20[...]Nl.)		Pilsen
						Rother ste: in übergreit Lagen
					Schwarze (Gaskohle) n. Hangendes Flötz 0,8 m von Kůnowa m. Gerölien etc. darunt. liegt Sphaerosiderit	Hangende 0,5 :
					Schwarzkohl. Cannelkohle Branulschief. nur selten bauwürdig (= Zámecher Schichten Szus) 40 m über Sem :	Náras c Schwa b Canne mit Stip u (roñ (= Platt oder Hraz mit Stngo und Fb
ein iley ei aan blat ötz, tgto- ſtat	Stradonitz (Linek) bei Beraun u. a. mit Rhizocarpuris elegans, Oraptevia, Knödlegeri	Stiletz	Holub- kau	Lei- kow	Mittelschen, Ein Flötz v. 1 m Mächtigkeit	Hauptflötz von 5,5—9 m Mächtigkeit	2. (Litig: bis 4 Flötz (Mantas) in na- ferzdmäs-siger Vertheilg.
	Sandstein, Flötz, Conglamerat				Schleifstein Grundflötz	Grundconglamo rat

fehlen

				Südliches und östliches Böhmen.				Mähren.
	Mies	Manetin	Budweis	Tabor	Wlaschim	Böhm. Brod	Landskron	Lisitz
od- der g				Rother Sandstein bei Tabor, Psaronius-Stämme bei Wittingau u. Mühlhausen.	Röthl. Sandstein m. Kohle (0,5 m) bei Wlaschim m. *Callipteris Naumanni*, *Psaronius arborescens*, Sandstein von Divischau	Rother Sandstein, Kalklager und Kohlenflötzchen bei Schwarz-Kostelletz u. Böhm. Brod. *Psaronius arborescens*, *Annularia*, *Walchia piniformis*, Conglomerat	Arkosen, Sdst. u. Conglomer. i. Eisengebirge. Rother Sandstein ohne Verst. und Conglomerate Wildenschwert, Landskron, (O.) Gabersberg	Lotke u. Lisitz b. Jentsch
Flötz		Rother Sandst. bei Manetin und Mladra N.W. von Pilsen, Thonschief., Brandschief., Flötz, Sandst.	Anthracit bei Budweis	Das Liegende ist Gneiss, Granit oder Phyllit.				
…: …kohle …kohle …tien …le …kohle								Alle drei Rossitzer Flötze

sicht ergiebt sich zunächst, dass die Zahl der aus dem Carbon heraufreichenden, in der Gaskohle zuletzt gefundenen Gattungen (3) geringer ist als die der neu erscheinenden Gruppen (7). Ferner sind die ersteren verhältnissmässig seltene, nur in wenigen Arten und Exemplaren bekannte Gruppen, während die in den Nürschaner Schichten beginnenden Gattungen die häufigsten und bezeichnendsten Stegocephalen und Fische der Dyas umfassen: Wenn auch *Archegosaurus* in Böhmen überhaupt fehlt, so ist doch die zunächst verwandte Gattung *Sparagmites* hier und im sächsischen Mittelrothliegenden gefunden worden. Ferner erscheint

die Gattung *Branchiosaurus*, der häufigste und am besten bekannte Stegocephalo des Rothliegenden hier bereits in 3 Arten und ebenso wurden von *Amblypterus* und *Sagenodus*,[1] den verbreitetsten Fischgattungen der Dyas, die ältesten Arten im Gasschiefer gefunden. Vor allem ist

Branchiosaurus salamandroides Fr. Gaskohle des Unterrothliegenden von Nürschan, Böhmen. Nat. Grösse. N. Jaekel. Die häufige nur theilweise durch Knochen gestützte Schwanzflosse in natürlicher Länge.

aber das formen- und individuenreiche Auftreten der Stegocephalen ein Kennzeichen der jüngeren Formation.

Auch floristisch steht die Gaskohle dem Rothliegenden näher: Das Vorkommen von *Odontopteris Schlotheimi*, *Schuetzia anomala* und *Walchia piniformis*[2] widerlegt die häufig wiederholte Behauptung, dass die Flora ausschliesslich carbonisch sei.

Die petrographische Gliederung des mittleren Rothliegenden ergiebt sich aus dem obigen Combinationsprofil. Eine genaue Vergleichung mit der Saarbrücker Eintheilung der unteren Dyas ist wie bei allen Continentalbildungen schwierig. Sowohl die Vertheilung der thierischen Reste wie das Auftreten der Pflanzen zeigt grosse Verschiedenheiten. Wenn die Nürschaner Gaskohle den unteren Kuseler Schichten entspricht, so deutet der K u n o w a e r H o r i z o n t auf obere Kuseler und wohl schon Lebacher Schichten hin.

Das Steinkohlenlager des Kunowaer Hangendzuges besitzt überall geringe Mächtigkeit (kaum 1 m) und wird bei Kladno-Rakonitz von der sogenannten S c h w a r t e überlagert; als Schwarte bezeichnet man einen bituminösen, von Fisch- (*Sagenodus*, *Thrissolepis*) und Saurierresten erfüllten Schiefer, in dem auffallenderweise *Amblypterus* fehlt. In den die Schwarte begleitenden Schiefern erscheinen bereits sämmtliche Charakterpflanzen des Rothliegenden: *Walchia piniformis*, *Callipteris conferta*, *Annularia sphenophylloides* u. a.

Die röthlichen, z. Th. bituminösen Kalke von Braunau im nördlichen Böhmen bilden ebenfalls noch Aequivalente des Lebacher und Niederhäuslicher (p. 531) Horizontes; denn einige wichtige Arten, wie *Acanthodes Bronni*, *Pleuracanthus Decheni* und *Amblypterus Duvernoyi* kommen bei Lebach und Braunau vor.

[1] *Sagenodus* (*Ctenodus obliquus* bei Fritsch u. a.) ist in der Bezahnung von den älteren *Ctenodus*-Arten wesentlich verschieden.

[2] Fritsch, Fauna der Gaskohle I, p. 10.

	Carbon	Nürschan	Kusowa und Niederschädlich	Braunau		Carbon	Nürschan	Kusowa und Niederschädlich	Braunau
Reptilia					*Gaudrya* (*Archegosauri-*				
Naosaurus . .		1			*dae* Lun.)		1		—
Stegocephali					*Sclererpheton* Gr. . . .	—		—	1
Branchiosaurus		N	+	M	*Nyrechania* Fritsch		1		
(**Fam.** *Branchiosauridae*)					*Dipnoi*				
Sparodus	?	N		—	*Sagenodus* (*Ctenodus*				
Dasomis	—	1		—	*Branchiodus*) .		1	2	1
Melanerpeton,(*Apateoni-*					*Selachia*				
dae)	—		+	3	*Hybodus*	—		1	
Dolichosoma (*Aistopoda*)	+	M		—	*Orthacanthus* (*Xena-*				
Ophiderpeton	+	N	2		*canthidae*)	+	1	3	
Hylonomus(*Microsauria*)	+	1	?1	+	*Pleuracanthus* . . .	?	1	1	2
Procordylus	+	1		—	*Xenacanthus* . . .	—	—		1
Seeleyosaurus (— *Cerate-*		1		—	*Protacanthodes* (*Acan-*				
peton)	—	7	1	—	*thodidae*)	—	1		—
Limnerpeton . . .		1		—	*Acanthodes*	—	1	1	2
? *Seeleya*		1			*Crossopterygia*				
Ricnodon					*Megalichthys* (*Osteolepi-*				
Orthoplesiosaurus	—	1			*dae*)	+		1	—
(— *Orthosauria*) . .	—	3			*Chondrostei*				
Microbrachis . . .					*Trissolepis*	—		1	—
Hedrosaurus (*Lebachen.*	+	2	1	—	*Acentrophorus* . . .	—		1	—
Fam.)					*Heteracerci*				
Diplacanthus (*Diplo-*		1	—	—	*Pyritocephalus* (*Palaeo-*				
vertebron, gleich. Fam.)					*niscidae*)	—	1		—
Sparagmites (*Archego-*		1	+	—	? *Seeleyaspora* . . .	—	1		—
sauridae)					*Phanerosteus* . . .	+	1		—
Lophomma (*Chauliodon-*	+	1		—	*Amblypterus* . . .		1		11
tidae) . . .	—	1	6	—	*Acrolepis*	+	1		3
Macromerion (*Enylystu*)					*Elonichthys* (*Progym.*) .		1	—	—
Chelyderpeton (*Melosau-*					Gattungen, die aus dem Nür-				
ridae auct., *Archego-*					schaner Horizont höher				
sauridae Lun.) . .				1	hinaufgehen	—	7		—
Cochleosaurus . . .		M		—	Aus dem Carbon nur bis				
					Nürschau	—	3	—	

Es ergiebt sich also:

Braunauer	Lebacher Schichten,
Kunowaer Schwarte[1]	{ ?Unterste Lebacher Schichten,
	{ Obere Kuseler Schichten,
Nürschaner Gaskohle —	Untere Kuseler Schichten.

[1] In vollständiger Entwickelung
- 4 Bituminöser Schiefer,
- 3 Brandschiefer (Gaskohle), als Schwarte mit Wirbelthieren nur local (Kunowa, Herrndorf, Libawitz),
- 2 Kohlenfarbteln,
- 1 Flötz (Glanzkohle 0.8).

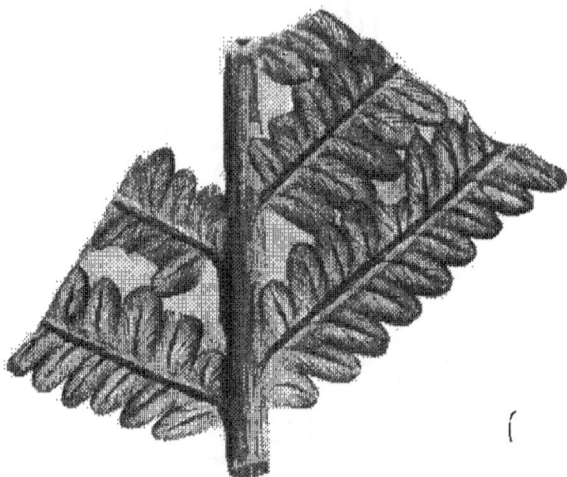

Callipteris conferta Saut. sp. :- *Asynus* Goepr. Mittelrothliegendes. Halbm b. Wünschelburg in der Grafsch. Glatz. (Breslauer Museum.) ½ Originalzeichnung.

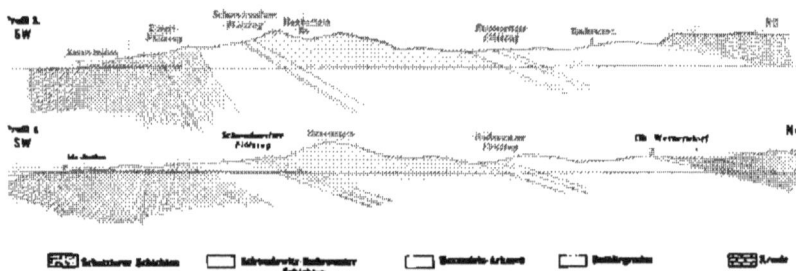

Zwei Profile durch den Nehatziner-Schwadowitzer Muldenflügel des niederschlesisch-böhmischen Steinkohlenbeckens. Nach Dr. A. Weithofen.

Die bituminösen Schiefer (Brandschiefer) von Ottendorf und dem Ölberg bei Braunau sind zweifellos nur eine Facies des Kalkes, wie die Übereinstimmung der Pflanzen (s. d. Tabelle[1]) und einiger Fische (*Pleuracanthus Decheni*) beweist.

In der schlesischen Fortsetzung des Braunauer Ländchens (unteres Steinethal, Grafschaft Glatz) gehören die Kalke von Nieder-Rathen[1] und Wünschelburg demselben Horizonte des Mittelrothliegenden an. Der Versuch von A. Fritsch, auf Grund der Untersuchung der Fische eine weitere Gliederung des Mittelrothliegenden vorzunehmen, kann vorläufig nicht als geglückt bezeichnet werden.[2]

[1] Überall findet sich die bezeichnende Lebacher Flora, wie die folgende Zusammenstellung der in der Breslauer Sammlung befindlichen meist von Göppert beschriebenen Pflanzen beweist. Die Funde von Dürrkunzendorf bei Mittelsteine sind vom Verf. gemacht worden.

	Nieder-Rathen (Kalk)	Dürrkunzendorf (Thonschiefer)	Ottendorf (Brandschiefer)	Ölberg. Rappersdorf k. Braunau Brandsch. u. Kalk
Callipteris conferta - pteridm.	+	+	—	+
„　　lyratifolia	—	—	—	+
Odontopteris subcrenulata	+	+	+	—
Pecopteris arborescens	+		+	+
Odont. (Cryptopteris) Neeviana	+	--	—	—
Taeniopteris fallax v. coriacea	+	—	+	—
Neuropteris cordata	.	—	+	—
Schuetzia anomala	—	.	+	+
Calamites gigas	--	.	+	—
Walchia piniformis	—	+	+	+
„　　filiciformis	—	—	+	—

[2] Etwas jünger als der Braunauer Horizont könnten vielleicht die rothen Sandsteine von Kalna auf der Südseite des Riesengebirges sein; an den zwei mit Braunau gemeinsamen Amblypterus-Arten (*A. Kablikae* und *Zeidleri*) tritt noch eine eigenthümliche Form derselben Gattung *A. Fritschmatzli*. Eine Vergleichung mit den oberen Lebacher (Thaleyer) Schichten könnte somit in Frage kommen.

Andererseits unterliegt die Stellung des Horizontes von Koschtialow bei Lomnitz und Semil einigen Zweifeln (vergl. Katzer, Geologie von Böhmen p. 1191 und A. Fritsch, Fauna der Gaskohle III, p. 120). Auf Grund des Fehlens der Amblypterus-Arten in der Schwarte von Kunowa hält A. Fritsch diesen Horizont für älter als die Schichten von Koschtialow und stellt somit im Mittel-

rothliegenden vier Horizonte auf:
$$\left.\begin{array}{l}\text{4 Kalna}\\\text{3 Braunau}\\\text{2 Koschtialow}\\\text{1 Kunowa}\end{array}\right\}\text{Mittelrothliegenden.}$$

Das würde eine unverhältnissmässige Ausdehnung dieser Stufe im Vergleich zu der überall in Deutschland beobachteten Gliederung bedeuten.

Im folgenden wird der an grossen Amblypterus-Arten reiche Brandschiefer von Koschtialow und Semil näher mit den Kunowaer (nicht wie bei Fritsch mit dem Braunauer) Horizont verglichen: Die häufigste Gattung Amblypterus fehlt bei Kunowa überhaupt und ist dagegen bei Koschtialow und Braunau ausschliesslich durch verschiedene Species vertreten. Es liegt näher, die letztgenannte Verschiedenheit auf ungleiches Alter zurückzuführen und das Fehlen bei Kunowa durch facielle oder geographische Verschiedenheiten der Hinnenseen zu erklären. Die Verbreitung der Xenacanthiden gestattet insofern keinen bestimmten Schluss, als nur das jüngere Alter des Braunauer, durch *Pleura-*

Die kleine Tabelle auf nächster Seite versucht die in manchen Punkten nicht ganz klare Auffassung[1] der böhmischen Geologen zu veranschaulichen und mit den Anschauungen Beyrich's einigermassen in Einklang zu bringen.

conthus Deckeni gekennzeichneten Horizontes scharf hervortritt. Von *Pleuromeuthus* kommt bei Konewa, Konchtalow und Branaun je eine eigentümliche Art vor.

Noch abweichender sind die Meinungen über die Horizontirung des Radowenzer Flötzzuges und des sogenannten verkohlerten Waldes vom Heienstein mit *Araucariten Schrollianus*. Während Potonié sowie Weithofen (Jahrb. k.k. geol. R.A. 1897 p. 455 ff., vergl. das Profil) auf Grund paläontologischer Studien und Begehungen beide Horizonte dem Carbon zurechnen (ebso p. 383), werden dieselben von den böhmischen Forschern (Katzer, Geologie von Böhmen, p. 1108), wie es scheint nicht mit Recht, dem Rothliegenden und zwar sogar der Kunewaer Schwarte parallelisirt. Nur eine genauen Aufnahme kann alle Zweifel lösen. Das Fehlen eines Aequivalentes der Nürschauer Schichten darf als feststehend gelten. Andererseits wird die concordante Folge der Schichten im Osten des Riesengebirges (bei Ruru, Erläuterungen zur geognostischen Karte vom niederschlesischen Gebirge. 1867, p. 339—341) betont.

Die ebenfalls noch zum Mittelrothliegenden gehörenden feinkörnigen, mergeligen Sandsteine von Albendorf bei Nieder-Rathen in der Grafschaft Glatz zeichnen sich durch prachtvolle Ausbildung der Wellenfurchen und Regentropfen aus. Die auf ihnen vorkommenden Thierfährten zeigen die grösste Übereinstimmung mit denen von Hahnethe (Böhmen), von Kabarz und Friedrichsroda in Thüringen, wie Herr Dr. W. Pabst mir auf Grund eines grossen Vergleiches der Originale mittheilte. Aus der unten folgenden Tabelle, die ich der Freundlichkeit des genannten Forschers verdanke, ergiebt sich zunächst, dass *Ichnium gampsodactylum* W. Pabst . *Saurichnites lacertoides* Geix., an den unten genannten vier Fundorten des mittleren Rothliegenden vorkommt, in dem Tambacher Oberrothliegenden (Thüringen) aber fehlt.

Stegocephalen-Fährten des Rothliegenden nach W. Pabst.

	Hebramühle in Böhmen	Mittleres Rothliegendes			Oberes Rothliegendes
		Albendorf bei Neurode, Grafsch. Glatz	Friedrichsroda i. Thür.	Kabarz i. Thüringen	Tambach i. Thüringen
I. Brachydactyler Typus.					
1. *Ichnium sphaerodactylum* Pabst (= *Ichnioth. Cottae* Pohlig) .	—	+	+	+	+
1 a. var. *minor*	—	+	—	—	+
2. *Ichnium pachydactylum* (= *Saurichnites Lebmerianus* Geinitz)	—	+	+	—	—
2 a. var. *minor*	—	+	—	—	—
2 b. var. *angulata* (= *Saurichnites Lebmerianum* Geinitz).	—	+	—	—	—
3. *Ichnium brachydactylum* (= *Saurich. Kablikae* Geinitz)	+	—	—	+	—
4. *Ichnium tetradactylum* Pabst	—	+	—	+	—
5. *Ichnium rhopalodactylum* (= *Saurich. salamandroides* Geinitz)	+	—	—	—	—
II. Dolichodactyler Typus.					
1. *Ichnium gampsodactylum* (= *Saurich. lacertoides* Geinitz) . .	+	+	+	+	—
1 a. var. *minor* (= *Saurich. lac. z. Th. . Saurich. divaricatum* Geux.)	+	+	—	—	—
1 b. var. *minima*	—	+	—	—	—
1 c. var. *gracilis* (= *Saurichnites gracilis* Geffcent)	—	+	—	—	—
2. *Ichnium acrodactylum* Pabst + Varietäten	—	—	—	+	—
3. *Ichnium lanydactylum*	—	—	+	—	—
4. *Ichnium dolichodactylum* (= *Ichnium microdactylum* Pabst) .	—	+	+	+	+
Summa . . .	4	7	9	6	7

[1] Vergl. Katzer, Geologie von Böhmen und Fritsch, Fauna der Gaskohle, III, p 120.

Braunauer Ländchen u. Grafschaft Glatz (Steine-Thal)

Liegendes: Obere Kreide.

Rother mergeliger Sdst. v. Wünschelburg ohne Versteinerungen.
Rother Schieferthon und Sandstein.

Obere Conglomerate.

Rother Sandstein (bei Albendorf u. Fahrten), Schieferthon, Brandschiefer von Ottendorf und Nieder-Rathen u. s. w.
Röthlicher Kalk von Ruppersdorf und dem Oliberg bei Braunau, Dürrhennersdorf.
Amblypt. vratislaviensis, *Kohlike*, *lepidures*, *angustus*, *Zeilleri*,
Pleuracanthus Deckeni. (Taf. 57.)
Pleuracanthus oelbergensis, *xenacanthus gracilis?*
Branchiosaurus umbrosus, *Sclerocephalus ? latirostris*.
Chelydosaurus Vrangi.
Melanerpeton pulcherrimum und *pusillum*.
Zahlreiche Rothliegendpflanzen: *Callipteris*, *Walchia*, *Callipteridium gigas*, *Odontopteris obscrennleis*.

Untere Conglomerate.

Die Schichten von Kochelslaw fehlen gänzlich oder sind jedenfalls palaeontologisch nicht vertreten.

Südabhang des Riesengebirges (Semil, Hohenelbe, Trautenau)

Obere Kreide.

Rothe Sandsteine, Arkosen und Brandschiefer von Ober-Kalna mit
Amblypterus Feidmanteli,
Ambl. Kohlikor und *Zeilleri*.

Keine Lücke in der Schichtenfolge:
Der Braunauer Horizont ist palaeontologisch nicht vertreten oder entspricht den Schichten von Ober-Kalna.

Grauer Sandstein, Schieferthon und Brandschiefer von Semil L. Kochelslaw (Lomnitz), Hohenelbe, Trautenau.
Besonders an ersterem Fundorte mit
Amblypterus Raberi, *luridus*, *obliquus* (Varietäten von *A. Durwnoyi*),
Ambl. Reussi,
Pleuracanthus carinatus,
Sagenodus lordus,
(Die Schichten von Kochelslaw sind Kunus oder stehen zwischen diesem und dem Braunauer Horizont.)

Conglomerate.

Das Unterrothliegende (Nürschan, Kusel) fehlt.
Die höheren Rothliegendschichten lagern concordant auf Obercarbon (Radowenzer und obere Schwadowitzer Schichten).

Das Rothliegende auf dem Nordabhang des Riesengebirges entspricht hinsichtlich der Sedimente und der häufigen Eruptivdecken vollkommen der südlichen Entwickelung; wahrscheinlich sind auch hier zwei Stufen zu unterscheiden, deren obere fossilleere durch Porphyrconglomerate gekennzeichnet wird.[1]

Die seitliche Beschriftung (vertikal): Oberes Rothliegendes | Mittel-Rothliegendes | Eruptivdecken (Melaphyr und Quarzporphyr), meist in Teufe überall verbreitet.

[1] J. Roth, Erläuterungen (l. c.) p. 860.

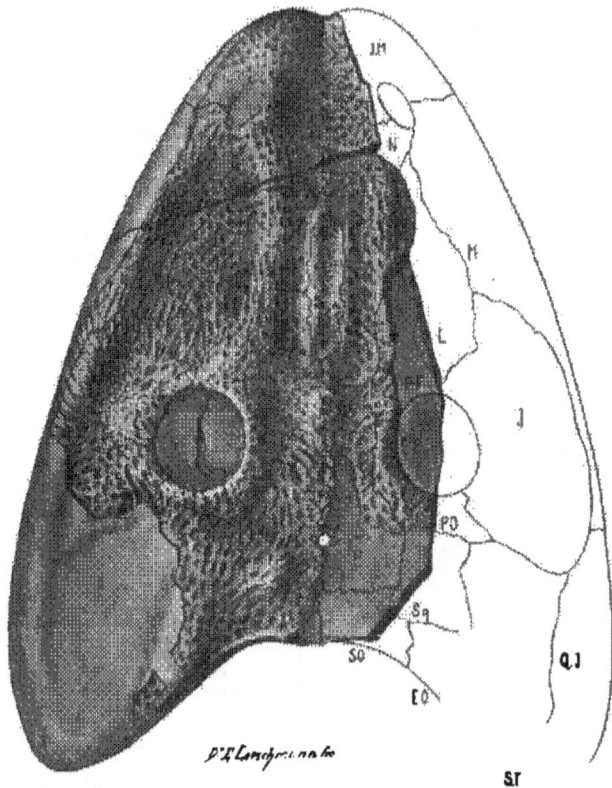

Sclerocephalus Haeseri H. v. Meyer. sp. *(Onirophorus.)*
Aus den Dachschiefern der Mittelrothliegenden von Klein-Neundorf bei Löwenberg.
Neudarstellung des alten in Breslau befindlichen Originals von H. v. Meyer (Palaeontogr. VII, 4, 11).
²/₃ nat. Gr.

Durch Freilegung des hinteren Augenrandes (Postorbitale, PO), Postfrontale (PF), Praefrontale (PF), sowie des Hinterhauptrandes (SO Supraoccipitale) konnten die Grenzen der genannten Deckknochen genauer freigestellt werden. Ein Ausguss des alten als Abdruck erhaltenen Originals gestattete eine plastische Darstellung der Aussenseite. Die Ergänzung des allein fehlenden Supratemporale (ST) und Quadratojugale (QJ) wurde ermöglicht durch Verschiedenheit in der Gesteinsfärbung. Die Grenze beider Knochen beruht auf dem Vergleich mit dem in fast allen Beziehungen übereinstimmenden *Sclerocephalus hauseri* Baamer sp. Den einzigen Unterschied von dieser älteren Art bildet das Vorhandensein eines Zwischennasenbeins (auf der Grenze der Nasalia N und Frontalia F) und die etwas mehr nach hinten gerückte Stellung des Auges. Als Gattungsunterschied kann das Vorhandensein eines überzähligen Schädeldeckknochens kaum angesehen werden. Näher liegt der Gedanke an eine Monstrosität (A. Fursen). P Parietale, L Lacrimale, JM Intermaxillare (Praemaxillare), J Jugale, EO Epioticum.
Vergl. Taf. 55 a und Erklärung.

Die Fossilführung der unteren Stufe stimmt z. B. bei Klein-Neundorf[1] unweit Löwenberg vollkommen mit den Schichten von Braunau und Ottendorf überein. Bemerkenswerth ist das Vorkommen eines schönen Stegocephalen, *Sclerocephalus (Oxtrophorus) Roemeri* H. v. MEYER, von dem eine neue Abbildung gegeben wird.

3. Das Rothliegende im südlichen und östlichen Böhmen und in Mähren.

Von besonderem Interesse ist das Dyas-Becken bei Budweis[2] im südlichen Böhmen wegen des Vorkommens eines über 1 m mächtigen, reinen **Anthracit-flötzes**, dessen Abbau allerdings durch zahlreiche Verwerfungen erschwert wird. Offenbar liegt eine an Brüchen tief in das alte Gneissgebirge eingebrochene Schichten-

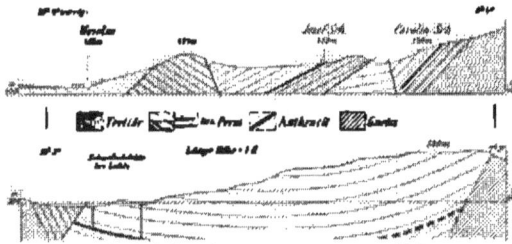

Zwei Profile durch das Budweiser Dyas-Anthracitlager. N. KAYSER.

masse vor, und diese tektonische Eigenart erklärt gleichzeitig die Umwandlung der Kohlen in einen 88,9% Kohlenstoff enthaltenden Anthracit.

2. Die den Anthracit einschliessenden hangenden Schichten bestehen aus dunklen Sandsteinen und Schieferthonen (ca. 20 m) mit zahlreichen Pflanzen des Mittelrothliegenden: *Callipteris conferta* STBG., *Neuropteris cordata* GOEPP., *Pecopteris pinnatifida* GUTTB., *Taeniopteris fallax* GOEPP., *multinervis* WEISS, *Ullmannia (?) longifolia* GEIN., *Walchia piniformis* SCHL. sp.

1. Im Liegenden der Kohlen finden sich Arkosen, Conglomerate und grünliche Sandsteine (ca. 80 m).

Ein Anthracitflötzchen findet sich auch im Unterrothliegenden von Brandau (p. 341) im sächsisch-böhmischen Erzgebirge, wo dasselbe in einer kleinen Mulde das typische Carbon überlagert; auch das Flötz des letzteren (oberes Radnitzer Lager) besitzt anthracitische Beschaffenheit.

Während in der Mitte der Sudeten das Rothliegende concordant (wenn auch nicht lückenlos) das Obercarbon überlagert, ist weiter südlich, in der Gegend von **Mährisch Schönberg, Landskron** und **Mährisch Trübau** eine discordante

[1] Aus den Schiefern von Klein-Neundorf und Wünschendorf befinden sich in der Breslauer Sammlung: *Acanthodes gracilis* F. ROEM. (auch bei Alt-Schönau), *Pleuracanthus Dechenii* BEYR., *Amblypterus rotulus uratus* AG., *Walchia piniformis*, *Pecopteris arborescens* und *Asnularia carinata*.

[2] F. KAYSER, Die Anthracit führende Permablagerung bei Budwais, Sitz. d. Österreichischen Zeitschrift f. Berg- und Hüttenwesen 1896. Vergl. auch KATZER, Geologie von Böhmen, p. 1179.

Auflagerung auf verschiedenen Gliedern der krystallinen Schiefer (Gneiss, Glimmer-, Hornblende-Schiefer und Phyllit), sowie auf Devon und Untercarbon zu beobachten. Die productive Steinkohlenformation fehlt hier gänzlich.[1]

Die Rossitzer Schichten gehören diesem Zuge an, der sich, dem umgebogenen Streichen des alten Gebirges folgend 250 km weit in südlicher Richtung von Senftenberg und Landskron in Böhmen durch ganz Mähren bis in die Gegend von Krems in Niederösterreich verfolgen lässt. Im Norden und Süden fehlen abbauwürdige Kohlenflötze, in der Mitte bei Rossitz, etwas westlich von Brünn, sind jedoch 3 Flötze entwirkelt und die beiden oberen, insbesondere das hangendste (No. 1) werden lebhaft abgebaut.

Die älteren Forscher, insbesondere auch D. Stur, fassten die 3 Flötze als oberstes Carbon auf und nahmen einen allmähligen Übergang in die Dyas an: Erst 12—20 m über dem Schieferthon des Hangendflötzes sei die echte Flora des Rothliegenden vorhanden. Nach neueren Untersuchungen F. Katzer's[2] sind jedoch die Flötze und das Hangende als Aequivalente des Unterrothliegenden (der Kuseler oder Nürschaner Stufe) zu deuten, während das Mittelrothliegende zu fehlen scheint. Die Revision der Flora, insbesondere der Nachweis der typischen Rothliegendpflanzen *Callipteris* und *Walchia* innerhalb der Flötze lässt über die Berechtigung dieser Ansicht keinen Zweifel.[3]

Weitere Vertreter des mittleren Rothliegenden sind in dieser Zone Mährens die schwarzen Schiefer von Lotka, welche *Melanerpeton fallax* Fritsch (non *falax*) und *Branchiosaurus austriacus* Fritsch (? = *moravicus* Makowsky) enthalten.

8. Vereinzelte Vorkommen des Rothliegenden in Mitteleuropa.

(Krakau, Sachsen, Thüringen, England, Norditalien.)

Der weisse Kalk von Karniowice in der Gegend von Krakau ist erfüllt von Pflanzenresten und wurde von F. Roemer als Quellabsatz (Kalksinter) gedeutet, der inmitten von Rothliegendschichten auftritt. Der Charakter der von E. Weiss, Raciborski und Strzel untersuchten Flora deutet auf unteres Rothliegendes[3] hin: *Annularia brevifolia* Brgt., *stellata* Schl., *Pecopt. Pluckeneti* Gein. und *Calamites Cisti* sind sogar älterer Entstehung; *Taeniopt. multinervis* Weiss, *Odontopt. asuminaefolia* Brgt. (*obtusa* bei Weiss), *Pecopt. Hrgichi* Weiss, *Sphenophyllum emarginatum* Brgt., *longifolium* Gein., *Cordaites principalis* Germ. sind typische Rothliegendarten. Eine entgegenstehende Ansicht, welche in dem Kalk Trias[4] sehen möchte, wird

[1] Nach v. Bukowski and Tietze, Verh. Geol. R.A. 1896, p. 205.
[2] F. Katzer, Über eine Monographie der fossilen Flora von Rossitz in Mähren. Sitz.-Ber. der kgl. böhmischen Ges. d. Wissenschaften. Math. Nat. Kl. Bd. 24, 1895. Ref. N. J. 1897, I p. 581. Einige der wichtigeren Pflanzen aus den drei Flötzen (3 ist das unterste, 1 das oberste) seien im Nachstehenden erwähnt: *Calamites gigas* Brgt. (1), *Sphenophyllum oblongifolium* Germ. (2, 3), *Odontopteris subcrenulata* (Brgt.) Zeill. (2, 1), *Callipteris conferta* Germ. sp. (*pseudolongata* Weiss 1), *Alethopteris Grandini* Brgt. sp. (1), *Pecopteris arborescens* Schl. sp. (3—1), *acropteridia* Schl. (3), *hemitelioides* Brgt. (3, 2), *densifolia* Goepp. (2), *Pluckeneti* Schl. sp. (3), *unita* Brgt. (3, 2), *Neuropteris cordata* Brgt. (3), *Lepidodendron Scrobreyi* Brgt. (1), *Walchia piniformis* Schl. sp. (3), *Cordaites principalis* Gein. sp. (3).
[3] F. F. Roem., Geol. v. Oberschlesien p. 116 ff., M. Raciborski-Makowsky, Verh. Geol. R.A. Wien 1891, p. 98 and p. 260.
[4] E. Tietze, Jahrb. Geol. R.A. 1888 p. 15, 103; Verh. Geol. R.A. Wien 1890 p. 516 u. 1891, p. 158.

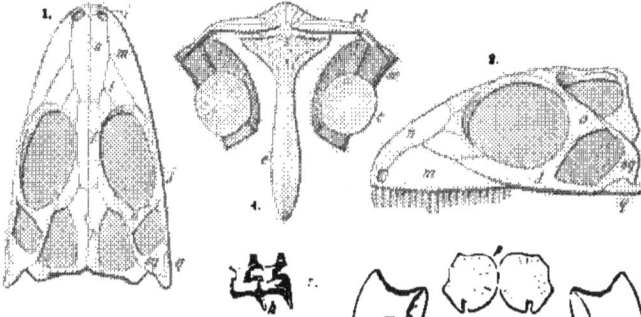

Fig. 1—5. *Palaeohatteria longicaudata* Cred. Sächsisches Mittelrothliegendes, Niederhässlich; Plauen-scher Grund bei Dresden. (N. Credner.)

Fig. 1. Die Schädeldecke. Fig. 2. Der Schädel v. d. Seite. *i* = Intermaxillaria. *m* = Maxillaria. *n* = Nasalia. *f* = Frontalia. *p* = Parietalia. *l* = Lacrimalia. *j* = Jugalia. *o* = Postorbitalia. *sq* = Squamosum. *q* = Quadrata. Fig. 3. Zwei Schwanzwirbel m. d. hinteren Bogen (b). Fig. 4. Der Schultergürtel. *s* = Episternum. *cl* = Clavicula. *sc* = Scapula. *c* = Coracoides. Fig. 5. Das Becken. *i* = Ilea. *is* = Ischia. *p* = Pubes.

l = Schieferletten.

s = Sandstein.

ho = oberes Kalksteinflötz.

ho = unteres od. Hauptkalk-steinflötz m. d. Stegocephalen (*Branchiosaurus* u. a.).

Profil der Flötze von Stegocephalen-Kalkstein im Mittelrothliegenden von Niederhässlich.

Callipteris conferta Brgt. *praelongata* Weiss. Unteres Rothliegendes von Wurzelitz, Plauenscher Grund. Nach Sterzel.

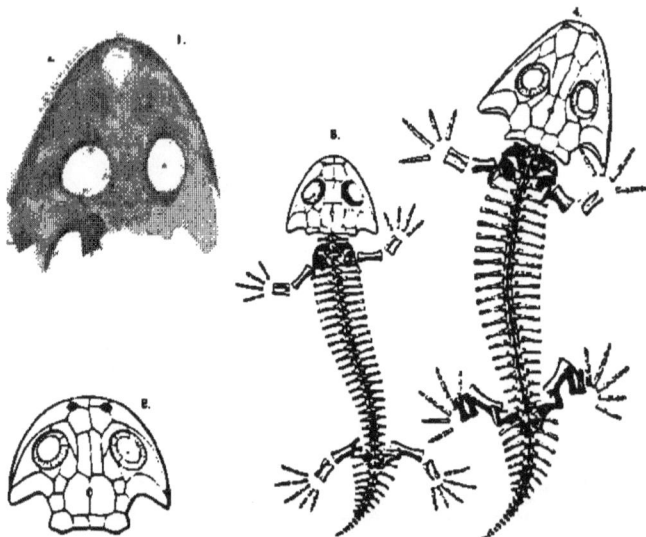

Fig. 1, 2: Die Schädeldecke sachsischer *Stegocephalen* and zwar von:

Fig. 1. *Acanthostoma vorax* CREID.

fp = Foramen parietale, *n* = Nasalia, *im* = Intermaxillaria, *ci* = Cavum intermaxillare, *po* = Post.
orbitalia, *o* = Orbitalia, *mi* = Maxilla inferior, *d* = Kieferzähne

Fig. 2, *Melanerpeton pulcherrimum* FRITSCH.

Fig. 3. *Branchiosaurus amblyodonn* CREID. u. Fig. 4. *Pelosaurus laticeps* CREID.

(Beide von oben, mit Hinweglassung des Bauchpanzers.) Fig. 1—4. Sachsisches Mittelrothliegendes.
Niederhässlich, Plauenscher Grund bei Dresden. (Nach CREDNER.)

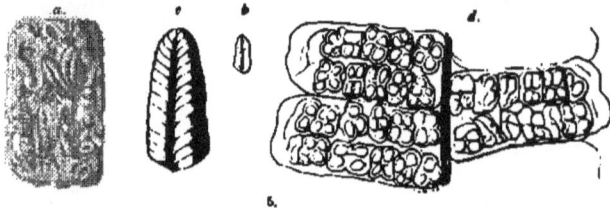

5.

Fig. 5. *Neuropteris degens* ZEILLER. Mittelrothliegendes.

Fig. *a* ein Stück der Oberdache einer mit den zusammengerollten Fiederblättchen erfüllten Hornsteinplatte in natürlicher Größe. Fig *b* ein einzelnes Fiederblättchen in natürlicher Größe. Fig *c* ein
einzelnes Fiederblättchen, 4¹/₂mal vergrössert. Fig. *d* ein Stück eines Wedels im Dünnschliff in schwacher Vergrösserung. Kopie nach STRASBURGER. Die vier- oder fünfkapseligen Fruchthäuschen (Sori),
welche fast die ganze untere Fläche der Fiederblättchen einnehmen, sind durch den Schnitt des Dünnschliffs quer durchschnitten.

durch die genaue Kenntniss, welche wir jetzt von der Vertheilung der palaeozoischen Floren besitzen, widerlegt.

Im sächsischen Erzgebirge sind die mittleren und oberen Horizonte des

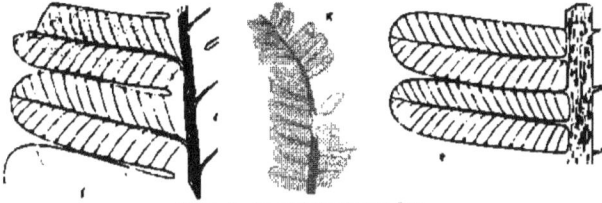

Fig. 1—3. *Pecopteris hemitelioides* Brnt.
Fig. 1. Unterrothliegendes des Windberg-Schachtes. Planenscher Grund.
Fig. 2 Unterrothliegendes zwischen Zauberode und Wurgwitz. ¹/₁. N. Stzabl.
Fig. 3. Mit Wassergruben. Planenscher Grund. E. Stzabl. Vergr.

Rothliegenden entwickelt, im Döhlener Becken bei Dresden
findet sich die untere (Kuseler) und mittlere (Lebacher)
Stufe, welche durch Uebergänge innig verknüpft und nirgends
durch eine Discordanz getrennt sind. Die Verschiedenheit
von der allgemeinen Entwickelung an den Abhängen des
Riesengebirges ist also augenfällig. Gleichartig ist nur die
Ablagerung der Kalkflötze: Die in das alte Becken ein-
strömenden, schwach kalkhaltigen Gewässer haben sich in
flachen, seeartigen Tümpeln ausgebreitet, und die Nieder-
schläge verdichteten[1] sich zu einem regelmässig geschich-
teten, sehr feinkörnigen Kalk, der dem Ruppersdorfer Gestein auch petrographisch gleich ist.

Die stehenden Gewässer waren in Sachsen der Auf-
enthalt zahlloser Larven des *Branchiosaurus amblystoma*
(*Protriton*). Der Zartheit und Weichheit des Kalk-
schlammes verdanken wir die ins Kleinste (bis in die äusseren Kiemenanhänge) gehende Einhaltung der kaulquappen-
artigen Larche. Seltener sind die Skelette der lungen-
athmenden, das benachbarte Land bewohnenden Amphibien, sowie die einiger Reptilien, deren Leichname von
den fliessenden Gewässern eingeschwemmt wurden.

Die Dyas Sachsens zeigt nach H. Credner's (Ele-
mente der Geologie 1897, p. 490) Zusammenstellung die
folgende Gliederung:

Taeniopteris planensis
Strabl. N. Strabl.
(Verwandt oder ident mit
T. jejunata Grand'Eury).
Unterrothliegendes v. Klein-
Opitz, Sachsen.

[1] E. Cremsta, Die Urviertebrater des sächsischen Rothliegenden. Allg. verständl. naturw. Abh.
II. 15 p. 5. Berlin, Dummler. 1891.

Erzgebirgische Becken (u. n.-westl. Sachsen überhaupt):	Steinkohlengebirge des Plauenschen Grundes (Döhlener Becken) zw. Dresden u. Tharandt:
Plattendolomit des oberen Zechsteins.	Zechstein fehlt.
Lücke (mittl. u. unt. Zechstein).	
Oberrothliegendes: Ziegelrothe Letten und Conglomerate, aus Eruptivgestein bestehend. Eruptivflächen und organ. Reste fehlen.	Oberrothliegendes fehlt.
Mittl. Rothliegendes Lebacher Sch. (auch bei Oschatz und Weinig bei Pilnitz)	Mittl. Rothliegendes
b) Braune Kaolinsandsteine, Schieferletten u. Conglomeral. Local Kohlenschmitzchen und Kalkplatten. Bis 500 m. Ergüsse von Quarzporphyr und Melaphyr. Hauptlager der verkieselten Stämme von Araucarien, Cordaiten, Medulloseen, Pecopteris, Calamodendren. Callipt. Naumanni Gutb., Callipterid. gigas Gutb. sp., Pecopt. pinnatifida Gutb. sp., P. arborescens Schl. sp., Taen. abnormis Gutb., Cal. infractus Gutb., gigas Brngt., Asteroph. radiiformis W., Annull. stellata Brngn., Cordaites principalis Germ., Walchia piniformis. a) Grobe Conglomerate, local m. zertrümmerten erzgebirgischen Geröllen und carbonischen Porphyren u. Melaphyren. Verkieselte Cordaiten u. Araucariten. Untergeordnete Quarzsandsteine. Schieferthon und Kohlenflötze (milde Kohlengebirge) In letzteren Sphen. fasciculata Gutb., punctulata Marn., Mixoneura subrtenulata Brngt., Callipterid. gigas Gutb. sp., Cordaites principalis Germ. sp., Walchia piniformis Schl.	b) Gneiss- u. Porphyrconglomerate. Breccientuffe und eine Decke von Quarzporphyr.
	a) Bunte Schieferletten, Sandstein, Thonstein, Kohlenschmitzchen. Kalksteinbank von Niederhässlich (jetzt abgebaut) mit Branchiosaurus amblystomus Cred., Pelosaurus laticeps Cred., Archegos. Deckeni Gr., Melanerpeton pulcherrimum A. Fr., Acanthodones teres Cred., Hylonomus Geinitzi Cred., Petrodones truncatus Cred., Discosaurus permianus Cred., Scleror. labyrinthicus Geis. et Deich. sp., Pecopteris Geinitzi v. Gutb., P. gigas v. Gutb. var. minor, Neuropteris elegans Zenker (verkieselt), Odontopteris gleichenioides Petz sp., Odonites gigas Brngt., Walchia piniformis v. Naumn. sp., Cordaianthus Otaxua sp., Cordaites principalis Germ. sp., verkieselte Exemplare von Araucarien und Cordaiorylon.
Unt. Rothliegendes fehlt im Erzgebirge.	Unt. Rothliegendes mit 3 Steinkohlenflötzen. Graue Sandsteine, Schieferthone, Conglomerate mit 3 Kohlenfl. (das oberste bis 8 m). Callipt. conferta Strn. (praelongata Weiss), P. pinnaeformis v. Gut., Odontop. obtusiloba Germ.(?), Cyatheites arborescens Schl., Odontites Gutbieri Geis. etc.

Das Thüringische Rothliegende

stimmt in allen wichtigeren Beziehungen, dem Auftreten eines Grundconglomerates
und unbedeutender Flötze, der unregelmässigen Vertheilung der Horizonte in den
einzelnen Becken,[1] der Häufigkeit von Eruptivdecken und Tuffen (in der unteren

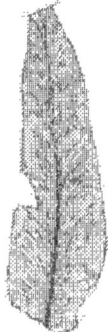

Neuropteris pseudo-Blan-ford. Unterrothliegendes (Manebacher Sch.) Ilmenau. N. Potonié.

Callipteris Naumanni (Geinitz) Sterzel. Unterrothliegendes (Manebacher Schichten). Nördlich vom Karl-August-Schacht bei Kammerberg, an der Strasse nach Suhl. Vergr. N. Potonié.

Neuropteris cordata Brongt. Unterrothl. (Mane-bacher Sch.) Blauer Stein am Mord-fleck h. der Schmücke. N. Potonié.

Neuropteris Reichardti Geinitz. Unterrothlieg. (untere Gehränst = Stockheimer Sch.) Starkheim, Karolinengrube. Nach Potonié.

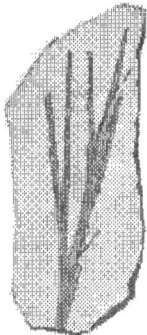

und mittleren Stufe) mit den gleichalten Vorkommen der alten centralen Gebirgszone überein. Bemerkenswerth ist das vollkommene
Fehlen von Aequivalenten
des Obercarbon.

Das Thüringische Rothlie-
gende ist durch die Aufnahmen
der preussischen geologischen Landesanstalt (W. Beyschlag)[2] und

Noeva digitata (Brongt.) Sterzel. Mittelrothl. (Gold-lauterer Sch.) — Kniebreche (von Fritsch lez. 1876). N. Potonié.

Zamites cordoserrus Sterzel em. Potonié. Unterrothlieg. (untere Gehränst Stockheimer Schichten). Ein beblattertes Sprossstück. Starkheim. N. Potonié.

[1] In keinem Theile des Thüringer Waldes giebt es ein alle Horizonte umfassendes Profil.

[2] Geologische Uebersichtskarte des Thüringer Waldes, 1:100000, Berlin 1895 und Begleitworte von W. Beyschlag in Z. d. geolog. Gesellschaft. 1895.

Das Thüringische Rothliegende.

V. Die Tambacher Schichten (das Oberrothliegende) bestehen aus Schieferthon, Sandstein und zwei mächtigen Massen von Porphyrconglomerat (Ilmenau, Elgersberg, Tambach, Eisenach) und überlagern ungleichförmig die tieferen Schichten. Walchien und Thier-führten von Stegocephalen sind die einzigen organischen Reste. (Verzeichnis s. p. 623.)

IV. Die Oberhöfer Schichten (oberes Mittelrothliegendes, concordant auf III) kennzeichnen sich durch das Vorwiegen mächtiger Quersporphyrdecken, die durch untergeordnete Zwischenmittel von rothem Sandstein, Tuffe und Schiefer getrennt werden. Ausnahmsweise finden sich ausgedehntere Sandsteine u. Arkosen (Steinbach) sowie kalkige Bänke. Letztere führen bei Oberhof (K. v. Fritsch) and Friedrichsroda *Branchiosaurus amblystoma* Cann. (*Protriton petrolei* seel.), *Gampsonyx fimbriatus* und Pflanzen.

III. Die Goldlauterer Schichten (unteres Mittelrothliegendes, discordant auf I und II) bestehen aus polygenen Conglomeraten, groben Sandsteinen und wechsellagernden Schieferthonen sowie wenig mächtigen Kohlenflötzchen (Roth), Lebacher Versteinerungen: *Calliptera conferta*, *Amblypterus*, *Acanthodes*, im Osten eruptivfrei, in der Mitte des Gebirges mit dem Porphyrergus des Grossen Hermannsberges, im Westen mit mannigfachen Eruptivdecken.

II. Die Manebacher Schichten (Oberes Unterrothliegendes, zuweilen discordant auf I, mit Geröllen von I).

Frei von Eruptivgesteinen. Zu unterst das Manebacher Grundconglomerat, darüber schieferige Sandsteine und sandige Schieferthone mit *Walchia piniformis*, *Odontopteris obtusa*, darüber Conglomeratsandsteine, dann Schieferthon und Sandstein mit den 6 Steinkohlenflötzen von Manebach. In den umgebenden wilden Schiefern zahlreiche Pflanzen.

I. Gehrener Schichten (Unteres Rothliegendes, discordant auf Grundgebirge) mit den Stockheimer (unteren Gehrener) Schichten des Fichtelgebirges. Die Gehrener Schichten enthalten:

Massenhafte Eruptivdecken und Tuffe, normale Sedimente von geringer Mächtigkeit.

An der Ilm sind folgende Gebirgsglieder zu unterscheiden:
Oben: 8. Kickelhahn-Porphyr.
　　　7. Hallkopf-Melaphyr.
　　　6. Rother und grauer Porphyrtuff (Thondrein).
　　　5. Breccien und Thonstein.
　　　4. { Mittlerer Glimmerporphyrit,
　　　　　Stützerbacher Felsitporphyr,
　　　　　Unterer Glimmerporphyrit.
　　　3. Quarzporphyr des Meyersgrundes.
　　　2. Arkosen, Schieferthon, Sandstein mit Steinkohlenflötzen (Gehren, Mehlis, Stockheim).
　　　1. Syenitporphyr.

die überaus sorgfältige Monographie der Flora (H. Potonié)[1] besser bekannt als irgend ein anderes Vorkommen von gleichem Alter und gleicher Ausdehnung. Um so bedeutsamer ist der Umstand, dass nur in einem Horizont (im unteren Mittelrothliegenden) zweifellose palaeontologische Anhaltspunkte für die stratigraphische Vergleichung mit den Lebacher und Ruppers-

---

[1] H. Potonié. Die Flora des Rothliegenden von Thüringen. (Abh. der Königl. Preuss. geolog. Landesanstalt. Neue Folge. Heft 9, Theil II. Mit 34 Taf. Berlin 1893.) Der I. Theil ist für die geologische Monographie W. Brammael's bestimmt.

dorfer Schichten vorkommen. (Man vergleiche die grosse Tabelle p. 354.) Im
Übrigen ist die floristische Eigenart der einzelnen Vorkommen auch hier die Regel.[1]
Die Reihenfolge der Schichten ist auf der vorhergehenden Seite halbtabellarisch
(n. W. BEYSCHLAG) zusammengestellt.

Bei der Wichtigkeit, welche die Vertheilung der sorgfältig beschriebenen Flora
in einem geologisch genau erforschten Gebiete besitzt, seien die geologisch bedeut-
sameren Arten[2] hier aufgezählt:

Sphenopteriden: *Sph. Ohmanniana* POT. (II), *Oropteris Beyschlagii* POT. (I?, II?, III),
Or. Cremeriana POT. (I, II) *Or. R'simii* POT. (I).

Pecopteriden (incl. Callipteriden & Odontopteriden): *Pecopteris abbreviata* BRGT.
(I, II), *P. arborescens* (SCHLOTH. emend.) BRONGN. emend. (I, II, III), *P. Bredowi* GERMAR (I, II, III?),
P. Buchlandi BRONGN. (I?, II), *P. Candolleana* BRONGN. (I, II, III), *P. crenulata* BRONGN. (I? II, III),

Profil durch das hohlenführende Unterrothliegende, das mittlere und
obere Rothliegende, Zechstein und Buntsandstein von Stockheim
bei Kronach (Fichtelgebirge).

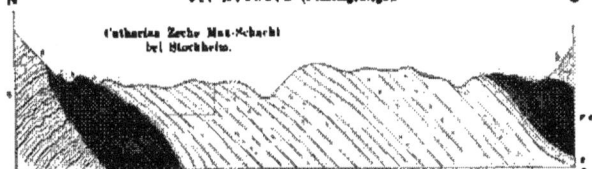

a Schiefer des Unterearbon. P Porphyr am Spitzberg. c' Unterrothliegend-Schichten. k Steinkohlenflötze in denselben und Zwischenschichten. c₁ c₂ mittleres Rothliegendes. c₃ oberes Rothliegendes.
s rother Sandstein mit Weissliegendem (Zechsteincoglomerat). z Zechstein. rs rothe Schieferletten
und unterer Buntsandstein. b Hauptbuntsandstein (Mittlerer). d Diluvialgeröll. S. URZELL.

P. feminaeformis (SCHLOTH.) STERZEL (I, II, III), *P. hemitelioides* BRONGN. (I, II), *P. lepidorhachis* BRONGN.
ex p. (II), *P. oreopteridia* (SCHLOTH.) BRONGN. ex p. (II?, *P. pennaeformis* BRONGN. emend. (I, II), *P. pin-
natifida* (GUTB.) SCHIMPER ex p. (I?, II), *P. Plockneti* (SCHLOTH.) BRONGN. (I, II), *P. polymorpha*
BRONGN. (II), *P. pseudoeropteridia* POT. (I, II, III?), *P. cf. pteroides* BRONGN. (II), *P. subaspera*
POT. (II), *P. unita* BRONGN. emend. (I, II), *Mixopteris Darreuxii* (BRONGN. emend.) GÖPP. emend. (II).
A. Grandini (BRONGN.) GÖPP. (II), *Callipteridium cronierianum* POT. (II), *C. gigas* (GUTB.) WEISS
(I, II, III), *C. pteridium* (SCHLOTH.) ZEILLER (I, II?, *C. Regini* (A. ROEMER emend.) WEISS (I,
C. subelegans POT. (I, II, III), *Callipteris confecta* (STERNB.) BRONGN. (I, II, III, IV), *C. germanica*
(WEISS) POT. (II?? n. IV), *C. lyratifolia* (GÖPP.) GRAND'EURY (III), *C. Naumanni* (GUTB.) STERZEL (I,
II, III), *Odontopteris communaeformis* SCHLOTH. emend. ZEILLER (I, III, IV), *O. Reichiana* GÖPP. emend.
(I, III), *O. subcrenulata* (ROST) ZEILLER emend. (I?, II, III, IV?).

Neuropteriden: *Neurodontopteris auriculata* BRONGN. emend. POT. (I, II?, IV), *Neuropteris cordata* BRONGN. (I?, II), *N. cf. flexuosa* STERNB. (II), *N. Planchardi* ZEILLER (I, II?), *N. pseudo-
Blieni* POT. (II), *D. Schützei* (A. ROEMER) (I, II), *Taeniopteris jejunata* GRAND'EURY (II).

Calamariaceen. *Calamites communaeformis* SCHLOTH. (II), *C. cruciatus* STERNB. (III), *C. decuratus*
WEISS (II), *C. gigas* BRONGN. (I, II?, III), *C. multiramis* WEISS (I, II), *C. Suckowi* BRONGN. (I, II,
III), *C. cneinus* STERNB. (I, II, III); *Equisetites Vaujolyi* ZEILLER (I), *C. casaeformis* (SCHLOTH.)

---

[1] Eine noch speziellere Gliederung nach Pflanzenhorizonten (K. POTONIÉ) ist in der grossen
Tabelle wiedergegeben (p. 354).

[2] Die Ziffern geben die Vertheilung in den Zonen wieder.

Annular (II), *Nochananlaria thuringiaca* Weiss (I, II), *N. tuberculata* (Sterzel) Weiss (I, II, III), *Annularia sphenophylloides* (Zenker) Ung. (I), *A. spicata* (Gutb.) Schimper (I, II), *A. stellata* (Schloth.) Weiss (I, II, III), *Asterophyllites equisetiformis* (Schloth.) Brongn. (I, II, III), *A. longifolius* (Sternb.) Brongn. (IV).

Sphenophyllaceen: *Sphenophyllum angustifolium* (German) Unger (I, II), *Sph. emarginatum* (Brongn.) Brongn. var. *Schlotheimi* Brongn. (I, III), *Sph. erosum* Lindl. et Hutt. (III), *Sph. oblongifolium* (Germar et Kaulf.) Unger (I, II, III), *Sph. saxifragaefolium* (Sternb.) Gœpp. emend. (I, III), *Sph. Thoni* Mahr (II).

Lepidophyten: *?? Lepidodendron* typ. *rimosum* Sternb. (I), *Sigillaria Brardi* Brongn. emend. (I ?, II), *S. Deutziana* U. B. Gœppe.

Gymnospermen: *Walchia filiciformis* (Schloth.) Sternb. (I, II?, III, IV), *W. flaccida* Gœpp. (III), *W. imbricata* Schimper (I?, II?, IV?), *W. linearifolia* Gœpp. (III, IV), *W. piniformis* (Schloth.) Sternb. (I, II, III, IV, V), *Ullmannia Bronni* Gœpp. (III), *Baiera digitata* (Brongn.) Heer (III, IV), *Cordaites borassifolia* (Sternb.) Unger (I, III), *C. palmaeformis* (Gœpp.) Grand'Eury (I), *C. principalis* (Germar) U. B. Gœppe. (I, II), *Zamites carbonarius* Renault emend. (I), *Tiarosophyllum gallicum* Grand'Eury (I), *Trigonocarpus Noeggerathi* (III).

<table>
<tr><td>

Sphenophyllum Thoni Mahr. var. *minor* Sterz.
Unterrothliegendes, Holzplatz v. Oppenau (Schwarzwald). N. Sterzel.

</td><td>

Callipteridium gigas (v. Gutb.) Weiss mit *Sporiorbis* (*Microcoarbus*) *pusillus* (Mahr) Eichwald = *Spirorbis carbonarius* Binney = *Gyromyers Ammonis* Gœppert. Unterrothlig. Oppenau. N. Sterzel.

</td><td>

Neuropteridium gleicheniaides (Beyr) Sterzel. Unterrothl. Holzplatz von Oppenau (Schwarzwald). N. Sterzel.

</td></tr>
</table>

Die Überbreitung von Thüringen zu dem Rothliegend-Gebiet an der Nahe und Saar (oben p. 350) bilden die kleinen Vorkommen im Fichtelgebirge (Stockheim s. d. Profil) in der Wetterau (Naumburg), im Spessart, Taunus und bei Darmstadt. Die Übereinstimmung mit den Waderner, Tholeyer und oberen Kuseler Schichten erweist die nahe Übereinstimmung mit den westlichen Vorkommen.[1]

Weiter südlich schliessen die schon p. 352 und 353 besprochenen Vorkommen der oberrheinischen Gebirge an.

Fast überall endet die Entwickelung des Rothliegenden mit rothen Sandsteinen, welche einem Vordringen der Binnenseen entsprechen.[2] Für weitergehende stratigraphische Vergleichungen kommt dieses „Oberrothliegende" in Deutschland und Centralfrankreich ebenso wenig in Betracht wie etwa der mittlere Muschelkalk. Das Oberrothliegende ist fast überall fossilleer, und die wenigen gefundenen organischen Reste — Walchien und Fussspuren von Stegocephalen bei Tambach — sind stratigraphisch un-

_____

[1] A. Rzehak, das Rothliegende in der Wetterau etc. Abb. d. preuss.-geolog. L.A. N. F. H. 8. Vergl. das Aehnliche Ref. N. J. 1894 I p. 129.

[2] Der für das Vordringen des Weltmeeres geschaffene Ausdruck Transgression würde für diese continentalen Wasserbewegungen nicht am Platze sein.

wesentlich oder verweisen auf einen engeren Anschluss an das Mittelrothliegende. Da jedoch das Oberrothliegende eine stratigraphisch durch übergreifende Lagerung, petrographisch durch rothe Farbe und Fehlen bezw. Zurücktreten der Eruptivlager gut gekennzeichnete Facies ist, liegt kein Grund vor, dasselbe mit der mittleren Stufe zu vereinigen.

Das Rothliegende in England.[1]
(Lower new red sandstone.)

Das Rothliegende, der darüber lagernde Kupferschiefer (marl-slate) und Zechstein (magnesian limestone) stimmt in England — abgesehen von dem Fehlen der
Eruptivgesteine — mit der deutschen Ausbildung überein. Auch jenseits des Canals
sind vielfach die roth gefärbten Sandsteine des Obercarbon der jüngeren Abtheilung
zugerechnet worden, während andererseits auch die Unterscheidung von dem Buntsandstein ("Bunter" der Engländer) nicht immer ganz einfach ist.

Die oft recht mächtigen Conglomerate ("Brockram" in Cumberland) wurden
von manchen englischen Geologen als glaciale Driftbildungen aufgefasst, eine Deutung, die von anderer Seite mit Recht abgelehnt wurde. Wahrscheinlich handelt es
sich hier wie in Deutschland um Harnisch- oder Rutschflächen, die innerhalb mächtiger Conglomeratmassen häufig auf tektonischem Wege entstehen.

Einige Localprofile des rothen Sandsteins, welcher ganz England vom Süden
(Devonshire) bis an die Grenzen Schottlands (Cumberland und Northumberland)
durchzieht, werden in der folgenden Tabelle gegeben:

Deutsche Aequivalente	Cumberland	Durham	Yorkshire
Zechstein-letten mit Salzlagern	Rothe Mergel und Letten 1250'	Rother Sdst. u. Mergel 50' u. Salz u. Gyps	Oberer rother Mergel u. Sdst. 50'
		Zechstein 600—800'	Oberer Zechstein (Magnesian lime-stone) 150' Mittlerer rother Mergel u. Sdst. 900' Unterer Zechstein 120'
Zechstein Kupferschiefer	Zechstein (magnesian limestone) 80—90'	Kupferschiefer (marl-slate) m. Platysomus u. Palaeoniscus	
Rothliegendes	Dünngeschichteter Sandstein mit Schieferthon und Dolomit und unteln Kohlenschmitzen (Hilton plant bed) 40' Obere Conglomerate 150' (Upper brockram) Leeth'sandrother kreuzgeschichteter (Penrith-)Sandstein 800—1000' Untere Conglomerate (Lower brockram) 100'		Weisser und gelber kreuzgeschichteter Sand (quick sand) mit gelegentlichen Conglomeratlagern.
	Discordanz	Discordans.	
Carbon	Carbon	Carbon	Carbon

[1] Zusammenfassende statistische Übersicht siehe bei H. B. Woodward, Geology of England
p. 210—280. Daselbst auch vollständige Litteraturangaben.

Die Dyas in Norditalien.

(Der „Verrucano" bei Pisa.)

Der „Verrucano" des Monte Pisano in Toscana[1] gehört nach den neueren Untersuchungen der Pflanzen zum Rothliegenden und bildet geographisch differenzirte Aequivalente der Kuseler und Lebacher Schichten, sowie der französischen Vorkommen von Autun und Millery. Eine rein obercarbonische Flora ist ebenso wenig vorhanden, wie eine nähere Beziehung an der „Glossopteris-Flora" der Südhemisphäre.[2]

Über Kohlen- und Anthracit-Flötzchen liegt in ziemlich stark dislocirter Lagerung eine in drei Zonen zu gliedernde Folge von Sandstein, Schiefer und Conglomeraten:

Oben:

3. Harte, glimmerige Schiefer mit Sandsteineinlagerungen am Sasso Campanaro und am Mte. Vignale n. a. mit *Walchia piniformis*, *flaccida*, *Baiera*, *Ginkgo primigenia*, *Taeniopteris multinervia* WEISS und *Callipteris conferta*.

2. Sandstein-Conglomerate und Thonschiefer (violett) bei Gemigna, Valentona und auf dem Rücken des Mte. Vignale, *Callipteris conferta* und *obliqua*, *Sprenophyllum (Trizygia) Arrangelicana* BORNLASKI (verwandt m. *Sph. Thoni*).

1. Schiefer bei Coletta, Traiana, Villa Massagli mit *Dictyopt. neuropteroides* GUTB. *Asterophyllites radiiformis* WEISS, *Sphenopteris Irlachensis* WEISS. *Sph. Bleckingiana* WEISS, *Pecopteris dentata* BRONGN., *P. leonteloides* BRONGN., *P. arrorteridia* SCHLOTH. sp., *P. densifolia* GÖPP. (?).

Unten: Kohlen und Anthracit.

C. Steinkohlenformation und Rothliegendes im französischen Centralplateau.

Allgemeines.

Die mit dem Generalstreichen der Urgebirgsschichten übereinstimmende Anordnung der Kohlenbecken des Centralplateaus hat schon seit

---

[1] C. DE STEFANI, Scoperta d'una flora carbonifera nel Verrucano del Monte Pisano. (Atti d. R. Accad. del Lincei, Ser. 4. 7. 25—28. Roma 1891; Annahme des carbonischen Alters.) — Ders., Un nuovo deposito carbonifero nel Monte Pisano. (Atti d. R. Accad. econom.-agraria dei Georgofili. 14. 54—70. Firenze 1891.) — Ders., Nouvelles observations sur le terrain houiller du Monte Pisano. (Bull. de la Soc. Géol. de France. Ser. III. 19. 233—234. Paris 1891.) — S. DE BORNLASKI, Flora fossile del Verrucano nel Monte Pisano. (Comunicazione fatta alla Società Toscana di Scienze Naturali nell' adunanza del 16 di novembre 1890. Pisa 1890; con 4 fig. — Atti d. Soc. Nat. Proc. Verb. 7. 181—195. con 4 fig. Pisa 1891; Annahme der Beziehung zur „Glossopteris-Flora".) — C. DE STEFANI, Alcune osservazioni sulla flora della Traina nel Monte Pisano. (Atti d. Soc. Tosc. di Sc. Nat. Proc. verb. 7. 216—217. Pisa 1891.) — M. CANAVARI, Due nuove località nel Monte Pisano con resti di piante carbonifere. (Atti Soc. Tosc. Proc verb. 7. 217—218. Pisa 1891.) — B. LOTTI, Due parole sulla posizione stratigrafica della flora fossile del Verrucano nel Monte Pisano. (Boll. d. R. Com. Geol. d'Italia 22. 81—84. Roma 1891.) — S. DE BORNLASKI, Nuove osservazioni sulla flora fossile del Verrucano nel Monte Pisano. (Comunicazione fatta alla Società Toscana di Sc. Nat. nell' adunanza del 1 di luglio 1894. Pisa 1894; Nachweis der Gleichstellung mit dem mitteleuropäischen Rothliegenden.)

[2] Herr Prof. STENZEL hat auf meine Anfrage geantwortet: *Glossopteris* sp. aus dem Monte Pisano sei durchaus unsicher und *Trizygia (Sphenophyllum)* kein eigenartig südlicher Pflanzentypus.

langem die französischen Forscher darauf hingewiesen, dass die Kohlen in den tek-
tonischen Längsthälern oder Seeen des alten Hochgebirges zur Ahlagerung
gelangt seien — etwa wie heute in den Längsthälern der Ostalpen, vor allem im
Ennsthal grosse Torfmoore den Boden bedecken.   Selbstverständlich entspricht
die heutige Begrenzung der Becken, die im wesentlichen durch Denudation und
jüngere Brüche bestimmt worden ist, nicht der früheren Ausdehnung.

Skizze des französischen Centralplateaus.[1]

Der Wechsel der kohlenführenden Schichten und der rothgefärbten Hütz-
leeren Sandsteine (massifs stériles) gehört zu den bezeichnendsten Zügen der centralfranzösischen Kohlenbecken und weist auf periodische Senkungen in den Längsthälern hin.

Die Entwickelung des Centralplateaus in jungpalaeozoischer Zeit ist demnach
kurz die folgende:

_____

[1] Z. Th. nach Lapparent.

1. Auf die, vielleicht durch Vorläufer der Faltung gestörte Meeresbedeckung[1] des Untercarbon folgt

2. Die intracarbone Hauptfaltung (in der Zeit der Waldenburger und unteren Saarbrücker[2] Stufe p. 400). Dieselbe schuf die Erhebungen und die Tiefenlinien, welche die Verteilung der Kohlenbecken bedingen. Die hauptsächlichste Tiefenlinie ist zunächst von NO. nach SW. gerichtet und biegt im Forez nach WNW. um.

3. Die weitere durch Faltung verursachte Senkung im Bereich der Tiefenlinien schafft im Verlaufe des höheren Obercarbon und der Dyas (II. Phase p. 405) die Vorbedingung für die wechselweise Ablagerung der flötzleeren Sandsteine und der Kohlenschichten. Nur so lange posthume Faltungen und periodische Eruptionen die Oberflächenformen des Hochgebirges veränderten, waren die Vorbedingungen für den Absatz bedeutenderer Sedimentmassen gegeben.

4 Die von NNO. nach SSW. gerichtete Reihe kleiner Kohlenbecken im Westen des Centralplateaus (Commentry—Brive) enthält vornehmlich jüngere Kohlen vom Alter des dentschen Rothliegenden und dürfte somit nach dem Ende des Obercarbons eingefaltet sein. Das jüngste Vorkommen (Lodève) beginnt sogar erst mit der übergreifenden Lebacher Stufe (Mittelrothliegendes).

Die Altersbestimmung der Kohlenbecken von Centralfrankreich, wie sie die französischen Forscher GRAND'EURY, ZEILLER und RENAULT in ihren umfassenden Monographien gegeben haben, steht nicht im Einklang mit der in Deutschland üblichen Unterscheidung. Mag man von den sächsisch-thüringischen Ablagerungen oder von den klassischen Untersuchungen des Saargebiets (E. WEISS) ausgehen, auf jeden Fall ergiebt sich, dass die französischen Forscher den grössten Theil der Aequivalente unserer Kuseler Schichten noch zum Carbon stellen. Bei dem unmerklichen Übergang der Floren wäre es sachlich gleichgiltig, ob man das unterste „Kohlen"-Rothliegende noch zur Steinkohlenformation rechnete oder nicht: aber jedenfalls ist in den benachbarten, vollkommen gleichartigen Gebieten von Mitteldeutschland und Centralfrankreich die Grenze an dieselbe Stelle zu setzen. Der Gesichtspunkt historischer Priorität[3] spricht dafür, die französischen Aequivalente der Stockheim-Kuseler Schichten der Dyas zuzurechnen. Die unten folgende Tabelle soll einen, auf den Zusammenstellungen von GRAND'EURY beruhenden Überblick[4] der Vertheilung der einzelnen Horizonte in Frankreich geben, für deren Altersdeutung wesentlich die Revision T. STERZEL'S[5] massgebend war.

Einzelne Beispiele der centralfranzösischen Kohlenbecken.

Eine Darstellung der zahlreichen kleinen carbonisch-dyadischen Becken des Centralplateaus würde zu weit führen; nur die wichtigsten Beispiele mögen kurz besprochen werden. Technisch am bedeutendsten ist das Steinkohlenbecken der oberen Loire,[1] das durch Antiklinen in mehrere kleinere Gebiete (St. Etienne, l'Argentière) getheilt wird und dem Untercarbon (Roannais p. 323) auflagert. Eine gewaltige, zeitlich dem unteren Obercarbon und der unteren Saarbrücker Zone entsprechende Lücke weist auf die Hauptfaltung und den derselben folgenden Ausbruch von Quarzporphyren hin. Man beobachtet somit:

Unt. Rothlieg.	7. Obere Glimmerconglomerate ca. 400 m	Gruppe von
	6. Flötzgruppe des Bois d'Avaize mit Flötzen	St. Etienne
	a. Sphen. Thoni, Od. Schlotheimi, Aleth. Grandini	(Stephanien
Ottweiler Stufe	5. Flötzgruppe von St. Etienne u. etc.) Berard, 6—800 m 13 Flötze	der französischen Geologen).
	4. Glimmerconglomerate von St. Chamond	
Obere Saarbrücker Zone	5b. Flötzleerer Sandstein, Conglomerate und Calcedone v. Grand Croix, 2—800 m	
	3a. Flötzgruppe von Rive de Gier, (3 Flötze)	
	3. Quarzporphyr oder Basalconglomerat	

1. Sericitische Glimmerschiefer (oder Untercarbon).

Das bemerkenswertheste Flötz ist das als „grande couche" bezeichnete Kohlenlager bei Rive de Gier, dessen Mächtigkeit von 6 bis auf 8 m steigt. Im nordwestlichen Theile des Centralplateaus sind die ausgedehnten Tagebaue von Commentry[2] (Dep. Allier), besonders merkwürdig durch die 15—20 m mächtige „Grand'-couche", welche sich stellenweise in mehrere Flötze verzweigt. Die Basis des Ganzen sind Conglomerate mit Rollstücken von Granit, Granulit, Quarzporphyr und gerollter Kohle. In das Hauptflötz geben die Sandstein- und Geröll-Bänke in schräger Stellung über, ohne dass die geringste tektonische Störung nachweisbar wäre. Diese Lagerungsform erklärt sich ohne Schwierigkeit durch die Annahme einer Deltabildung in einem grossen Binnensee (FAYOL). Die groben Gerölle und Kiesmassen lagern sich in geneigter Stellung sofort beim Eintritt des Wildbaches ab, während die feineren Schlammmassen weiter und die organischen Stoffe am weitesten in den See hineingetragen werden. Infolge dessen bedingt das Vorrücken des Deltas in den See die discordante Überlagerung des Hauptflötzes (Grand'-couche) durch Geröllschichten; die einzelnen Theile des in horizontalem Sinne einheitlichen Flötzes sind somit nicht gleich alt. Eine Eintheilung in verticale Stufen ist in Commentry palaeontologisch nicht durchführbar; jedoch machen sich auffällige Verschiedenheiten in der horizontalen Vertheilung der Pflanzen geltend. Insbesondere sind die Lepidodendren (Lep. Beaumontianum BRGT., Gaudryi ZEILL. u. a.) nur local angehäuft.

[1] LAPPARENT, Traité de géologie IV. Aufl. p. 933 u. GRAND'EURY, Bassin Houiller de la Loire. Guide du congrès international, Paris 1900 XI b.
[2] B. RENAULT et R. ZEILLER, Études sur le terrain houiller de Commentry I, II, St. Étienne 1887—91.

Kohlenbecken von St. Etienne bei Lyon. N. Gruner. ca. 1:40000

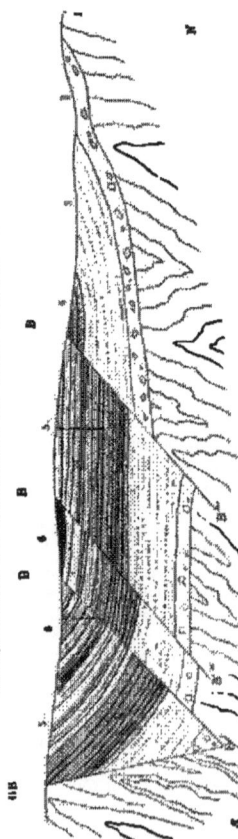

1 Grundgebirge. 2 Grundconglomerat (180 m). 3 Flötzarme Schichten von St. Etienne (bei Rive de Gier mit 4 Flötzen). 4 Untere Flötze von St. Chamond (ca. 200 m mit 11 Flötzen). 5 Mittlere Flötze von St. Etienne (Bérard, 350 m mit 8 Flötzen). 6 Obere Flötze von Avaize (300 m mit 11 Flötzen). N. Gruner (etwas verschieden von der Übersicht u. flame River auf p. 560).

Schema des jüngsten Kohlenbeckens von Commentry. N. Fayol.

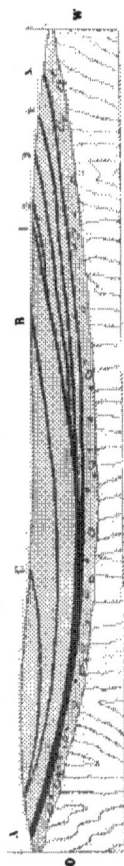

A Hauptflötz (Grande courbe), das sich nach W. an 3 kleinere Flötze (1—3) spalter. B Flötz des entrarmen Sandsteins. C Pourvrin-Flötz. Der Grundconglomerat (mit Kohlengeröllen) ruht auf Urgebirge (Gneiss) und wird von den Hauptflötz überlagert. Länge des Profils 3 km.

So einleuchtend die Theorie FAYOL's für Commentry selbst ist, so kommt doch eine Ausdehnung derselben auf sämmtliche Becken Centraleuropas, oder gar auf die nordeuropäischen weiter ausgedehnten Flötzbildungen nicht in Frage[1]. In anderen centraleuropäischen Becken kann die kohlenbildende Wirksamkeit der an Ort und Stelle gewachsenen Pflanzen nicht hoch genug angeschlagen werden.

Die Schichten von Commentry werden von den französischen Forschern (R. ZEILLER und RENAULT) wegen des Fehlens der Leitformen *Callipteris* und *Walchia* als oberstes Carbon gedeutet; STERZEL gelangt hingegen nach sehr sorgfältiger Abwägung aller botanischen Momente (Aufzählung der Arten siehe in der Haupttabelle) zu dem Schluss, dass bereits untere Dyas vorläge. Die Flora jedes einzelnen der durch Gebirgszüge isolirten Kohlenbecken weist geographische Verschiedenheiten auf, und die Altersbestimmung einer reichen Flora darf nicht von ein oder zwei Leitpflanzen abhängig gemacht werden.[1]

Am westlichen Rande des Centralplateaus liegt das ziemlich ausgedehnte Kohlenbecken von Brive[2] (Limousin, Grenze der Departements Corrèze und Dordogne), dessen Schichten wahrscheinlich durchweg der Dyas zuzurechnen sind:

Die Schichtenfolge bei Brive.

Ober-Roth-liegendes	7. Rother Sandstein von la Ramière, 75 m		ohne Versteinerungen,
	6. Sandstein von Meyssac	ca. 325 m	besonders in der
	5. „ „ „ Grammont		Mitte des
	4. Sandstein und rother Thon von Brive		Becken.

Discordanz.

Mittel-Roth-liegendes	3. Walchiensandstein von Goaril du Diable und Objat
	Walchia piniformis, filiciformis, hypnoides, flaccida, Callipteris conferta, C. all. subauriculata, Naumanni; Pecopt. dentata, hemitelioides, oreopteridia, Pecopt. polymorpha, pinnatifida, Calamites gigas, Irioderma, Annul. spicata, sphenophylloides.
	2. Kalk von St. Antoine, Schiefer und Sandsteine mit *Estheria minuta* und *Acanthodes.*

Discordanz: Die Walchiensandsteine ruhen zuweilen direkt auf Phyllit.

Unter-Roth-liegendes	1. „Permo-Houiller", Kohlensandstein und unterer rother Sandstein (Châtres, Cabane). Reiche Flora bei Cublac u. Larche: *Taeniopteris jejunata; Callipteris conferta und Walchia piniformis. Pecopt. Heyrichi, oreopteridia, arborescens, dentata, cyathea, uuita, Dictyopt. Brongniarti, Odontopt. subcrenulata, Neuropt. cordata, Alethopt. Grandini, Sigill. Brardi* (Taf. 50 b, Fig. 12), *Sphenoph. oblongifolium, angustifolium, Annularia stellata.*
	Grundconglomerat meist aus Phylliten der Unterlage bestehend. Das Obercarbon fehlt.

[1] Vergl. STERZEL. Ref. über das obige Werk N. J. 1893 I p. 209.
[2] Flora des Rothliegenden von Oppenau, Schlussbetrachtung. Eine ähnliche Meinung vertritt POTONIÉ, der Commentry insbesondere den Stockheimer Schichten gleichstellt.
[3] MUNIER. Stratigraphie des dépôts de la région de Brive 1893. Ref. N. J. 1894 I p. 357. — H. ZEILLER, Bassin houiller et permien de Brive. Fasc. II. Flore fossile. (Études des gîtes minéraux de la France, Paris 1892. M. XV planches.)

Die Basis bildet, wie überall, das aus Gerölle des Urgebirges (Phyllit) bestehende Grundconglomerat. Von drei, durch Farbe und Kohlengehalt verschiedenen Facies treten die grauen und schwarzen Sandsteine und Schiefer (faciès houiller) nur in den tiefsten Horizonten und zwar am Rande des Beckens auf. Die Kohlensandsteine wechseln mit rothen, flötzleeren Sandsteinen (faciès permien), die weiter oben überwiegen. Graue, feinkörnige Sandsteine und gelbgraue Schiefer (faciès autunien) finden sich nur in der mittleren Walchienzone. Die hier auftretenden Kalke werden als Quellabsätze gedeutet.

Die dreigegliederte Schichtenfolge entspricht ziemlich genau dem Oberrothliegenden (4–7), dem Lebacher (2, 3) und dem Kuseler Horizont (1).

Die am südöstlichen Rande des Centralplateaus (Cevennen) im Departement Gard gelegenen Kohlenfelder von Alais, Bessèges und le Vigan besitzen im Durchschnitt etwas höheres Alter, als die vorher genannten. Nach den Forschungen von GRAND'EURY und ZEILLER[1] sind die Absätze der Kohlen an Ort und Stelle in wenig tiefem Wasser oder in Sümpfen erfolgt. Das häufige Vorkommen festgewurzelter Stämme ist beweisend für die autochthone Entstehung der Flötze. Mächtige flötzleere Mittel deuten auf Senkungen hin, die durch massenhaften Absatz klastischer Sedimente wieder ausgeglichen wurden.

Die Reihenfolge der 3 kohlenführenden, durch flötzleere Sandsteine getrennten Hauptstufen ist nach GRAND'EURY:

Steinkohlenformation und Rothliegendes im Departement Gard.

Oben:

III. Unt. Dyas   Unt. Rothliegendes (Kusel).

    9. Den obersten Theil der Schichten bilden die Conglomerate von Châteurt; bei l'Argentière deuten auch nach den französischen Forschern einige Pflanzen auf Dyas hin.

    8. Die Schichten von Champclauson (auch bei Portes) bilden den obersten kohlenführenden Horizont des Beckens und sind sowohl durch das Auftreten neuer als auch durch das Verschwinden älterer Typen (z. B. der längsgestreiften Sigillarien) ausgezeichnet. Neu sind die Dyastypen (STERZEL) *Callipteridium gigas* p. 536 und *Taeniopteris jejunata* p. 531:

        außerdem *Pecopt. cyathea, hemitelioides, Dictyopt. Schaetzei, Sphenophyllum longifolium, Sigillaria Brardi* und *spinulosa*.

    Flötzleere Schichten 300 m.

II. Oberes Obercarbon:

    7. Flötzführende Schichten von Grand'Combe (Schichten von Trescol im Gardon-Thale) Ottweiler Stufe mit reicher Flora:

        Pecopt. cyathea, dentata (Taf. 80 b, Fig. 9), *unita* (ibid. Fig. 10), *Platoni, Althoph. Grandini, aquilina. Odontopteris Brichiana, subcrenulata, Sphenoph. Schlotheimi, Sigillaria Candollei, lepidodendrifolia, Cordaites borassifolius.*

---

    [1] GRAND'EURY, Géologie et paléontologie du bassin houiller du Gard 1890–91. R. ZEILLER, ausführliches kritisches Referat über dasselbe Werk. Bull. soc. de France '3 Bd. 19, p. 679. Vergl. auch N. J. 1894 I, p. 214.

Dem gleichen Horizonte gehören die Schichten von Mazel und Gagnières an.

6. Flötzleere Schichten in grosser Mächtigkeit, 800 m.

I. Mittleres Obererrhon, Schichten von Bessèges obere Saarbrücker Schichten = Rive de Gier.

5. Die Flötze von Bessèges sind horizontal und vertical am mächtigsten entwickelt bei Bessèges, Salle, Molières St. Jean und Rochebelle.

Im oberen Theile der flötzführenden Abtheilung erscheinen neue Arten wie *Pecopt. cynthea, Alethopt. Grandini, Neuropt. cordata*.

4. Die mittlere Abtheilung (Bessèges, Salle) enthält *Sphenopt. charcophylloides* und *quadridactylites, Pecopt. lamuriana, discreta, erosa*; *Sigillaria tesselata, elliptica, Defrancei*.

3. Die unteren Flötze der „Couche Sans-Nom" (Sainte Barbe) enthalten

Pecopt. lamuriana, polymorpha, pteroides, abbreviata, Neuropt. flexuosa, Sphenophyllum truncatum. Pecopt. unita geht bis 3 hinauf.

2. Die Conglomerate etc. von Pradel, Feljas, Pigère sind durch das Fehlen von *Pecopt. lanuriana* etc. ausgezeichnet.

Annul. radiata (Saarbrücker Leitpflanze) zusammen mit der jüngeren *Ann. longifolia.*

1. Die breccienartigen Conglomerate, welche dem aus Sericit- und Chloritschiefer bestehenden Urgebirge discordant auflagern, enthalten einige eigenthümliche Pflanzen wie *Pecopt. arborescens, gracillima* (G. E., *Dictyopteris neuropteroides* und *Lealeya angusta.*

Die Herkunft der Gesteine deutet auf alte von Nordwesten stammende Flüsse.

Die vorstehende Parallelisirung giebt der Auffassung von GRAND'EURY Ausdruck; es lässt sich jedoch nicht verkennen, dass schon die obere Abtheilung der Schichten von Bessèges viel mehr Beziehungen zu den Ottweiler, als zu den Saarbrücker Schichten besitzt.

Kohlenbecken von Alais im Departement Gard (Cevennen). N. GRAND'EURY.
Osthälfte des Centralplateau — Brachymer gegen das Meeresniveau.

1 Korkschiefer. 2—4 Steinkohlenurgebirge (Oberearbon). 5 Goldführendes Urandconglomerat (300 m). 6 Steinkohlenschichten mit Flötzen (?). Stufe von Bessèges u. Ob. Saarbrücker Sch. 5 Trias. 6 Rhaet und Unterlias (Hettangien). 7 Lias-Dolomit. 8 Liassischer Gryphaeenkalk. R Rutsche.

Bei A u t u n im nordöstlichen Zipfel des Centralplateaus ist die höhere Steinkohlenformation[1] und das Rothliegende flötzführend vertreten und zwar in nachstehender Folge:

II. Unteres Roth-liegendes dem Carbon angelagert.	Obere rothe Sandsteine	
	3. Boghead-Kohle (Algenkohle p. 279) von Millery und Surmoulin mit *Callipteris* und *Walchia*; *Odontopt. Dupontí, oblum, Dictyopt. Schuelzei Renn., Callipt. lyratifolia, Naumanni, subauriculata*	500 m
	2. Mittl. Kohlenflötze von Muse, Dracy St. Loup, la Comaille-Chamboix mit *Call. conferta, Odont. obtusa, Calam. gigas, Call. lyratifolia, Naumanni, Callipteridium gigas*	325 m
I. Oberes Ober-carbon gefaltet Ottweiler Horizont.	1. Flötze von Igornay, S. Leger du Bois und Sally mit *Call. conferta, Walchia, Sigillaria, Peropt. unita, feminaeformis, Alethopt. Grandini, Dictyopt. Schuelzei Renn., Taeniopt. jejunata* und *multinervis, Callipteridium gigas* p. 536	400 m
	2. b. Unbedeutende Flötze, bei St. Moloy ausgebeutet. *Neuropt. Grangeri, Planchardi, cordata, Peropt. arborescens* (bis in das Rothliegende 3 hinaufgehend). *Sphenopt. Casteli Zeill., Odontopt. Reichiana. Callipteridium pteridium* (Taf. 50 b, Fig. 4, höher hinaufgehend).	
	a. Darunter flötzleere Sandsteine und Conglomerate in grosser Mächtigkeit . . . . ca. 600 m	
	1. b. Flötze v. Epinac m. Sandstein u. Schiefer, *Neuropt. heterophylla* Huot., *Peropt. dentata* (Taf. 50 b, Fig. 9) Huot. sp.	
	a. Porphyrtuff . . . . 50—100 m	

Die Schichtenfolge des am Südrande des Plateaus liegenden Beckens von Lodère gehört im wesentlichen dem mittleren (Lebacher) und oberen Rothliegenden an:

4. Ober-Rothliegendes: Discordant lagernde rothe Sandsteine . . 500 m

Lebacher Stufe.	3. Sandige Schiefer mit *Walchia, Callipteris* und *Aphelosaurus*.
	2. Dachschiefer, an der Basis mit bituminösen Schiefern und ebensolchen Kalken: *Palaeoniscus, Acanthodes*.
	1. Basales Conglomerat.

Discordanz.

Unterdevonische Dolomite.

Wie in Centralfrankreich ist auch in Portugal die Altersstellung der kleinen Binnenbecken (oben p. 363) zu verschiedenen Zeiten verschieden gedeutet worden. Jedoch dürfte in Übereinstimmung mit der für Commentry und Oppenau ange-

[1] DELAFOND, Bull. soc. géolog. de France (3) IV. p. 716. Renne, Bull. soc. géolog. de France (3) IX. p. 78. DELAFOND, Bassin houiller d'Autun 1889. ZEILLER, Bassin houiller et permien d'Autun et d'Épinac (Études des gîtes minéraux de la France. Paris 1890.) Ref. N. J., 1893 II. p. 814.

nommenen Horizontirung auch B u s s a c o bei Coimbra[1] und S. P e d r o d a C ó v a[1] (bei Vallongo östlich von Oporto) schon dem u n t e r e n R o t h l i e g e n - d e n zufallen.

Die Dyas in Pennsylvania.

Ganz ähnlich wie in der alten Welt ist auch in Nordamerika im oberen Theile der productiven Steinkohlenformation ein allmähliger Übergang zu der Dyas zu verzeichnen, deren selbständige Flora hier erst verhältnissmässig spät erkannt wurde.

Im Centrum des grossen appalachischen Kohlenfeldes (S.W.-Pennsylvania und Norden von West-Virginia), insbesondere am Ufer des in den Monongahela mündenden Drunkard creek finden sich längs der grossen Baltimore-Ohio-Bahn die Aequivalente der Kuseler Stufe, die Drunkard creek beds und der Cassville plant shale.

Die aussterbenden carbonischen Pflanzen,[2] die auch sämmtlich in den sicher dyadischen Wichita-Schichten vorkommen, werden hier von jüngeren Typen, *Baiera, Saportaea, Walchia, Ullmannia, Taeniopteris, Pachypteris, Neuropteris cordata* und besonders der wichtigen *Callipteris conferta* begleitet. Die rothen Schichten von South Park bei Fair Play im Hundendistrikt Columbia (Washington) sind besonders reich an jüngeren Formen. Die Fauna scheint auf Süsswasser hinzudeuten, ist aber noch nicht näher untersucht.

Diese Dyas-Serie, die im Ganzen 1100' Mächtigkeit besitzt, beginnt mit Schiefern im Hangenden des Waynesburg-Flötzes und besteht aus massigen Sandsteinen, rothen und bunten Schieferthonen, dünnen Kalklagern und unreinen, meist werthlosen Kohlenflötzen;[4] die petrographische und palaeontologische Ähnlichkeit mit dem R o t h l i e g e n d e n des westlichen Europa ist somit über jeden Zweifel erhaben.

Dyas-Pflanzen sind ausserdem bekannt von der Prince-Edwards-Insel und dem Süd-Park in Colorado,[5] in dem letzteren Gebiete zusammen mit Insekten.

Die versteinerungsleeren rothen Sandsteine und Mergel, welche in Utah, West-Colorado, Neu-Mexico und Arizona[6] die palaeozoische Serie conform überlagern, sind wohl zum grössten Theil als unmittelbare Fortsetzung der texanischen marinen Schichten anzusehen.

[1] W. de Lima, Comm. de l'ommiss. des trabalhes geologicos II. Fasc. 2, Lissabon 1889. Zeiller, Bull. soc. géolog. de France 3; 4, Vd 1894 p. 371. Stearle, Rothliegende von Oppenau, p. 335. He) Bossaco finden sich *Callipt. conferta, Walchia piniformis* und *hypnoides, Neuropteridopteris gleichenioides, Calamites infractus*.

[2] Vergl. Stearle, l. c. p. 336. Von S. Pedro werden u. a. angegeben: *Dicranophyllum gallicum* und *lusitanicum, Callipteridium gigas* und *Baiera Geinitziana* Heer.

[3] *Annularia spheanophylloides, Neuropteris hirsuta, Pecopteris arborescens, dentata, Candolleana, cyatheoidia, Packenti, unita, Sigillaria Brardi*.

[4] C. A. White, American Naturalist 1889 p. 121, 122.

[5] Cope, The Batrachia of the Permian Period of North-America. American Naturalist 1884 p. 26 and Bull. U. S. Geolog. and Geographical Survey of the Territories, 1881 Vol. 6 p. 79.

[6] Dieselben bilden hier das Hangende des Aubrey-Kalkes (No. VII auf p. 0). Die gelegentlich versuchte Zurechnung des Aubrey-Kalkes zur Dyas steht im Widerspruch zu seinem palaeontologischen Inhalt.

Vorkommen

Trias im deutsche
Lücke (Zech

Oberrothliegendes („Saxonien"), übergreifend über Mittelrothliegendem und älteren Schichten:
Obere rothe transgredirende Sandsteine (Conglomerate) von Lodève (50 m) mit Walchia.
Obere Sandsteine von Décazeville mit Walchia.
Obere rothe Sandsteine von Brive im Limousin (Thon von Brive, Sandstein von Grammont, Meyssac, la Ramière).
Obere rothe Sandsteine von Bert.
Obere rothe Sandsteine von le Creusot etc.

Mittelrothliegendes (= Autunien, Lebacher Schichten):
Schichten von Montrambert. Hangendste Schichten des Loirebeckens.
Lodève. 1. Conglomerate (transgredirend), 2. Dachschiefer und Kalk mit *Palaeoniscus*, *Acanthodes*, *Walchia* (4 Species), *Callipteris conferta*, *Aphelosaurus*.
Obere Schiefer mit *Acanthodes* und *Palaeoniscus* bei Neffiès, Montagnol, Camarès, Boden and Décazeville.
Sandsteine, Arkosen und Thon von Bourbon l'Archambault (*Callipteris conferta*, *Annul. spicata*, *Palaeoniscus*).
Charmoie mit *Walchia* und *Callipteris*.
Boghead von Millery und Surmoulin bei Autun (transgredirend auf Igornay).
Brive: Untere rothe Sandsteine. Kalk von St. Antoine, Estheriaschichten, Walchiasandsteine von Objat.
Conglomerate, Quarzporphyre, Schiefer mit *Walchia* und *Callipteris* bei Esterel, Massif des Maures, Fréjus.
Litry (Normandie) mit *Amblypterus* und *Palaeoniscus*.
Walchiasandsteine von Bert.

Unterrothliegendes = Kasseler Schichten, Zone der Calamodendreen:
6. Obere Schichten von St. Etienne (Stephanien supérieur), Avaize (Loire), St. Bérain, Montchanin, Sally, Grand Moloy, Montmaillot de Blanzy, St. Foy, l'Argentière (Rhône).
Commentry (Grand'combe, mittlere und obere Schichten).
Cublac, Champagnac, St. Pierre la Cour, Kohlenbecken des Var, Litry (Normandie).
Mittlere Schichten von Autun (Muse, Dracy St. Loup, la Comaille-Chambois).
5. Zone de passage: Decize, Bourganeuf, Autun, Argentat.

4. { Untere Schichten von Autun (Igornay, Lally), *Callipteris*, *Walchia*, *Sigillaria*.
  { Zone des Filicacés. Mittlere Flötze von St. Etienne. Untere Schichten von Décazeville mit *Alethopteris neuropteroides*.
  { Obere Zone von Grand'Combe, Champclauson (Gard), Portes.

Oberes Obercarbon = Ottweiler Schichten (Stephanien inférieur):
3. Zone des Cordaites (? Dyas), untere Flötze von St. Etienne, St. Chamond (bei St. Etienne), Brassac, la Mothe, Langeac, Blanzy, le Montceau, Longpendu, la Chapelle sous Dun, le Montet (Allier), St. Eloi, untere Zone von Grand'Combe.

2. Zone des Cévennes | Flötzleere Tuffschichten (gore, 1000 m) zwischen St. Etienne und Rive de
   (typische Ottweiler | Gier mit Kieselstämmen.
   Schichten) | Ronchamp, Graissessac, Epinac, Carmaux, Neffiès, Durban, la Rhune, Prade,
                      | la Mure, Petit Coeur (Tarentaise, Westalpen), Anthracite des Briançonnais.
                      | ? Dessége (Gard)?

Mittleres Obercarbon = Obere Sigillarien- oder Obere Saarbrücker Schichten:
1. Zone de Rive de Gier (zwischen Lyon und St. Etienne), St. Perdoux, Lens, Rolly-Gireney, Bourges.

Grosse Lücke: Untere Saarbrücker Schichten und Sudetische Stufe fehlen gänzlich. Das Liegende ist Kohlenkalk.

Versteinerungen einiger wichtiger Fundorte

ntwickelung
fehlt)

²alchia.

ontrametert: *Pecopteris Beyrichi* Weiss, *Grinitzi* v. Gutb., *Neuropteris recentior, Sphenophyllum Thoni* Mahr.

alamnismus, *Acanthodes, Walchia, Callipteris.*

ölliges Fehlen der carbonischen Pflanzen.

valin: *Callipteridium gigas, Sphenophyllum Thoni, Odontopteris hercynica, oramundasformis, obtusa, Pterophyllum, Medullosa, Psaronius, Pecopteris rigida,* * *Calamites gigas.*
semestry: * *Pterophyllum Faychi* Ren., * *Plagiozamites Planchardi* Zeil., * *Equisetum Mougi* Ren. et Zeil., *Odontopteris Planchardi* Z., *Neuropteris Planchardi* Z., *Calamites* * *gigas* Bast., *Lepidodendron Gaudryi* Ren., *Pecopteris Dambrevi* Z. und *Mougi* Z., *Bioti, arborescens, cyathea, unita, polymorpha, hemitelioides, Callipteridium* * *gigas* und *pteridium, Sphenophyllum* * *Thoni, Alethopteris Grandini* Bast., *Sigillaria Brardi, Odontopteris obtusa* Bast., *Neuropteris cordata* Bast., *Calamites Cisti, Suckowi, Annularia sphenophylloides, Asterophyllites equisetiformis,* * *Dicranophyllum gallicum, Amblypteris.*

herzapalaeozum: *Odontopteris obtusiloba* Naum., * *Callipteridium gigas* v. Gutb., *Taeniopteris* * *multinervis* W., *Pecopteris densifolia* Gutb. sp., *Walchia.*
Die Sigillarien fehlen.

Alethopteris neuropteroides, Sigillaria lepidodendrifolia und pachyderma, * Taeniopteris jejunata.

Sigillarien mit Längsstreifen (Rhytidolepis).

IV. Die obere Dyas in den Alpen und in Ungarn.

In Südeuropa ist marine untere Dyas nur in Sicilien, bei Palazzo Adriano am Fiume Sosio, in den Karnischen Alpen (Trogkofel), den Karawanken [1] (Neumarktl), sowie im Departement Ariège entwickelt. Die Angaben STACHE's über das ausgedehnte Vorkommen „permischer Diploporendolomite" im Osten der Karnischen Hauptkette sind durch neuere Beobachtungen endgiltig widerlegt. Die Besprechung der wenig ausgedehnten versteinerungsreichen Dyaskalke der Ostalpen erfolgte bereits oben (p. 358) im Zusammenhang mit dem Obercarbon, dessen unmittelbare Fortsetzung sie bilden. Über das Vorkommen im Departement Ariège liegt bisher nur eine Notiz vor (E. HAUG), in welcher der Fund bezeichnender Dyasammoniten (*Gastrioceras, Paraceltites, Daraelites*) kurz erwähnt wird. Abgesehen von dieser älteren Stufe besteht die Dyas i. aus den discordant den älteren Gesteinen auflagernden Grödener Schichten (Verrucano auct. ex parte). Diese nichtmarine Bildung wird gleichförmig überlagert von 2. dem Bellerophonkalk, der einer von Südosten stammenden Ingression des Mittelmeeres in den Grödener Binnensee angehört.

Während das Fehlen des mittleren und unteren Obercarbon in den südlichen Ostalpen der älteren, durch eine energische Faltung bedingten Discordanz entspricht, ist die jüngere Unterbrechung des Schichtenabsatzes mehr durch Brüche und Masseneruptionen gekennzeichnet.

Die Schichtenlücke selbst liegt in Südtirol und weiter westlich wesentlich tiefer als im Osten: In Südtirol (Val Trompia) ist die Flora des deutschen Mittelrothliegenden bekannt; in den Karnischen Alpen und Karawanken kennen wir marine untere Dyas, die jener beinah noch homolax ist.

Die Gebirgsbildung und die Ausdehnung des Binnensees der Grödener Stufe begann also im Westen früher als im Osten. Die Beziehungen der Schichten lassen sich somit schematisch etwa folgendermassen darstellen:

Südtirol, angrenzende Centralalpen (Hronner) u. Westalpen		Karnische Alpen und Karawanken	
Hangendes:	Werfener Schichten.		
Bellerophonkalk (nur Südtirol)		Bellerophonkalk	ob. u. mittl. Zechstein
Grödener Schichten	Kupferschiefer	Grödener Schichten	Kupferschiefer
	Oberrothliegendes		Oberrothliegendes
	Mittelrothliegendes		
	Lücke —		Lücke
	Transgression und Discordanz		Transgression und Discordanz
			Untere marine Dyas (Trogkofelkalk)
Obercarbon, nicht marin, (nur Central-Alpen und Westen)		Obercarbon, marin	
Liegendes: Praecambrische Schieferhülle		Untercarbon.	

---

[1] In der Hegend von Neumarktl und östlich davon im Ajdovna-Gebiet lagern vereinzelte Schollen der unteren Palaeodyas über dem allgemein verbreiteten Obercarbon. Von diesem palaeodyadischen Kalken werden etwa in der Mitte der Formation ganze Theile zerstört und zu bunten („Iggowitzer") Kalkconglomeraten verarbeitet. Vergl. F. TELLER, Verh. G. R. A. 1899 p. 410 u. 411 und GEYER, ibid. p. 418. Anm. während des Druckes.

1. Die Grödener Schichten.[1]

Discordant auf älterem Gebirge (meist Quarzphyllit) lagern bei Bozen zunächst die mächtigen Deckenergüsse und Tuffe des Bozener Quarzporphyrs, von dem isolirte Stromenden noch weit im Osten, zwischen Sexten und Comelico, sowie im Gailthal bei Maria Luggau und Kötschach vorkommen. Meist bildet jedoch im Osten ein Transgressionsconglomerat die Basis, das vorwiegend aus Phyllitgeröllen,[?] local auch aus Kalkgeschieben des obersten carbonischen Schwagerinenkalkes besteht (Comelico).[?]

Das gewöhnlich als Verrucano[?] bezeichnete Conglomerat hat wahrscheinlich die ganze Karnische Kette überkleidet, auf der sich jetzt nur noch in Grabenspalten einige Reste erhalten haben. Am Westabhang des Dobratsch transgredirt das Conglomerat auch über älteren Brüchen, welche Untercarbon und Phyllit gegen einander verwerfen.

Der ostalpine „Verrucano", der an der Basis des Grödener Sandsteines liegt und auf das engste mit diesem verbunden ist, kann am einfachsten als „Conglomerat der unteren Grödener Schichten" oder kürzer als „Grödener Conglomerat" bezeichnet werden. Es liegt ferner nahe, den Namen „Grödener Schichten" für das ostalpine Aequivalente des deutschen Rothliegenden in der Weise anzuwenden, dass demselben das Grödener Conglomerat als tieferes und der Grödener Sandstein als höheres Glied untergeordnet wird. Wir haben also:

Oben 2. Grödener Sandstein mit untergeordneten Mergeln, Letten, Thon und schichtförmig angeordneten Dolomitknollen.[?] Am Dobratsch erscheint ausnahmsweise blauer thoniger Kalk und Gyps in Verbindung mit dem Verrucano.

Unt. 1. Grödener Conglomerat (= Verrucano auct.) den Bozener Quarzporphyr z. Th. vertretend, z. Th. Ausläufer desselben umschliessend.

Die älteste Flora der Grödener Schichten wurde von E. Suess im Val Trompia zwischen einem unteren Porphyrlager und einer höheren Conglomeratbank entdeckt und enthält die folgenden von Geinitz bestimmten Pflanzen des Deutschen (mittleren) Rothliegenden:

[1] F. Frech, Die Karnischen Alpen p. 336—341.

[?] Oft von gewaltigem Umfang.

[?] Die Kalk-Conglomerate der unteren Grödener Schichten werden von F. Teller und E. Geyer (l. c.) als Uggowitzer Breccie bezeichnet, unter welchem Namen G. Stache ursprünglich noch Kalk-Conglomerate des Muschelkalkes mit begriff.

[?] Es kann keinem Zweifel unterliegen, dass der Name „Verrucano" vielfach in rein petrographischem Sinne für rothe Sandsteine und Conglomerate des Mediterrangebietes angewandt worden ist, deren genaueres Alter nicht festzustellen war: auch könnte eine weitere Verwendung des Namens für Schichtengruppen incertae sedis nicht beanstandet werden. In allen Fällen, wo man den fraglichen Bildungen einen bestimmten Platz in der Schichtengruppe anzuweisen vermag, erscheint eine Anwendung der alten Verlegenheitsbezeichnung um so mehr geboten, als an dem wesentlich höheren anterdyadischen Alter des eigentlichen Verrucano von Verruca bei Pisa nicht zu zweifeln ist. Siehe p. 533.

[?] Die rothen glimmerreichen Sandsteine unterscheiden sich von den ähnlichen Gesteinen des alpinen Buntsandsteins durch ihre Grobkörnigkeit und Dickbankigkeit, vor allem aber durch das Fehlen der Zweischaler, welche in dem jüngeren Gestein regelmässig und häufig auftreten.

Walchia piniformis Schl. sp.

„ *filiciformis* Schl. sp.

Sphenopteris fasciculata var. *zwickaviensis* Gutb. (untere Zone des mittleren
Rothliegenden in Sachsen p. 532).

Sphenopteris (Oropteris) axydata Goepp.

„ *Suessi* Gein.

Eine etwas höhere Stellung scheinen die bituminösen, Pflanzen führenden
Schiefer von Tregioro im Pescarathal einzunehmen. Dieselben bilden zwischen dem
tiefsten, im Hangenden des denudirten Porphyrs auftretenden Conglomerat und dem
Grödener Sandstein eine an der stärksten Stelle ca. 200 m mächtige linsenförmige
Einlagerung und enthalten nach Stur:[1]

Walchia piniformis Schl. sp.

„ *filiciformis* Schl. sp.

Ullmannia frumentaria Schl. sp.

„ cf. *selaginoides* Bronn. sp.

Bairra digitata Bronn. sp. (*Schizopteris* bei Heer.)

In Deutschland ist das Zusammenvorkommen von *Ullmannia* (Kupferschiefer) und
Walchia (Rothliegendes) selten beobachtet worden. Hier sind die Floren des mittleren
Rothliegenden und des Kupferschiefers durch versteinerungsleere Transgressionsgebilde
wie Oberrothliegendes und Zechsteinconglomerat von einander getrennt. In den Alpen
fehlen diese scheidenden Glieder, welche mit als Aequivalente des Grödener Sandsteines anzusehen sind und ein Zusammenfliessen der Floren ist somit natürlich.

Noch jünger, an den deutschen Kupferschiefer (resp. Zechstein) erinnernd,
ist die von Gümbel zwischen Neumarkt und Mazzon entdeckte Flora, welche in
den hangendsten Theilen des Grödener Sandsteins nicht weit unterhalb eines Kalkes
auftritt, der das Aequivalent des Bellerophonkalkes bildet.[2] Am häufigsten sind
ausser den Zapfen (*Carpolithes*) Zweige von *Voltzia hungarica* Heer, dann *Bairra digitata*
Heer, *Ullmannia Bronni* und *?Geinitzi*, ferner *Equisetites* und einzelne Fischschuppen.

Die Fortsetzung der Grödener Schichten in Ungarn.

Besser erhalten ist die von Heer beschriebene Flora von Fünfkirchen in
Ungarn, welche mit der Neumarkter vollkommen übereinstimmt und u. a. *Voltzia
hungarica* Heer, *Boeckhiana* Heer, *Bairra digitata* Buot. sp., *Ullmannia Geinitzi*
Heer, sowie die Abietinee *Schizolepis permianis* enthält. Die letztgenannte Gattung ist sonst nur aus rhaetischen Schichten bekannt.

An das Vorkommen von Fünfkirchen schliesst sich das untere, kohlenführende
Rothliegende im südöstlichen Ungarn, der Schieferthon des Bannts (Comitat Krassó-
Szörény, rumänisch-serbische Grenze) an; bei Cziklovabánya fand sich *Odontopt. _ob-
tusiloba* Naum.[3], *Walchia piniformis* Schl. und *filiciformis* Schl. sp.[4]

[1] Verhandl. G. M. A. 1868 p. 43.

[2] Verhandl. G.R.-A. 1877 p. 36.

[3] Berichte der Kgl. ungar. geolog. L. A. 1888 p. 78. Vergl. auch J. Halavats, Die Umgebung
von Lapát, Kölnik, Szaruka und Nagy-Zorlencz. (Jahresber. der Kgl. ungar. geolog. Anst. f. 1891
Budapest 1893 p. 100—111.) Die hier ebenfalls vorkommenden Conglomerate und Schieferthone mit
Pecopt. arborescens, Lepidodendron und Annularia stellata werden zum Carbon gerechnet.

Weit entfernt von diesen Vorkommen des südlichen Ungarns liegt im Tatra-gebirge als Basis der Sedimentserie über dem Granit ein hellrother oder weisser Quarzsandstein ("Permquarzit"), der eine sehr wechselnde Mächtigkeit (8—80 m) besitzt. Aus dem Kunerader Thal in den nordwestlichen Karpathen (zwischen

Entwicklung der Dyasformation südlich vom Kopfetschächtenpasse (Bélaer
Kalkalpen) am Kamme nach der Welossee-Spitze. (Tatra: N Umas.

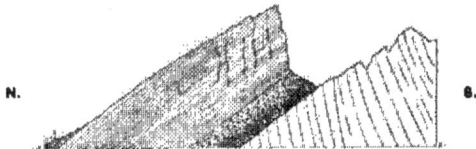

N.   **S.**

1. Granit, mit steil südwärts gerichteter Klüftung.   3. Ihyassandstein ca. 9 m.
2. Hothes Grundconglomerat der Dyasformation, 3 m;   4. Rother Schiefer.
    obere Partie mudig-grauig, geschiebearm.   5. Hochtatrischer Liasjurakalkstein.

Waag und Neutra) hat STUR Reste von *Calamites Iriaterana* GUTB. beschrieben, die auf eine Vergleichung mit dem Mittelrothliegenden von Lissitz in Mähren hinweisen. UHLIG hält eine gleichartige Horizontirung der Tatra-Sandsteine für gegeben. Die letzteren beginnen überall mit einem Grundconglomerat und gehen im Hangenden durch Vermittelung rother Schiefer und Sandsteine unmerklich in die Trias über.[1]

Alpine rothe Sandsteine zweifelhaften Alters.

In den Alpen sind die rothen Sandsteine an der Basis der dyado-triadischen Schichtenfolge weiter verbreitet als das folgende marine Glied. Abgesehen von der Fortsetzung der Karnischen Schichtenfolge in den Karawanken finden wir auch in den centralen, den nördlichen und westlichen Alpen häufig rothe Sandsteine und Schiefer in ähnlicher Stellung. Weisse Quarzite mit deutlichen, röthlich gefärbten Sandsteinkörnern bilden am Südabhang des Radstädter Tauern (Lantschfeldthal) die Unterlage der Trias, könnten aber allerdings ebenso gut zum Buntsandstein gehören. Etwa dasselbe gilt für die am Brenner und östlich desselben auftretenden Tarnthaler Quarzite, Sericitgrauwacken und Quarzitschiefer, welche zwischen Ober-carbon und Trias lagern. Auch am Ortler liegen Vertreter des ?Grödener Sand-steins zwischen dem Urgebirge und den triadischen Ortlerkalken. Die Alters-bestimmung all dieser Gesteine muss bei dem Fehlen der Versteinerungen und des, Buntsandstein und Grödener Schichten trennenden Bellerophonkalkes unbestimmt bleiben. Kaum sicherer ist das dyadische Alter der rothen Wildschönauer Schiefer (KATHREIN) in Salzburg.

Weiter westlich ist der viel besprochene rothe, tektonisch veränderte, auf Eocaen aufgeschobene "Verrucano" der Glarner und Graubündener Alpen aller Wahr-

[1] Uhlig. Geologie des Tatragebirges p. 5—7. (A. d. 64. Bd. d. Denkschr. der math. naturw. Kl. d. Kgl. Akad. der Wiss., Wien 1897). Alpine rothe Sandsteine zweifelhaften Alters.

scheinlichkeit nach im wesentlichen ein Aequivalent der ostalpinen Grödener Schichten.[1]
Auch innerhalb der Anthracit-führenden Schichten der Westalpen sind Aequivalente
des Rothliegenden vorhanden (oben p. 362).

2. Der Bellerophonkalk.

(Leitfossilien auf Tafel 64.)

Der Bellerophonkalk[2] der südlichen Ostalpen liegt zwischen
dyadischem (Grödener) und triadischem Sandstein und besteht aus dunklem, meist
bituminösem Kalk, Dolomit, Rauchwacke, Asche und Gyps. Der Bellerophonkalk
fehlt als mediterrane Bildung nicht nur in den centralen, westlichen und nördlichen
Alpen, sondern auch in dem mit letzteren übereinstimmenden Gailthaler Gebirge.
Die petrographische Übereinstimmung mit dem mittleren Zechstein Deutschlands
ist augenfällig. Der Gyps, welcher hier wie dort stockförmige Einlagerungen bildet,
zeigt die mächtigste Entwickelung im Grödener Thal bei St. Ulrich, sowie in der
italienischen Carnia zwischen Paularo und Paluzza, wo die Bäche tiefe Höhlungen
hineingefressen haben. Etwas weiter südlich zwischen Arta und Cercivento beobachtet man eine mächtige Entwickelung der Rauchwacken, welche der Verwitterung
nur geringen Widerstand zu leisten vermögen und somit zu gewaltigen Abrutschungen
und Muren Veranlassung geben. Die Rauchwacke enthält als echter „Stinkstein" einige bituminöse Substanzen und vor allem Schwefelwasserstoff;
die zu Heilzwecken benutzten „Schwefelquellen" von Arta bei Tolmezzo,
von Malborget und Lussnitz bei Pontafel entspringen sämmtlich aus diesem
Gestein.

Die im ganzen arme Fauna des Bellerophonkalkes (Taf. 64) ist durch eigen-
tümliche Formen, wie die zu Athyris gehörende Gruppe des „Spirifer mergelicus
STACHE"[3] und endter, sowie die auch bei Djulfa angedeutete Gruppe Janiceps von
Athyris ausgezeichnet.

Am häufigsten und verbreitetsten sind die mit dem Typus des obersten
Productuskalkes verwandten Bellerophonarten, deren unverhältnissmässig grosse
Artenzahl (12) erheblich zu reduciren ist.[4]

[1] Milch, Beiträge zur Kenntnis des Verrucano. Leipzig 1889—94.

[2] Entdeckt Anfang der siebziger Jahre von Mojsisovics und seinen Mitarbeitern im Grödener Thal, Südtirol. Die Nautiliden sind von dem erstgenannten, die wenigen Ammoneen von Dietzel, die Foraminiferen und Ostracoden von Gümbel in sorgfältiger Weise bearbeitet. Die Untersuchung der Mollusken und Brachiopoden (G. Stache, Jahrb. G. R.A. 1877 p. 143 und 1878 p. 95 mit 7 Tafeln) ist vielfach recht revisionsbedürftig.

[3] Das vollkommene, (auch von Stache hervorgehobene) Fehlen einer Area auf Stache's Abbildungen und einem vorliegenden aechten Exemplar, spricht entschieden gegen die Bestimmung als Spirifer. Von der nah verwandten Athyris phalaena aus dem Ihren unterscheiden sich die hierher gehörenden Formen durch geringe Ausprägung der Rippen an der Stirn, spitze Flügelendigung sowie durch abweichende Sculpturen. Ich bezeichne die Untergattung von Athyris („wie ein langflügliger, glatter Spirifer, aber ohne Area") als Comelicania; die Gattungsbestimmung der devonischen Formen bleibt zweifelhaft.

[4] Die Schwierigkeit der Bestimmung der 12 von Stache benannten Bellerophon-„Arten" des Bellerophonkalkes (Jahrb. d. G. R.A. 1877 t. 6 und 7) wird wesentlich durch den Umstand bedingt, dass die Verschiedenheit der Erhaltung nach der Grösse ein sehr abweichendes Aussehen derselben Art hervorruft. So dürfte Bellerophon comelicanus St. ein mit etwas stärkerem Wulst versehener Bellero-

Ziemlich zahlreich sind Zweischaler wie *Perten, Aviculopecten, Bakewellia, Pleurophorus, Allerisma* und *Schizodus* cf. *truncatus*. Die letztgenannten, überall in der Dyas[1] verbreiteten Arten lassen ebensowenig wie die seltenen Ammoneen einen bestimmten Schluss auf das Alter des Bellerophonkalkes zu. Doch tritt hier wie im mittleren Zechstein Deutschlands die Gattung *Productus* vollkommen in den Hintergrund und der unterlagernde Grödener Sandstein enthält in seinem oberen Theil die Flora des deutschen Kupferschiefers. Die Werfener Schichten entsprechen dem Buntsandstein. Der Bellerophonkalk ist also ein Aequivalent des mittleren und oberen deutschen Zechsteins.[1]

Von den seltenen Producten erinnert *Pr. cadoricus* St. und *Pr. "cf. cora"* an den *Prod. hemisphaericus* Kut. (non *hemisphaericus* Sow.) aus dem russischen Zechstein (Taf. 63, Fig. 7), *Streptorhynchus* und „*Orthis*" sind zweifelhaft, während unter den Nautileen *Pleuronautilus fugax* Mojs. einer carbonisch-triadischen Gruppe angehört. *Temnocheilos (Metacoceras) Hoernesi* Stache sp. steht einer oberarbonischen Form nahe.

Eine *Diploporа* (*D. Bellerophontis* Rothpl.) ist der älteste Vertreter dieser Kalkalgen.

Der nach der Darstellung einiger Forscher unsichere palaeozoische Habitus der Fauna erfährt eine wesentliche Verstärkung durch die neuerdings von C. Diener bei Seiten entdeckten Cephalopoden.[1] Wie der genaunte Forscher hervorhob, kommen Arten aus der Gruppe des *Orthoceras annulatum (Cycloceras)* nur im Palaeozoicum vor. Die Beziehungen der Ammoneen zu dem untertriadischen (aber mit einer Art bis St. Cassian hinaufgehenden) *Lecaniten* hat Diener richtig erkannt.

Jedoch fällt die als *Parakecanites* (Diener) beschriebene Form des Bellerophonkalkes mit *Parveltites* (aus dem Siniokalk) zusammen.[1] Es ist kein Zufall, dass der einzige in einer jungpalaeozoischen Bildung Chinas gefundene Goniatit ebenfalls der Gattung *Paraceltites* angehört.

----

phon *peregrinus* Lbe. sein. Diese Art kreiert in Steinkernerhaltung an der Stelle der Mündung, an welcher der Schlitz sich einsenkt, einen Vorsprung; wenn dieser Vorsprung abbricht, so entsteht die tiefeingeschnittene Mündung, wie die Laube'sche Figur erkennen lässt. Ist der Vorsprung erhalten, so ergiebt sich eine Form, wie die Stache'sche *Bellerophon Jovis* ein Jugendexemplar — besitzt. Ein Jugendexemplar mit abgebrochener Mündung (also ohne Vorsprung) ist wiederum *Bellerophon cadoricus* Stache. Eine kritische Revision der Originale dürfte von den bei Stache unterschiedenen 12 Arten kaum 4 – 5 übrig lassen. Als Beleg für das verschiedene Aussehen der Querschnitte dienen die Figuren auf Taf. 63, von denen die eine genau contrit ist, während die andere excentrisch liegt.

[1] Die obigen, in meinem Werk über die Karnischen Alpen (p. 841) enthaltenen Ausführungen sind bisher in der Litteratur nicht genügend beachtet worden.

[2] Über ein Vorkommen von Ammoniten und Orthoceren im südtirolischen Bellerophonkalk. Sitz. Ber. Kais. Akad. Wissenschaften Bd. 106 1897 p. 1.

[3] Die nebeneinandergestellten Suturen von *Paraceltites sextensis* Dien. sp. und *Par. Hauferi* Dien. lassen darüber ebensowenig einen Zweifel übrig, wie der Vergleich der Form mit *Paraceltites elegans* aus dem Siniokalk. Die in den Indischen Ceratitenkalken auftretenden Formen von *Lecaniten* sind ständig durch den Besitz einer oder mehrerer Hilfsloben unterschieden. Die Sculptur von *Paraceltites* unterliegt zwar geringen Schwankungen, zeigt aber in der Grundanlage stets eine Vorwölbung auf der Aussenseite, der auch eine Vorbiegung der Mündung entspricht. Zuweilen wird, besonders bei jüngeren Formen die Aussenseite infolge des Verschwindens der Sculptur glatt (*Paraceltites sextensis* Diener sp., *Lecanites glaurus* Mojs von St. Cassian). Vergl. Taf. 64, Fig. 8 – 10.

V. Der Zechstein und seine Salzbildungen.

1. Der untere Zechstein, eine nordische Transgression.

Der Zechstein entspricht in Deutschland (I, p. 84) und in der vollkommen übereinstimmenden englischen Fortsetzung dem Typus eines ganz unregelmässig (oscillirend) von Norden her vordringenden Binnenmeeres. Im Osten verbreitet sich die Transgression bis auf den Nordabhang der Sudeten und des Erzgebirges, in der Mitte Deutschlands über den Thüringer Wald, im Westen bis Heidelberg und bis in das Elsass (s. u.). Die Verbreitung ist also ebenso unabhängig von dem Rothliegenden wie von der Lage der heutigen deutschen Mittelgebirge. Im Norden greift der Zechstein — so in Thüringen und dem südlichen Harz (siehe das Textbild) — auf älteres Gebirge hinüber.[1] Besonders schön und deutlich ist das Auftreten einzelner Zechsteinklippen über den devonischen Schiefern des alten Harzgebirges auf der Ruine Scharzfels und der Steinkirche bei Scharzfeld zu beobachten.

Die einzelnen Glieder des Zechsteins transgrediren sogar in unregelmässiger Weise. So fehlt an den erwähnten Punkten der ganze untere Zechstein (Zechsteinconglomerat, Kupferschiefer und Zechstein a. str.).[2] Der mittlere stark zerklüftete Zechsteindolomit bildet hier die tiefste Ab-

Transgredirende Überlagerung von stark gefaltetem Culmkieselschiefer durch Zechstein am südwestlichen Harzrande.
N. F. Riese.

theilung. Bei Frankenberg in Hessen lagert sogar nur oberer Zechstein (Letten mit Kalk s. u.) unmittelbar auf Untercarbon.

Versteinerungsreich ist der Zechstein nur in seinen beiden tieferen Abtheilungen,

[1] Auch auf dem Thüringer Wald sind Andeutungen einer Zechsteinbedeckung nachgewiesen worden. (Vergl. Loretz, Über das Vorkommen von verkieseltem Zechsteinkalk, Zeitschr. der deutsch. geol. Gesellsch. Bd. 42. 1891, p. 370.).

[2] Die Schichtenfolge ist im I. Band p. 84, c5 angegeben und ist in ihren unteren und mittleren Horizonten unverändert geblieben. Für die englische Zechsteinfauna vergl. W. King's Monograph of the Permian fossils of England (1850).

dem Kupferschiefer und eigentlichen Zechstein. Die bezeichnenden Fische (Taf. 61) *Palaeoniscus, Acrolepis, Platysomus*, sowie ein uraltes Reptil entstammen diesem Horizont; die Verwandtschaft mit dem Rothliegenden wird noch durch das Fortvegetiren einer ähnlichen Flora (*Ullmannia, Baiera, Voltzia hexagona, Callipteris (Göpperti* Metr.   *Peeopteris Schwedesiana* auct.) bekundet.

Im Zechstein sind Individuenreichthum und Artenarmuth der Mollusken und Brachiopoden, sowie vollständiges Zurücktreten der Cephalopoden das hervorstechendste Merkmal; die gesammte Entwickelung erinnert an die sarmatischen Schichten des miteuropäischen Tortiär und die im Kaspi-Meer lebende Fauna. *Productus, Strophalosia, Dielasma, Dalmanella, Pseudomonotis, Bakewellia, Schizodus, Myalina (Liebea), Prospondylus (Himnites)*[1] sind die wichtigsten, meist durch eine oder zwei Arten vertretene Typen.

Bryozoenriffe in nicht unerheblicher Mächtigkeit kennzeichnen den Zechstein Thüringens.

Im mittleren Zechstein (Dolomit, Stinkstein und Steinsalzlager von geringer Mächtigkeit) und im oberen Zechstein (Grenzdolomit)[2] sind Versteinerungen nur spärlich zu finden (*Dielasma, Schizodus obscurus, Pseudomonotis* in ersteren). Trotz der Ähnlichkeit der gesammten Fauna ist das allmählige Verschwinden palaeozoischer Brachiopoden nicht zu verkennen. *Productus* ist nur noch im mittleren Zechstein durch eine seltene Art vertreten, *Productus horridus* und *Gieuitzi* (Taf. 64 Fig. 8) sind hier schon erloschen.

Neuartige Typen — Vertreter eigener palaeontologischer Zonen — fehlen im mittleren und oberen Zechstein Deutschlands gänzlich, auch anderwärts (alpiner Bellerophonkalk) ist die Fauna in diesem obersten Palaeozoicum spärlich entwickelt.

Die Annahme eines **borealen Charakters** der deutschen und der übereinstimmenden englischen **Zechsteinfauna** (I, p. 87) findet ihre Stütze in folgenden Thatsachen:

1. Die **deutsche Zechsteinfauna** verbreitet sich in **identen** oder **nah verwandten** Formen bis in das nordöstliche Russland, ja bis **Spitzbergen** und ist genetisch von der palaeodyadischen Fauna dieser Gegenden abzuleiten.[3]

2. In der Südhemisphaere (N.S.-Wales) finden sich eingelagert in Glacialschichten marine Bildungen mit deutschen und russischen Zechsteintypen (*Pleurophorus, Strophalosia horrescens* var., *Productus brachytherus* Morr., aff. *Cancrini* Vern.).

3. Die dem deutschen unteren Zechstein stratigraphisch ganz oder z. Th. gleichstehenden Schichten von Djulfa, Kuling, dem Schabshall-Kliff und dem Karakorum-Pass (Woahjilga) sind faunistisch gänzlich abweichend.

---

[1] *Himnites* auct. aus dem Muschelkalk und *Prospondylus* Zittel, sind ident, stimmen aber nicht mit der jetzt lebenden Gattung *Himnites* s. str. überein.

[2] Der Plattendolomit des obersten Zechstein enthält einige Gastropoden (*Turbonilla altenburgensis*), die Gyps- und Salzformation derselben Horizonte enthält keine organischen Reste.

[3] *Productus horridus* erscheint in einer wenig abweichenden Mutation (*Prod. grandifer* Toula) schon in Oberearbon, (Schwagerinenkalk) Spitzbergen. Otto p. 497. *Spirifer rugulatus* (Taf. 63, Fig. 3 b), eine sehr bezeichnende, in Deutschland fehlende Art des unteren russischen Zechsteins besitzt in *Spir. rugulatus* mut. *serrira* (Taf. 63, Fig. 4) einen Vorläufer in demselben Carbonhorizont.

Der niederschlesische Zechstein am Nordabhange des Riesengebirges (1, p. 86)[1] besitzt petrographisch eine viel gleichförmigere Ausbildung als der mitteldeutsche: Wohlgeschichtete graue, rothgefleckte Letten und lettige Kalke im unteren Theile, ferner rothe sandige Mergel, die als Einlagerung in den ersteren an der Grenze gegen den Buntsandstein auftreten, setzen die ca. 30 m mächtige Formation zusammen. Im unteren Zechstein ist der weitverbreitete *Productus* am Ost-Fusse des basaltischen Gröditzberges sowie bei Logau am Queis häufig, bei Neukirch im Katzbachthale selten beobachtet. An dem letzteren Punkte wiegen schon im unteren Zechstein, 3 m oberhalb des Rothliegendsandsteins Zweischaler, *Schizodus obscurus* in grosser Häufigkeit, *Pleurophorus costatus* und *Pinna* unbedingt vor. An den Kupferreichtum des mitteldeutschen Zechsteins erinnert nur das Vorkommen von Malachit in den Letten. Der obere Zechstein enthält hier *Pseudomonotis*.

Das südöstlichste Vorkommen der mitteleuropäischen Ablagerungen mit *Prod. horridus* liegt bei Kajetanow unweit Kielce (1, p. 86). Das am weitesten nordöstlich gelegene Vorkommen des Zechsteins wurde in Deutschland in den Bohrkernen von Purmallen bei Memel nachgewiesen.[2] Hieran schliesst sich das von den übrigen russischen Vorkommen getrennte Kurländer Zechsteingebiet an.

Die südwestlichen Ausläufer des Zechsteins sind in der Gegend von Heidelberg zwischen Oberrothliegendem und Buntsandstein in derselben Weise eingelagert, wie der Muschelkalk zwischen diesem und dem Keuper. In allen Fällen handelt es sich um Oscillationen und Änderungen des Sedimentes in Binnenmeeren. Der Facieswechsel des offenen Oceans zeigt zwar ähnliche Züge; die hier erfolgenden Transgressionen und negativen Verschiebungen sind jedoch Erscheinungen, die nicht nur in grossartigerem Maassstab erfolgen, sondern auch durch andere Ursachen bedingt werden.

Am linken Rheinufer kennzeichnet sich das verschwindende Zechsteinmeer durch rothe Schiefer und thonige Sandsteine, in denen eine eingelagerte handbreite Dolomitbank die bezeichnenden Zechsteinmuscheln *Schizodus*, *Bakewellia* und *Myalina Hausmanni* enthält.[3] Die petrographische Grenze gegen das Oberrothliegende, welches 60—70 m im Liegenden, sowie gegen den Buntsandstein, der 60 m im Hangenden typisch auftritt, ist keineswegs scharf.

2. Der obere Zechstein und das Austrocknen des Binnenmeeres (Kali- und Steinsalz-Bildung).

Das Zechsteinmeer verdankt seine Entstehung der aus dem arktischen Weltmeer stammenden Transgression, dessen Gewässer nur selten[4] in südlichere Breiten vorgedrungen sind. Dieses Zechstein-Meer hat niemals den Charakter eines flachen Binnengewässers verloren und eine Verbindung mit dem Grossen Mittelmeer im Süden der Alpen niemals erreicht; somit bedurfte es nur eines geringen Empor-

[1] GUMBEL. Zeitschrift d. deutsch. geol. Gesellsch. III. 1851, p. 241, t. 10.
[2] Jahrb. k. preuss. geol. Landesanstalt für 1898, p. 652 ff.
[3] Kleiner Bohrnberg bei Alsenz-weiler, Haardt. Vergl. LEPSIUS. Geognostische Jahreshefte I, 1888, p. 59.
[4] Die mitteloligocaene Transgression in Deutschland und in beschränkterem Sinne der Muskauer Jura sind die zwei weiteren Ausnahmen.

steigens des Landes im Bereiche der heutigen Ostsee, um ganz Norddeutschland von Posen und Ostpreussen bis Hannover, Braunschweig und dem Südabhang des Harzes und Thüringer Waldes in eine Reihe riesiger Salzpfannen[1] zu verwandeln.

Erläuterungen zu der OCHSENIUS'schen Theorie der Entstehung von Kalisalzlagern durch Barrenbildung.

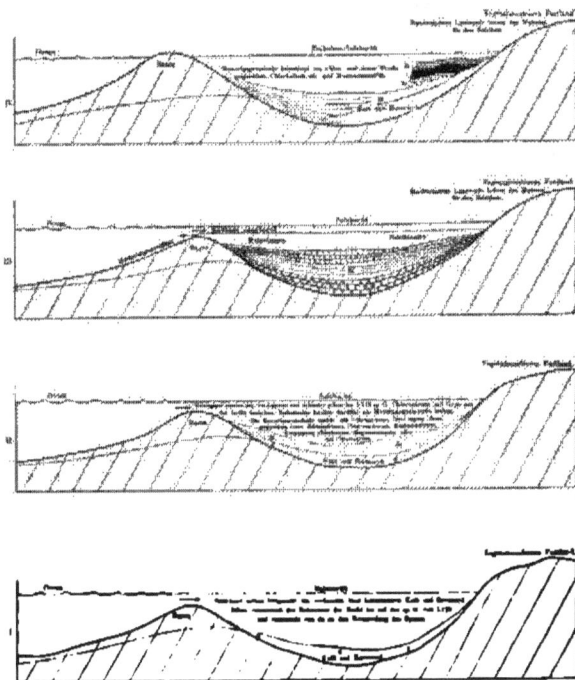

th Salzthon.   c Carnallit.   bi Bischofit.   St Steinsalz.

[1] Es ist nicht zutreffend, die heutigen Hauptverbreitungsgebiete der Salzlager als palaeozoische Meeresbuchten zu bezeichnen. Vielmehr sind die Gebirge, welche diese angeblichen Buchten einschliessen, also in erster Linie Harz und Thüringer Wald, erst durch tertiäre Dislocationen in ihre heutige Form gebracht worden. Dieselben waren in spätpalaeozoischer Zeit von Gewässern ebenso bedeckt, wie die angrenzenden Niederungen.

Der Karabugas-See im Osten des Kaspi mit der starken Verdunstung und dem steten Einströmen des Salzwassers über die Barre führt uns die klimatischen und geographischen Bedingungen vor Augen, die damals in der Mitte von Norddeutschland herrschten. (Vergl. die vorstehenden schematischen Profile.)

Die Trockenheit des Klimas findet ihren deutlichsten Ausdruck in der Verarmung der Flora: Sogar die Pflanzen der älteren Trias (Buntsandstein und Muschelkalk) die Farne, Schachtelhalme, Voltzien[1] und die vereinzelte leioderme Sigillaria sind noch als vermuteter Überrest der Flora des Rothliegenden anzusehen.

Steinsalz, Salzthon und Gyps (bzw. Anhydrit) besitzen in dem Gebiet der Salzpfannen horizontal und vertical die grösste Verbreitung. Von besonderem technischem und wissenschaftlichem Interesse sind jedoch die Kalisalze, die letzten Produkte des Verdampfungsprozesses, und ihre Begleiter, die Magnesia- und schwefelsauren Verbindungen.

Seit 1839 in dem ersten fiskalischen Bohrloch bei Stassfurt ein mächtiges Lager von Steinsalz erbohrt wurde, besonders aber seitdem man den Werth der Kalisalze als Düngmittel kennen gelernt hatte, entwickelte sich hier eine Industrie von einzig dastehender Bedeutung. Die neueren z. Th. in fieberhafter Hast und mit mangelnder wissenschaftlicher Vorbereitung ausgeführten Bohrungen haben trotz zahlreicher Misserfolge eine ungeahnt weite Verbreitung der Kalisalze nachgewiesen. Nicht nur wurden in der weiteren Umgebung des Harzes[2] die werthvollen Salze entdeckt, auch viel weiter nördlich bei Rüdersdorf (östl. Berlin), bei Jessenitz und Lübtheen in Mecklenburg, im Allerthal (Burbach), bei Sondershausen, Worbis und Arnstadt, ja sogar am Südabhang des Thüringer Waldes bei Salzungen sind Kalisalzlager erbohrt worden.

Die leichter auflöslichen Kalisalze konnten sich nur dort erhalten, wo ein vollkommen undurchlässiger Salzthon oder Letten ein Schutzdach gegen unterirdische Erosion bildete — ganz abgesehen davon, dass nicht überall der Eindampfungsprocess in den abgeschlossenen Buchten sein letztes Endstadium erreicht haben mag. (Man vergleiche die schematischen Profile, welche diese Vorgänge versinnbildlichen.)

Bei vollständiger Entwickelung der Salzformation des oberen Zechsteins haben wir ein älteres und ein jüngeres Steinsalz, von denen nur das erstere durch Kalisalze bedeckt wird. Das letztere schliesst fast stets mit Gyps oder Anhydrit und bildet das Liegende des Buntsandsteins. Bei Stassfurt, wo das jüngere Salz fehlt, ist die bekannte Reihenfolge (s. d. folgende Profil) vorhanden:

Die sonstigen lokalen Verschiedenheiten ergeben sich aus dem Vergleich der übrigen Profile.

Das bei Stassfurt selbst fehlende jüngere Steinsalz ist erst auf der Anhaltischen Seite (Leopoldshall und Bernburg) vertreten.

---

[1] Voltzia heterophylla scheint allerdings aus Ostindien eingewandert zu sein, wo sie aus der Dyas citirt wird. Jedoch würde auch diese Einwanderung angesichts des Vorkommens der Gattung im Zechstein — keine Bereicherung der Florenelemente darstellen.

[2] Stassfurt, Leopoldshall, Bernburg, Aschersleben, Westeregeln, Wilhelmshall am Huy, Schoenebeck an der Elbe, Neuhaldensleben, Vienenburg (Hercynia), Nabelsthforth bei Goslar, Hildesheimer Wald, Salzgitter.

Profil durch das fiscalische Bergwerk bei Stassfurt. Nach Buchrue.
a Anhydrit. c Carnallit. p Polyhalit. St Steinsalz. th Thon.

Hienne ein die folgenden Profile richschtlich entnnehmen nach den Vorbildern in „Deutschlands Kali-Industrie", Berlin 1889—99.

Profil durch die Kalisalzlager der „Deutschen Solvay-Werke" bei Bernburg (Herzogthum Anhalt). m R. mittlerer Buntsandstein. u R. unterer Buntsandstein. o St. obere Steinsalz. a Anhydrit. th Thon. c Carnallit. u St. untere Steinsalz.

Anhydrit Region

Profil durch das Kalisalzbergwerk „Leopoldshall" nach Dr. E. Przarem (1887). a Anhydrit. th Thon. c Carnallit. K Kieserit. p Polyhalit.

Profil durch die Vienenburger Salzlagerstätte. u R. unterer Buntsandstein. g Gyps. o St. obere Steinsalz. c w weisser Carnallit. r c rother Carnallit. s Sylvin. u St. unteres Steinsalz.

Staasfurt: Buntsandstein oben
        Rother Letten und Thon,
        Anhydrit und Gyps,
        Salzthon,
        Carnallit (Kalisalze) im Ausgehenden in Kainit übergehend.
        Kieserit |
        Polyhalit | Schwefelsaure Magnesia und Magnesia-Kalksalze.
        Älteres Steinsalz oben mit Anhydritschnüren (Anhydritregion).

Für den ursprünglichen Absatz und die spätere Erhaltung der Kalisalze ist ein Zusammentreffen so vieler günstiger Umstände erforderlich, dass eine sichere Prognose auf Grund geologischer Erfahrungen nur höchst selten — etwa für unmittelbar angrenzende Grubenfelder — gegeben werden kann. Das Kalibohren trägt somit den Charakter eines Glückspiels und der ausserordentliche Anklang,

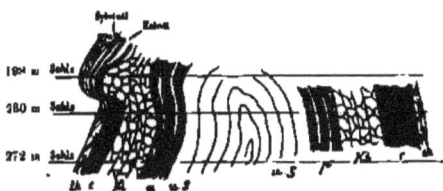

Profil durch die Kalisalzlagerstätte bei Westeregeln.
th Thon.   c Carnallit.   Ki Kieserit.   p Polyhalit.   s. S. unteres Steinsalz.

welchen diese Beschäftigung in den achtziger und zu Anfang der neunziger Jahre an der Börse gefunden hat, ist zum guten Theil auf die geologische Eigenart des Vorkommens zurückzuführen.

Die Verbreitung von Steinsalzlagern und Soolquellen ist noch wesentlich grösser und erstreckt sich bis Pommern (z. B. Kolberg, Greifswald), Ostpreussen (Tilsit, Insterburg) und Posen (Inowrazlaw).

Die enorme, 1000 m weit übersteigende Mächtigkeit mancher Steinsalzlager erfordert die Annahme langsamer Senkung innerhalb der abgeschlossenen Buchten. Bei Sperenberg, 9 Meilen südlich von Berlin, wo unter Gyps bei 89 m Tiefe das Salz erreicht wurde, war dasselbe bei 1268 m noch nicht durchbohrt.

Bei Inseburg, 10 km NW. von Staasfurt ergab die Durchbohrung des älteren Steinsalzes eine annähernd gleiche Zahl:

Ob. Zechstein

1. Von 80 bis 1260 m stand das Bohrloch im älteren Steinsalz.

Mittlerer Zechstein

2. Dann wurde Anhydrit, schwarzer Schiefer und Stinkstein des mittleren Zechsteins angetroffen.

3. 1280—1290 m wurde ein Steinsalzlager des mittleren Zechsteins durchbohrt.

4. Im Anhydrit derselben Stufe wurde die Bohrung eingestellt.

3. Höherer Zechstein in Nordwestdeutschland und England.

Eine durchaus abweichende Entwickelung zeigt die oberste Dyas in Hessen. Die dyadischen Bildungen von Frankenberg entsprechen nach den kartographischen Aufnahmen von A. Denckmann[1] der oberen Abtheilung der Zechstein- formation und lagern discordant über weit älteren Bildungen (Untercarbon bei Viermünden). Der Verfasser unterscheidet von oben nach unten:

Buntsandsteinfelsen (darunter Zechsteinletten) an der Nordspitze von Helgoland.

1. Jüngeres Conglomerat, nach oben zu mit dem Buntsandstein innig zu- sammenhängend.
2. Sandsteine mit den Geismaror Kupferletten; in letzteren häufig *Ullmannia*.
3. Flötz des Plattenbergs:
   Kalke, Mergel (auch Sandstein und Conglomerat) mit 3 Kupfererzflötzen, davon das oberste mit *Gervillia*, *Schizodus*, *Pleurophorus* und *Pseudomonotis*.
4. Älteres Conglomerat (dessen Liegendes meist unbekannt ist).

Bemerkenswerth ist der innige Zusammenhang der einzelnen Horizonte und die wechselnde petrographische Beschaffenheit, vor allem das rasche Auskeilen

[1] Die Frankenberger Permbildungen. Mit geologischen Karten. Jahrb. d. K. preuss. geolog. Landesanstalt für 1891. Berlin 1893; p. 234—267. Die Litteratur, welche sich mit den schwierigen Verhältnissen der dortigen Gegend beschäftigt, ist l. c. p. 235 und 236 hier besprochen, wird aber durch die Ergebnisse der neueren Kartirung überholt.

Der Mönchfelsen bei Helgoland : (Buntsandstein) oben und Zechsteinletten unten.

der einzelnen kalkigen, lettigen, sandigen und conglomeratischen Bildungen. Die von anderen deutschen Vorkommen abweichende petrographische Beschaffenheit ist wohl dadurch zu erklären, dass die unregelmässige Transgression, welche anderwärts das Auftreten des Rothliegenden und des unteren Zechsteins kennzeichnet, hier erst in der obersten Abtheilung der Dyas erfolgt ist.

Hangendes : Buntsandstein.

Gliederung der deutsc
(zum Theil n

	Südlicher, nördlicher und westlicher Harzrand und Kyffhäuser nach Rovaren, Misra und den Ergebnissen neuerer Bohrungen.	Östliches Thüringen (Letzen)	Niederhessen (Misra)
Oberer Zechstein.	Oberer rother Letten n. Thon m. Dolomitknauern -- Quellenhorizont (Rhumespringe)	Oberer Letten und Gyps	Oberer Letten mit Gyps
	Oberer Gyps Oberes Steinsalz | local Salzthon Kalksalze und | local Schwefelsaure Salze Unterer Steinsalz, am weitesten verbreitet, bis über 1000 m mächtig (Local — am Südrande des Kyffhäusers — Plattendolomit mit Gyps)	Plattendolomit mit *Turbonilla altenburgensis*	Plattendolomit
		Unterer Letten mit Gyps	—
Mittlerer Zechstein.	Stinkschiefer	—	—
	Mittlerer Dolomit (- „Hauptdolomit" [1]) und Rauchwacke	Rauchwacke	Mittlerer Dolomit
	Anhydrit (älterer Gyps) mit schwächeren Salzlagern	—	Anhydrit und älterer Gyps | Poröse Kalke und Asche
Unterer Zechstein.	Zechstein mit *Productus horridus*	Zechstein	Zechstein
	Kupferschiefer local entwickelt (besonders im Mansfeldischen)	Kupferschiefer	Kupferschiefer
	Zechsteinconglomerat wenig mächtig, nur local entwickelt	Zechstein-Conglomerat	—

(center column, rotated: Boronen-Riffe)

Liegendes: Rothliegendes und ältere palaeozoische Formationen.

[1] Die Bezeichnung Hauptdolomit (*Dolomia principale*) wird ganz allgemein für den obe
auch viel geeigneter, als für den meist nur ¹⁄₁₀ dieser Mächtigkeit erreichenden Zechsteindolom
„Mittlerer Dolomit".

Frankenberg (DIECKMANN)	Waldeck (BUCKAFFEL a. LEFFLA)	Wetteras (BÖCKING)	Spessart (BÖCKING)
b. Conglomerate (kalkig)	Obere Conglomerate		
andstein mit Kalklinsen, etten (*Ullmannia*) und Kupfererzen (local)	Grane Dolomite	Rauchwacke	Rothe und hellblane Letten mit Rauchwacke
utere Conglomerate und Sandsteine	Zellige Kalke, Letten, Gyps		
—	Weimar Kalk 80 m	Rother Schieferthon Solothon Bunte Mergel	Mittlerer Dolomit, z. Th. vertreten durch Eisenstein
—	Conglomerate (Schloss Waldeck und Jesberg)	Stinkkalk Zechstein mit mergeligen Zwischenlagen z. Th. Kupfererz führend	Bituikchgrauer Mergel Dunkler Kalk
			Zechstein und Mergelschiefer z. Th. vertreten durch Eisenstein
		Kupferschiefer (Haingründen)	Kupferschiefer
—	—	Zechstein-Conglomerat	Zechstein-Conglomerat

bis 1000 m mächtigen Dolomit der Alpentrias angewandt und ist für diesen wichtigen Horizont
der einfachste Ersatz für diesen „Hauptdolomit" der Dyas ist Mittlerer Zechsteindolomit oder

Den geographischen Übergang zu der englischen Entwickelung bilden die Zechsteinletten, welche neuerdings am Niederrhein erbohrt wurden und schon seit langer Zeit von Stade, von Lieth bei Elmshorn und vor allem von Helgoland[1] bekannt sind. DAMES rechnet die rothbraunen, fossilleeren, Kalkmandeln und Kupfermineralien enthaltenden Thone, welche den tieferen Theil der Insel Helgoland zusammensetzen, zum obersten Zechstein. Die Transgression und das langsame Verschwinden des Zechsteinmeeres betraf Norddeutschland und England somit gleichmässig.

Auch die englische Dyas endet — als deutlicher Beweis für das allmählige Austrocknen des Binnenmeeres — mit gyps- und salzführenden Mergeln. Dieselben liegen z. B. in Cumberland, Durham und Westmoreland zwischen dem Zechstein (Magnesian limestone mit einem Pflanzenlager an der Basis) und dem Aequivalent des deutschen Buntsandsteins.[1]

Ähnlich entwickelt sind die rothen und bunten Mergel der obersten Dyas bei Manchester, welche als organischen Hinweis auf die Nähe der Trias die Gattung Voltzia (V. Liebeana GEIN.), daneben jedoch noch Ullmannia enthalten.[2] Die Molluskenfauna der Mergel besteht bereits ausschliesslich aus Zwischalern (u. a. Schizodus Schlotheimi, Pleurophorus costatus und Pallasi, Bakewellia antiqua und Mytilus (Liebea) Hausmanni), während Brachiopoden mit Ausnahme einer Discina fehlen.

VI. Die Neodyas in Russland.

Das jüngste Palaeozoicum überlagert im östlichen Russland die Artastufe (p. 493) conform und wird in 1. eine untere Sandsteinbildung, 2. eine mittlere Kalkformation (Zechstein Westeuropas; fehlt im Gouv. Perm) und 3. eine obere sandig-mergelige Gruppe getheilt:

1. Die untere meist in zwei Zonen gegliederte Stufe umschliesst als bekanntestes Glied den Kupfersandstein (z. B. im Gouvernement Orenburg) und entspricht auch stratigraphisch dem Kupferschiefer in Deutschland und England sowie den kupferführenden Schichten von Texas.

2. Der Zechsteinkalk Russlands zeigt die weitgehendste Übereinstimmung (z. Th. ½ der Arten) mit der Fauna des deutschen Zechsteins.

3. Die obere Sandsteinformation oder Tatarische Stufe ist überaus fossilarm. Sehr bezeichnend aber selten ist Glossopteris (Gouv. Wologda). Am verbreitetsten sind Unioniden (Subfam. Anthracosiinae AMALITZKY) wie Najadites, Oligodon und Palaeomutela, welche, wie ich in Petersburg durch Untersuchung der AMALITZKY'schen Originale feststellen konnte, mit Taxodonten nicht die mindeste Verwandtschaft besitzen. Wichtig ist das Vorkommen der Zechsteinform Mytilus

[1] W. DAMES. Über die Gliederung der Flözformationen Helgolands. Sitz.-Ber. d. physik.-math. Kl. der preuss. Akad. d. Wissenschaften. 1893, p. 8 -5.

[2] Nr. BARS Sandstone. Geologisches Magazin. Qu. Journ. Geol. soc. of London, Bd. 48. 1892. E. WILSON, On the Durham salt district, Quart. Journ. geol. soc., Bd. 44, 1888 p. 701 ff., bes. p. 709; die Salzformation von Durham wird von den Einen zum Zechstein, von den Anderen zur oberen Trias gerechnet.

[3] GEINITZ, Sitz.-Ber. d. Isis in Dresden, 1889 p. 48.

septifera (Lieben) in der unteren tatarischen Stufe. Bedeutsam sind ferner triadische Reptilien *(Anomodontia)*, die mit südafrikanischen Formen verwandt sind: *Pareiosaurus, Deuterosaurus, Rhopalodon.* Die tatarischen Mergel werden von den Einen[1] als ausschliesslich palaeozoisch, als Aequivalent etwa des mittleren und oberen Zechsteins angesehen. Andere Forscher[1] nehmen mit mehr Recht an, dass die oberen Horizonte schon der westeuropäischen unteren Trias — bis zu den Werfener Schichten aufwärts äquivalent sind.

1. Das „Permian" im Gouvernement Perm.

Der russische Zechstein verbreitet sich vom Ufer der Wolga nicht bis in den Nordosten des europäischen Reiches. Am Oberlauf der K a m a, also in dem Gouvernement P e r m selbst finden sich im Hangenden der Arta- und Kungur-Schichten lediglich nichtmarine Sandsteine und Kalke, auf welche MURCHISON mit ausdrücklichem Ausschluss der Arta-Stufe das „Permian" begründet hat. Nach neueren Aufnahmen stellte STUCKENBERG[1] hier die nachfolgende Schichtenreihe fest:

3. Tatarische Schichten, obere Abtheilung des Perm, (P₂) petrographisch von (P₁ b') nicht zu unterscheiden; ohne Versteinerungen.

2. Rothe Thone und Sandsteine, palaeontologisch übereinstimmend mit dem Kupfersandstein, obere Zone des unteren Perm (P₁ b).

Versteinerungen: *Enrosaurus priscus* KAT., *Rhopalodon Wangenheimi* FISCH., *Campylocephalus oculatus* KAT., *Anthracosia, Najadites castor* EICHW., *Calamites gigas* BROT., *decoratus* EICHW., *Callipteris Brongniarti* WEISS., *conferta* var., (— *obliqua* GOEPP., *praelongata* WEISS), *Sphen. (Oropteris) lobata* MOUR., *erosa* MOUR., *bifida* SCHMALH., *Cordaites, Baiera gigas* SCHMALH., *Pterygophyllum expansum* SCHIMP., *eratifolium* SCHIMP. (*Noeggerathia* auct.), *Tylodendron, Cordaioxylon, Dadoxylon.*

1. Untere Kalksteinplatten, Sandstein und Thon (unterstes Perm) mit *Bairdia* sp., *Najadites Vernewili* AM., *N. castor* EICHW., *N. subcastor* AM., *Pterygophyllum expansum* und *Calamites gigas.*

Liegendes: Marine K u n g u r - Schichten.

---

[1] AMALITZKY, KROTOW, STUCKENBERG; NETSCHAJEW. Fauna der permischen Ablagerungen des östlichen Theiles des europäischen Russlands. Schrift. Naturf.-Gesellschaft zu Kasan 27, 4. 1899. Die in russischen Werken (NETSCHAJEW etc.) zuweilen gefundenen Angabe, dass die untere Sandsteinformation dem deutschen Rothliegenden entspräche, erklärt sich wohl aus der Vorstellung, dass das „Permo-Carbon" als „Zwischenbildung" von Dyas und Carbon tiefer als das „Rothliegende" zu horizontiren sei. Da jedoch echte Kassler Pflanzen zahlreich in der Arta-Stufe vorkommen und die tatarischen Mergel schon Buntsandsteinformen (s. unten) enthalten, so ist die untere Sandsteinformation jedenfalls viel höher zu stellen als das Rothliegende. Die in derselben gefundenen wirklichen Thiere (*Paleromutela, Najadites, Katheria*) sind für die geologische Horizontirung von geringerer Bedeutung als die Pflanzen. Bedeutsam ist ferner das Vorkommen des afrikanischen *Pareiosaurus.* In Südafrika werden die *Pareiosaurus* enthaltenden Schichten zur Trias gestellt. Vergl. N. J. 1894 I., p. 196 und 1896 II., p. 475.

[2] KARPINSKY, TSCHERNYSCHEW, NIKITIN. (Vergl. NIKITIN, Guide géologique II, de Moscou à Oufa p. 23.)

[3] Allgemeine geologische Karte von Russland, Bl. 127.

2. Der Zechstein.

Ein lichtgrauer dolomitisirter Kalk steht bei Soligalitsch am Ufer der Selma und bei Puschtsch an der Wolga (beide Gouv. Kostroma[1]), im Liegenden der bunten Mergel (Tatarien) an und enthält in seiner gesammten Fauna (38 Arten) beinah ⅔ (21) auch in Westeuropa vorkommende Formen. Dem gleichen Horizonte gehören die im westlichen Ural (Gamovo) anstehenden Kalke an. Die wichtigsten Arten (Taf. 62, 63) sind:

Nautilus (Temnocheilus) Freieslebeni Gein., *Turbonilla vulgaris* Golow.; *Straparollus permianus* Kino, *Murchisonia subangulata* Vern., *Alteriona elegans* Kino, *Edmondia Murchisoniana* Vern., *Astarte permocarbonica* Tscher., *Pleurophorus costatus* Kino,[1] *Solenomya biarmica* Vern., *Ledaspelunaria* Gein., *Macrodus Kingianus* Vern., *Bakewellia ceratophaga* Schl., *Aviculopecten Kokscharofi* Vern., *Jartea pusillus* Schl., *Pseudomonotis speluncaria* Schl., *Dielasma elongatum* Schl., *Athyris pectinifera* Sow., *Hoyninias* Kers., *Spiriferina superstes*, *Strophalosia horrescens* Vern., *Aulosteges Wangenheimi* Vern. and *gigas* Netw., *Rhynchopora Geinitziana*, *Productus Cancrini* Vern.

Eine ähnliche Entwickelung zeigt der Zechstein bei Ssamara und nach Netschajew[1] im Gouv. Kasan:

3. Am höchsten liegen bunte Mergel (P₃) mit spärlichen Fossilresten (*Anthracosia umbonata*, *Cythere*, Fischschuppen) und Pflanzenresten.

2. In den höheren Kalken (P₂ b), welche höheren Theilen des unteren deutschen Zechsteins sowie der mittleren Stufe desselben entsprechen, wiegen hier wie dort Zweischaler und Gastropoden vor:

Turbonilla altenburgensis (Strondolomit), *Murchis. subangulata*, *Macrodus Kingianus*, *Astarte permocarbonica* und *Vallisneriana*, *Bakewellia ceratophaga*, *antiqua* und *minuta*, *Pleuroph. Pallasi* und *simplex*, *Schizod. obscurus*, *roseicus*, *Pseudomonotis speluncaria*, *Athyris pectinifera*, *Prod. Cancrini* und *Stenopora columnaris*.

1. Der untere Theil dieses Zechsteins (P₂ a) besteht aus Mergel, Sandstein und Kalk mit vorwiegenden Brachiopoden und Bryozoen:

Fenestella retiformis, *Orbipora crassa*, *Prod. Cancrini*, *Strophal. horrescens*, *Spirifer rugulatus* (Taf. 63, Fig. 3), *Schrenki* und *Blasi*, *Athyris Royssiana*, *Dielasma elongatum*, *Pseudomonotis speluncaria* (Taf. 63, Fig. 19), *Schizodus obscurus*

(= tiefster Theil des deutschen Zechsteins.)

3. Die bunten Mergel (Tatarische Stufe) auf der Grenze von Palaeozoicum und Mesozoicum.

Die Entwickelung des nichtmarinen „Tatarien" ist typisch z. B. in den Gouvernements Kostroma, Wologda und Wiatka, wo rother Sandstein und Mergel die vorherrschenden Gebirgsglieder sind:[4] dieselben gehen in ihrem unteren Theile in

[1] Th. Tschernyschew. Der permische Kalkstein im Gouvernement Kostroma. Verh. kaiserl. russ. Min.-Ges. in St. Petersburg. 2. Ser. Bd. 30.

[2] Die gesperrt gedruckten Arten sind auf Taf. 62 und 63 abgebildet.

[3] Fauna der permischen Ablagerungen des östlichen Theiles des europäischen Russland. Mit 10 Tafeln. Schriften d. Naturforschenden Gesellsch. zu Kasan. Bd. 27, 4. 1894.

[4] Krotow im Ref. von A. Pavlow, Ann. géol. X, p. 185. Vergl. Ref. über Amalitzky (Anthracosien der Permformation Russlands. Palaeontogr. 39, p. 129) im N. J. 1895 I, p. 448.

feingeschichtete Mergel mit *Anthracosia*, *Estheria Eos* EICHW., *Estherella* nnd *Cythere* über und werden von Zechstein unterlagert.

Im Gouvernement W o l o g d a, an der k l e i n e n D w i n a und Jucholona fand AMALITZKY typische Glossopteris-Blätter in den obersten rothen „Tatarischen" Mergeln. Mit Glossopteris zusammen finden sich die Glossopteris-Rhizome „*Vertebraria*", ferner eigenartige anomodonte Saurier, *Parciosaurus*, *Deuterosaurus*, *Rhopalodon*, Palaeoniscidier, Zweischaler *(Palaeomutela, Anthracosia, Oligodon, Palaeanodonta)*, von Pflanzen *Schizoneura* (Indisch), *Equisetum*, sowie von westeuropäischen Formen *Callipteris*, *Sphenopteris* und Taeniopteriden.[1]

Das Vorkommen der ostindischen Glossopteris deutet ebenso wie das Vorkommen der Anomodontier von südafrikanischem Typus auf mittlere Gondwanaschichten: die Saurier liegen sogar überall im oberen Theile dieser wesentlich der Trias entsprechenden Formation (ob. Beanfort und Pantschetschichten). Andererseits verweisen Zweischaler, die Palaeoniscidier, *Sphenopteris* und *Callipteris* auf die europäische Dyas. Das Gesammtbild der organischen Welt spricht für die Meinung derjenigen russischen Geologen, welche in dem oberen Theile der Tatarischen Mergel die Grenze von Palaeozoischer und Mesozoischer Zeit sehen.

Ausschlaggebend für die Altersbestimmung der o b e r s t e n b u n t e n M e r g e l a l s T r i a s ist wohl das Vorkommen von *Equisetum arenaceum*, *Voltzia heterophylla* und *Estheria minuta* auf der Grube Wytschegda bei Kargalinsk.[2]

Noch genauer hat NIKITIN den Standpunkt der Geologen[3] des Comités dahin bestimmt, dass die rothen Mergel der Tatarischen Stufe die h ö h e r e n Z o n e n d e s Z e c h s t e i n s und die u n t e r s t e n d e r T r i a s ohne Unterbrechung vertreten; eine Abgrenzung zweier Unterstufen, einer „permischen" und einer triadischen sei nicht möglich.

Wie in Westeuropa, so schliessen auch im D o n j e t z g e b i e t Russlands die palaeozoischen Ablagerungen mit einer S a l z f o r m a t i o n, dem Anzeichen langsam verdunstender Meere.

VII. Die Grenze der marinen Dyas und Trias in Asien.

1. D i e D j u l f a s c h i c h t e n.
(Untere Stufe der Neodyas.)

Von den kaukasischen Entdeckungen HERMANN ABICH's hat kaum eine grössere Aufmerksamkeit beansprucht, als die Auffindung einer „Bergkalkfauna bei Djulfa in der Araxesenge"[4] (Hocharmenien). Die im Titel des Werkes ausgesprochene Deutung als älteres Carbon wurde von dem Verfasser bereits in dem Nachtrage durch die Zuweisung der Schichten zum jüngeren Palaeozoicum richtig gestellt.

[1] Procès verbal 1 séance relative aux travaux des stratigraphes, VII congrès international géologique de St. Pétersbourg.

[2] N. KARPINSKY, (vergl. N. J. 1883 II, p. 383).

[3] N. J. 1894 I. p. 322.

[4] H. ABICH, Über eine Bergkalkfauna bei Djulfa in der Araxesenge. Wien 1878.

(Zone des *Otoceras djulfense* und *trochoides* im Araxes-Cañon.)

Sämtlich mit einem grösseren Laterallobus und Hilfsnacken, Vorläufer der durch zwei Lateralloben ausgezeichneten Ceratitiden der Dyas-Trias-Grenze (Zonen des *Otoceras Woodwardi* und *Flemingites Flemingianus*).

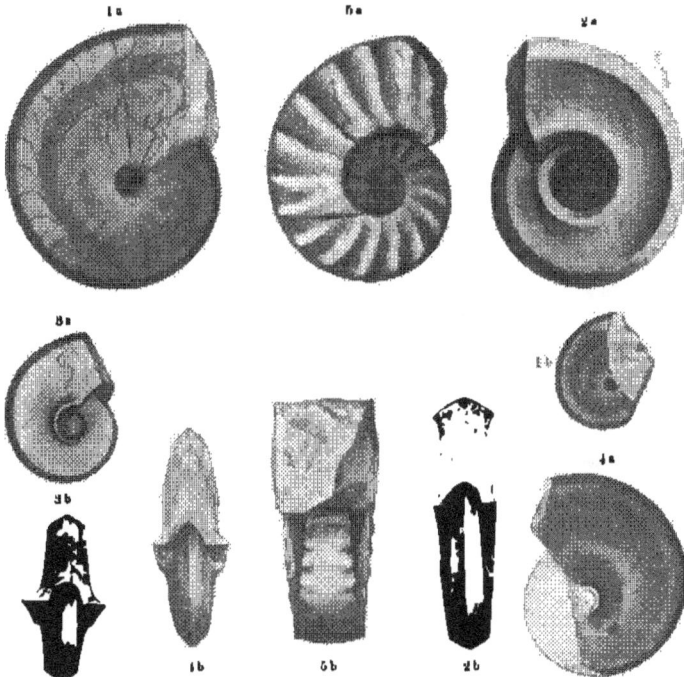

1 a. *Hungarites Raddei* Abich. Ein bis ans Ende gekammertes Exemplar von der Seite.
  b. Junges Exemplar mit Sculptur.

2 a, b. *Hungarites psoides* Abich. sp. Seiten- und Rückenansicht der an *Otoceras trochoides* erinnernden Art, nach zwei Exemplaren construirt.

3 a, b. *Otoceras trochoides* Abich. sp. Typus. Seiten- u. Rückenansicht zweier Exemplare, etwas ergänzt.

4 a. *Otoceras Fedoroffi* Abich. Seitenansicht der an *Hungarites Raddei* erinnernden Art.
  b. Rückenansicht nach zwei Exemplaren construirt.

5 a, b. *Pleuronautilus Verne* Abich. Djulfaschichten. ¹⁄₁. Djulfa.

Sämtliche Figuren sind nen gezeichnet nach den von den Verfassern gesammelten Originalen G. v. Arthaber's in F. Frech und G. v. Arthaber, Palaeozoicum in Hocharmenien, Beitr. zur Palaeontologr. und Geologie Österreich-Ungarns, herausgeg. von G. v. Arthaber. Wien 1900. Sämtlich mit Ausnahme von Fig. 5 ¹⁄₁ nat. Grösse.

¹ Auf Grund der bei Djulfa vorkommenden Arten würde man *Otoceras* und *Hungarites* nicht als Gattungen, sondern nur als unterscheidbare aber nah verwandte Gruppen desselben Genus bezeichnen. Da jedoch von beiden selbständige, stark divergirende Stämme ausgehen, ist die obige Nomenclatur gerechtfertigt.

Noch weiter gingen andere Forscher, welche die fraglichen Bildungen dem unteren Zechstein[1] oder gar der oberen Grenzstufe des Palaeozoicum zuwiesen.[2]

Die eigenartige, aus palaeozoischen Brachiopoden und Ceratitiden von triadischem Habitus *(Hungarites, Otoceras)* bestehende Fauna liess allerdings den Vermuthungen weiten Spielraum, um so mehr als auch ein scheinbar carbonisches Goniatitengenus mit den letzteren zusammen vorkommt. Waagen glaubte darauf hin sogar[3] zwei Horizonte a) mit *Gastrioceras*, b) mit *Otoceras* annehmen zu müssen.

Gastrioceras Abichianum besitzt allerdings einen auffallend palaeozoischen An-
strich, aber da die vielfach mit dem älteren *Glyphioceras* verwechselte Gattung
Gastrioceras erst über der Artastufe im Sosiokalk ihre Hauptentwickelung erreicht,
ist das Überleben einer Art in den nächstjüngeren Schichten
keineswegs auffallend.

Die in den vorliegenden Beobachtungen und in der
Litteratur bestehenden Widersprüche sind durch einen neuer-
lichen Besuch des im wüstesten Grenzgebiet von Russland und
Persien liegenden Fundortes wenigstens zum Theil behoben
worden.[4] Die Djulfaschichten enthalten hiernach die einzige besser bekannte Fauna der unteren Neodyas in
pelagischer Entwickelung.

Gastrioceras Abichianum
Mojsisivics sp.
Djulfakalk. Djulfa.
N. v. Artaxata. ½

Die nach den Angaben Abich's im unmittelbaren Hangenden der Djulfakalke vermutheten Werfener Schichten mit
Tirolites, Pseudomonotis etc. können im Süden, wo die Profilzeichnung dieselben an-
giebt, nicht liegen: Das Einfallen der Schichten ist vielmehr gerade umgekehrt
nach Norden gerichtet, und nördlich von dem Fundpunkte der Versteinerungen
beobachteten wir noch mindestens 100—200 m mächtige palaeozoische Kalke.

Ein Vorkommen von mergeligen Bivalvenkalken, welche wir am Araxes etwa
8 km oberhalb der Fundstelle[5] auffanden, dürfte nach den Lagerungsverhältnissen
das Hangende der eigentlichen Djulfakalke bilden und enthält in einem dem deutschen Wellenkalk ähnelnden Gestein die Formen des obersten indischen Productuskalkes:

> *Lima Footei* Waag.
>
> *Lithodomus abbreviata* Waag.
>
> *Aviculopecten* sp.
>
> *Pleurotomaria* cf. *panjabica* Waag.

In darüber liegendem, ebenfalls wenig mächtigem grauen Kalk fand sich
Nucula cf. *ventricosa*. Über diesem Aequivalenten des untersten Ceratitenkalkes folgt
ein heller Quarzit ohne Versteinerungen. Die Fauna der Djulfaschichten spricht

[1] V. v. Moeller, N. J. 1879.
[2] v. Mojsisovics, Verhandl. der geol. R.A. 1870, p. 173. Karpinsky. Ammoneen des Artinskstufe p. 52. Vergl. auch die Zusammenfassung bei Frech, Karnische Alpen p. 400.
[3] Salt Range fossils IV. Th. 2.
[4] Vergl. Frech und von Arthaber, Neuere Forschungen in den kaukasischen Ländern. II. Das
Palaeozoicum von Hocharmenien. Palaeontol. Abh., herausgeg. von Waagen und Arthaber. Wien
1900.
[5] Zwischen den Fortificationskasernen Darou-hinskaja und Negram.

Drei Profile durch die Djolfa-Schichten der Araxesenge.

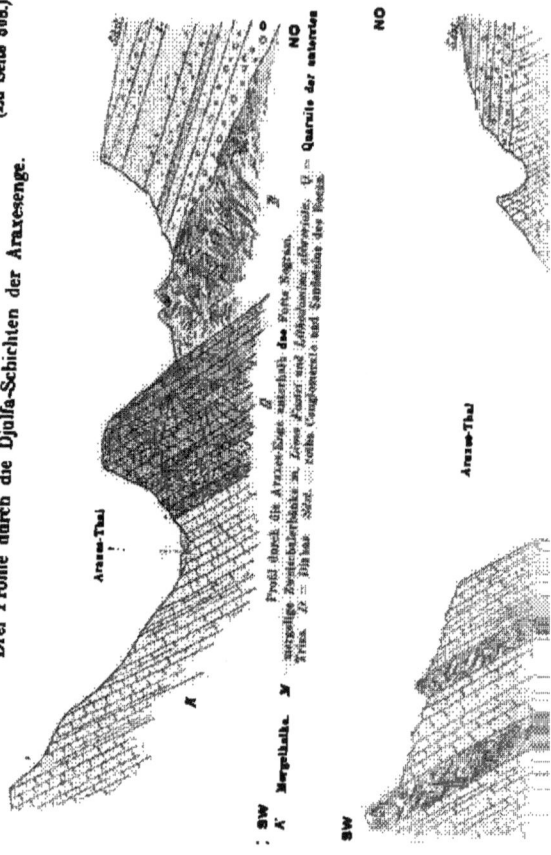

Araxe-Thal

SW

NO

K

B

K = Mergelkalke. M = mergelige Zwischenlagchen in Zone Segvan.

Araxe-Thal

SW

NO

ONO

Profil durch die Amurenge bei Fort Doroséninsk. (Auf dem S.W.-)

K = Mergelhalb, mit ausgehenden Querspalten? *Op. Sd.* — rothe Conglomerate und Sandsteine des Kadm.
Über die Karte einer Gebirgsdurchbung).

WSW

Amur-Thal

Russland.

Profil durch die Amurenge oberhalb Alt-Djalin, gez. v. Foca.

Perlen.

D = Diabaslager. *x* = Fundort der Distharkieken mit *Myris proira*, *Productus aplanocostatus*, *Grinitiri*,
K = Mergelhalb, *Urschalen* und *Knoten A*, *Hungerillid Budit*, *Gasteropoden undstrome*; wischen Glimen und den oberten
Olseenas Spalt(mar, *truclasten* des berli belmatischen Kalkes mit Bullerphon sp. *Sd.* — rothe Conglomerate und Sandsteine des Kadm.
Diabaslager über Kaan belmatischen Kalkes

Bei Djulfa.	Vergleich	Bei Djulfa.	Vergleich
Orthoc. annulatum var. crassa Fischer	ob. Silur	P. mytiloides Waagen	ob. P.K.
O. bicinctum Abich		P. (Marginif.) spinoso-costatus Abich	V. F. im m. u. ob. P.K.
O. transversum Abich		P. (Marg.) spinoso-costatus var. expansa	V. Formen am u. P.K.
O. oblique-annulatum Waag.	ob. P.K.	P. (Marg.) „ var. incurva	*
Nautilus cornutus Golow.	ob. Dyas	P. (Marg.) „ var. elfida	*
N. parallelus Abich		P. (Marg.) intermedius Abich	V. Formen im u. P.K.
Pleuronautilus sp. indet. ex aff. Wynnei Waag.	Verwandte Formen im ob. P.K.	Spir. (Martinia) planoconvexus Beyr.	Dev.-Dyas
P. dorsoplanus Abich sp.		Spiriferina cristata Schloth. sp.	u. u. ob. P.K.
P. Fischeri Hauer sp. var.	*	Spir. (Reticularia) cf. pulcherrima Gemm.	Saalo
P. Verae Abich		Spir. (Reticul.) Waageni Löczy (= reflata Waagen)	ob. Carbon, Saalo
Coelonautilus dorsoplicatus Abich sp.	V. Formen im Salur.-K.		
Gastrioc. Abichianum Möller sp.	V. Formen im Artinsk.	Spir. (Reticul.) indica Waagen	m. P.K.
G. sp. indet.		Athyris protra Abich und 2 Varietäten	
Hungarites Kuddri Abich.		A. globularis Phill. sp.	Carb., Lepang. Vind
H. pumoides Abich. sp.		A. subtilita var. armeniaca Abich.	ob. Farabl.-K. Bakonia-I.
H. nov. form. sp. indet.		A. felina Abich.	
Nonoceras Fedoroffi Abich.		A. Abichi Abich.	ob. P.K.
O. trochoides Abich sp.			
O. Djulfense Abich. sp.		Rhynchonella (Uncinulus) Jabienensis Waag.	ob. P.K.
O. tropitum Abich sp.		Rh. (Uncin.) Wichmanni Beyr.	Alper unt.
Pseudomonotis sp. indet.	Verwandte Formen im u. deutsch. Zechst.	Notothyris Djulfensis Abich sp.	m. P.K.
Macrochrilus arcilineatus Kon.	m u. ob. P.K	Pugnoeu div. sp.	
Dalmanella indica Waagen	m. P.K.	Comphoc. cf. remotus Howlett.	V. Formen u. deutsch. Zechst.
Orthothetes (Orthotetina Schellw.) armeniaca Abich.	V. F. im unt. u. m. P.K.	C. cf. cirgalensis Waag.	m. P.K.
O. eusarkos Abich sp.		Pateriorrisus ? sp.	V. Formen im m. P.K.
O. peregrina Abich sp.		Michelinia Abichi Waag. et Went.	ob. P.K.
Prod. intermedius Abich	Verwandte Formen im m. P.K. u. im deut. Zechst.	Fenestella Jabiensis Waag. et Went.	ob. P.K.
P. Waageni Beyer.	Tenor	Amplexus Abichi Waag. et Went.	ob. P.K.
P. Abichi Waagen	m u ob. P.K	Zaphrentis leptoconica Ab. sp.	
P. hemisphaerium Kut. var. armeniaca Abich.	V. F. im m. u. ob. P.K.		

ebensowenig wie die Lagerungsverhältnisse für eine Horizontirung an der Oberkante des Palaeozoicum.

Von 59 (bei ABICH 116[1]) verschiedenen Formen der Djulfaschichten (Liste um-
stehend) bleiben nach Ausschluss von Varietäten und zweifelhaften Species 47 übrig;
unter ihnen kommen 26 ausschliesslich in dem Djulfa-Horizont vor, so die bezeichnenden Orthotetinen;[2] 21 sind auch anderwärts gefunden und für eine Vergleichung
verwerthbar:

Nautilus cornutus GOLDF.	*Athyris globularis* PHILL.
Pleurotomaria cf. *Wynnei* WAAG.	*Athyr. (Janiceps)* n. sp.
Dalmanella indica WAAG.	*Rhynch. (Uncinulus) jabiensis* WAAG.
Productus Gruitzianus var. *gerana*	*Rhynch. (Uncinulus) Wichmanni* BROTH.
ENDL. bei ABICH.	*Notothyris djulfensis* ABICH sp.
Prod. Abichi WAAG.	*Marrocheilus arcHaeoidea* KON. sp.
Prod. mytiloides WAAG.	*Cyathax.* cf. *rarnosus* KON.
Prod. hemisphaericus var. *armeniaca*	*Cyathax. cirpicinde* WAAG.
ABICH.	*Amplexus Abichi* WAAG.
Spiriferina cristata KON. sp.	*Polycoelia profunda* GRÜN.
Sp. (Reticularia) cf. *pulcherrima* OKB.	*Michelinia Abichi* WAAG. et WENT.
Sp. „ Wasgeni LOCZY.	*Favosites jabiensis* WAAG. sp.
Sp. „ indicus WAAG.	

Die gesperrt gedruckten Arten sind abgebildet.

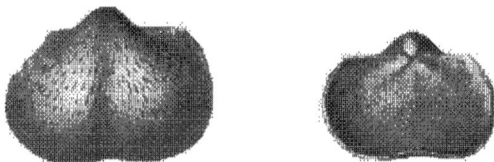

Productus Abichi WAAG. Oberer Productuskalk. Tschidero in der nordwestindischen Salzkette.
Ausserdem findet sich die Art in unterschiedlichen Exemplaren bei Djulfa.

Am weitgehendsten ist nach den Erörterungen G. v. ARTHABER's die Übereinstimmung mit den Brachiopodenarten des oberen Productuskalkes sowie in all-
gemeiner Hinsicht mit der Entwickelung der Ceratitenformen dieser Stufe. Von
den mit älteren Zonen übereinstimmenden Arten der Djulfaschichten sind im Jabi-
Niveau[3] bereits verschwunden:

Dalmanella indica und *Notothyris djulfensis*.

[1] Von diesen hatte die Revision V. v. MÖLLER's nur 32, sämmtlich auf Zechsteintypen bezogene
Arten übrig gelassen.

[2] Eine eigenthümliche anscheinend an *Derbyia* (? Mediumseptum) anschliessende, aber von dieser
durch das Vorhandensein zweier Deltidialleisten (in der Stielklappe) unterschiedene Untergattung
Orthotetina SCHELLW. erreicht in den Djulfakalken den Höhepunkt ihrer Entwickelung (O. *ruzensis*
ABICH). Eine mit der genannten Art sah verwandte neue Form findet sich bei Schahu Tuchalhane
im westlichen Albars und deutet somit auf eine weitere Verbreitung der nordsyndischen Djulfaschichten
in den nordiranischen Ketten hin. Siehe p. 573.

[3] Auch WENT das lediglich Statistik treibt, stimmen die Ergebnisse gut überein. Djulfa hat
mit dem oberen Productuskalk (Jabi etc.) gemein 10 Arten — (mit der Zweischalerfacies der oberen

Es dauern aus:

Productus Abichi	*Rhynch. (Uncinulus) jabiensis*
	Macrocheilus avellanoides

Neu hinzu treten:

Productus mytiloides,	*Pleurosmatilus* cf. *Wynnei* Waag.
Spiriferina cristata,	*Michelinia Abichi* Waag. et Went.
Orthoceras obligue-annulatum.	*Amplexus Abichi* Waag. et Went.

Entferntere faunistische Beziehungen sind ferner vorhanden zu dem russischen[1] und deutschen Zechstein,[2] sowie dem wesentlich jüngeren Bellerophonkalk der Ostalpen.[3] Dass die Beziehung zu den nordeuropäischen, mit dem arktischen Weltmeer verbundenen Binnengewässern entfernter ist, kann bei der ausgeprägten faunistischen Eigenart der Dyasmeere nicht Wunder nehmen.

Hingegen ist in den nordöstlichen persischen Grenzgebirgen (östl. Alburs zwischen Asterabad und Schahrud) die Verbindung der Djulfaschichten mit den oberen Productuskalken Indiens angedeutet. Am Djilin-Hilin-Pass (zwischen Schahrud und Asterabad, dicht bei Tasch,) fand E. Tietze in einem braunrothen Kalke neben schlecht bestimmbaren Bruchstücken (*Productus* aff. *lineato* und *Ortholetes* sp.) einen grossen dickschaligen *Spirifer*, dessen Identität mit *Spirifer rugulatus* Kyt.,[4] einem Leitfossil des russischen Zechsteins, (Taf. 60, Fig. 3) fast zweifellos ist.

Formen wie *Spirifer rugulatus* sind im oberen Carbon und der Palaeodyas nicht vertreten und somit für jüngere Horizonte bezeichnend, während ein kleines Exemplar der *Spiriferina cristata* Schloth. sp. (übereinstimmend mit Waagen, Salt Range fossils I, t. 49, f. 3—5) weniger wichtig ist.

Nähere Beziehungen zu Djulfa weisen die von F. Stahl ausgebeuteten Bryozoen- und Brachiopodenkalke von Tschehar bag am Südwest-Abhang des Pirgerde-Kuh auf. Inmitten eines von tertiären Conglomeraten erfüllten Thales erhebt sich hier der Hügel Tschalkhane, dessen gelbliche, flach nach Nordwesten fallende Kalke Brachiopoden und Bryozoen enthalten, die theils in den Djulfaschichten, theils in dem höheren Productuskalke der Salzkette vorkommen. Ein strati-

---

[1] Chidru habe hingegen keine Art). Mit dem mittleren Productuskalk stimmen 6—2 (Kalabagh 6, Virgul 5, Katta 3), mit den Auth bedu 1 Art. Ausserdem sind gemeinsam mit Artinsk 3, mit Fiume Sosio 6, mit Timar 3, der oberen russischen Dyas 3 und dem deutschen Zechstein 2 Arten, mit dem russischen Zechstein 1 (*Naut. cornutus*).

[2] *Nautilus cornutus* (verwandt mit *Naut. Freieslebeni* Gein.) und eine kaum verschiedene Varietät des *Prod. hemisphaerium* Kut.

[3] *Prod. Geinitzianus* ist am Araxes und in Deutschland durch eine bezeichnende Varietät vertreten.

[4] In beiden Horizonten findet sich *Sp. (Martinia) planoconvexus*, Formen vom Typus der *Athyris subtilita* und *Athyris Janiceps* (Taf. 64, Fig. 9 und Taf. 67, Fig. 13, 14) sowie Corionantibra (*C. jugus* und *crux* in den Alpen, Taf. 64, Fig. 1, 3, und *C.* sp. ind. *N. armenicus* Abich am Araxes).

[5] Will man die einzelnen in einander übergehenden Varietäten des *Sp. rugulatus* mit besonderen Namen bezeichnen, so steht das persische Stück zwischen *Sp. rugulatus* u. str. und *Sp. Schrenki* Kut. Vergl. Nathwalew, perm. Ablagerung. das östlichen europäischen Russland, Kasan 1894, t. 4, f. 8 und 11. Die Gattung Spirifer im engeren Sinne fehlt bei Djulfa gänzlich.

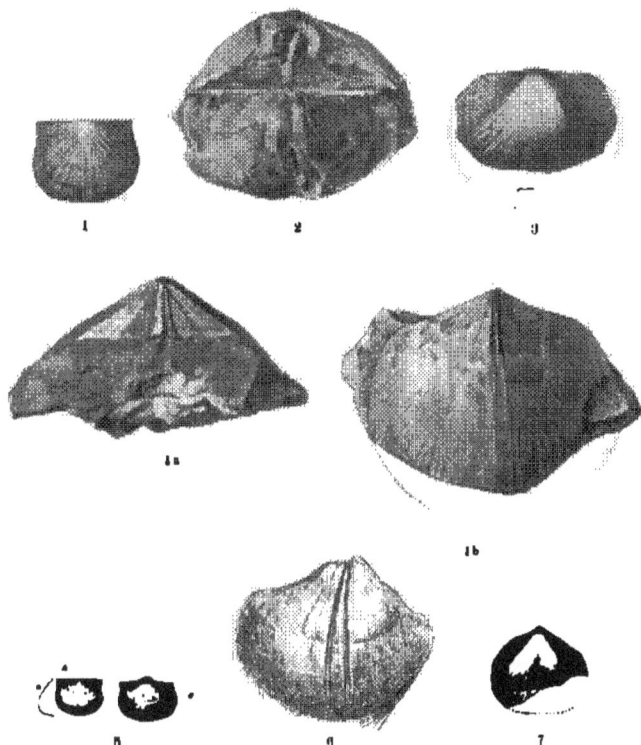

Fig. 1.   *Orthotetes uraliplanus* Waag. Djulfa-Sch. (unt. Neodyas). Tschehar Bag. Persien.

Fig. 2.   Orthotetes eusarkos An. sp. *(Orthotetina)*   *Streptorhynchus revolutria* var. *eusarkos* Abich *Derbyia eusarkos* Waag. Djulfa.

Fig. 3.   *Orthotetes persicus* Schellw. *(Orthotetina).* Djulfaschichten   untere Neodyas. Schake Tschehar Bag. N.O.-Persien. ¹/₁. Unter Querschnitt der Sculpturen, vergr.

Fig. 4 a. b. ¹/₁. Desgl. bei Tschehar Bag, nordöstl. Persien. N. d. Orig.-Expl. Schellwien berichtigt. Die Leisten der Stielklappen sind etwas übertrieben gezeichnet, um innerhalb der Streifen hervorzutreten.

Fig. 5.   *Productus (Marginifera) intermedius* Abich. Djulfakalke. Tschehar Bag, N.O.-Persien. a. b. Umriss und Abdruck der concaven Klappe (von aussen). c. convexe Klappe.

Fig. 6.   *Orthotetes eusarkos* Abich. *(Orthotetina)* Djulfakalk. Djulfa.

Fig. 7.   *Indumanella jenicepa* Waag. sp. Untere Neodyas. Tschehar Bag, N.O.-Persien.

574 Zweischaler und Gastropoden aus den obersten Productuskalken
(Zone des *Cyclolobus Oldhami* u. *Euphemus indicus* — Topmost beds od. Chidru beds)
der ostindischen Salzkette.

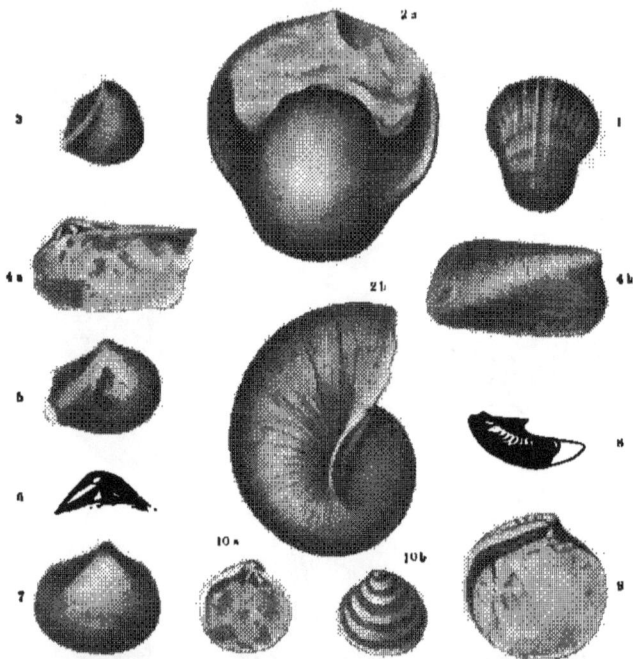

Das Vorwalten echter Zechsteinformen (Fig. 4, 5, 7) und das vollständige Zurücktreten der Brachiopoden erinnert an den mittleren Zechstein Europas (*Productus* ist bereits ausgestorben, vereinzelte Exemplare von *Athyris* und *Streptorhynchus* sind der ganze Überrest der Klasse).

1. *Bucania ornatissima* WAAG. n. sp — Amb., Ob. tich.
2 a, b. *Bellerophon Jonesianus* KON. Katwähl.
3. *Myalphoria reimirgana* WAAG. Chidru.
4 a, b. *Pleurophorus complanatus.* Virgal. t. 16, f 5 b, 7.
5. *Schizodus truncatus* KON (*rotundatus* WAAGEN non BROWN) sp. Katwähl.
6. *Schizodus pinguis* WAAG. Schlow der rechten Klappe.
7. *Schizodus rotundatus* BROWN (*dubiiformia* WAAG.). Chidru Top bed).
8. *Aviculo chidruensis* WAAG. Chidru.
9. *Lucina progenitrix.* Chidru. t. 16, f. 14.
10. *Gontlia primaeva* WAAG. Virgal.

Sämmtliche Figuren sind Copien nach WAAGEN, Salt Range fossils.

1 Zwar liegt kein indisches Exemplar zum Vergleich vor, aber die Übereinstimmung der Abbildungen lässt die Identität als unzweifelhaft erscheinen.

Horizontirung vielfach mit Brachiopoden und Zweischalern behelfen; das überall[1] beobachtete gänzliche Fehlen der Productiden in der obersten Dyas ist somit ein ebenso wichtiges wie leicht wahrnehmbares Merkmal.

Darüber, dass *Otoceras trochoides, djulfense* und *Frodoroffi* als weniger entwickelte Formen und die Vorläufer der höher differencirten Gruppe des *Otoceras Woodwardi*[2] anzusehen sind, kann ein Zweifel nicht obwalten. Man wird also die

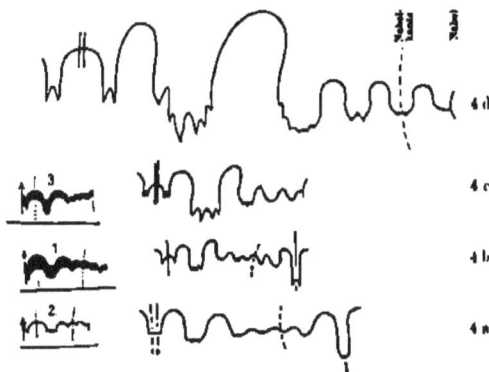

4 d

4 c

4 b

4 a

Zum Vergleich von:

1–3. *Otoceras trochoides* Auctt. sp. von Djulfa. Erwachsene Exemplare. (N. G. v. Arthaber)
mit: 4a—d. *Otoceras Woodwardi* Griesbach. Schale bei Kliff, Himalaya. Lebensentwickelung
a an einem Exemplar von 8,5 mm Umgangshöhe. [1].
b—d. ½, b. 6 mm, c. 11 mm, d. 21 mm Umgangshöhe.
Originalzeichnung des Verfassers nach Exemplaren des Palaeontol. Institute zu Wien. Gesammelt von
C. Diener.

Himalaya-Schichten mit *Otoceras Woodwardi*, wie auch Diener vorschlägt, als jüngere Zone unmittelbar über den Horizont des *Otoceras djulfense* und *trochoides* zu setzen haben.

[1] Auch in den oberen Grenzschichten des Bellerophonkalkes fehlt *Productus* völlig.

[2] Bei der weiten räumlichen Entfernung der Fundorte ist nur eine rein palaeontologische Erwägung möglich: Inmitten der faciell recht verschieden entwickelten Fauna der Djulfaschichten und der Zone des *Otoceras Woodwardi* sind nur die Otoceren selbst gleichmässig vertreten und zwar lässt sich auf jede der 4 Djulfa-Arten je eine Form aus der jüngeren Zone des Himalaya beziehen.

Otoceras trochoides Auctt. entspricht *Otoceras Woodwardi* Griesb. Siehe d. Textbilder.
Otoceras Fedoroffi Arth. , *Otoceras undatum* Griesb.
Otoceras tropitum Arth. , *Otoceras Draupadi* Dien.
Otoceras djulfense Arth. , *Otoceras Asiaticum* Dien.

(O. *Woodwardi* und *undatum* sind grösser, *Otoceras djulfense* und *tropitum* kommen den jüngeren Formen ungefähr gleich. Alle Himalaya-Otoceren sind durch tiefere Einsenkung der Sättel und stärkere Zerschlitzung des zweiten Lateral- und der Hilfs-Loben ausgezeichnet; ferner lässt sich in den inneren

Etwa die gleiche Lobenentwickelung wie *Hungarites pexoides* und *Otoceras trochoides* besitzen *Xenodiscus* und *Xenaspis*, die verwandten Formen der Jabi beds. Eine directe Gleichstellung der Djulfa- und oberen Productus-Schichten wird durch die vergleichende Untersuchung der Ceratitiden wahrscheinlich gemacht; das Vor-

Profil durch die untere und mittlere Trias
des Schalschal-Cliff, Himalaya.   N. Daxes.

1 Productus Shales

2 Otoceras Beds	a Hauptlager des *Otoceras Woodwardi*	
	b Schiefer mit *Medlicottia Dalailamae*	
	c Kalke mit *Ophiceras* sp.	
	d Fossilarme Schiefer	
	e Kalke und Schiefer	

3 Hahrobentus Beds

4 Dünngeschichtete Kalke mit *Sibirites* Prablema

5	Muschelkalk
6	

Untere massige Ab-
Ob.geschichtete teilg.
f Hauptlager d. *Ceratites Thuilleri* Opp.
g Hauptlager d. *Ptychites rugifer* Opp.
7 Crinoidenkalke der Anoiden-Zone mit *Joannites* cf. *cymbiformis*.
h Hahnlenbank der Anoiden-Zone.
8 Daonella Beds.

kommen von *Xenodiscus carbonarius* im mittleren Productuskalke (NOETLING) beweist jedoch das etwas höhere Alter der indischen Ceratitiden.

Die Lücke, welche nach WAAGEN's Ansicht die Schichtenfolge der Salakette zwischen oberen Productusschichten und dem unteren Ceratitenkalk aufwies, ist jetzt durch NOETLING's Auffindung von *Otoceras* ausgefüllt. Es kann sich nur um

Wirkungen der jüngeren Arten (soweit solche bekannt sind) die Anlage der endgültigen Lobenformen der Djulfa-Arten nachweisen.

Otoceras fasciculatum und djulfense sind annähernd gleich gross und stehen sich — wegen der geringen Zahl der Auxiliarelemente — besonders nahe. Doch sind auch hier bei den jüngeren Arten die Loben etwas stärker verschlitzt und die Sättel viel tiefer eingesenkt. Bemerkenswert ist die Mannigfaltigkeit der Lobenformen bei den Arten der Zone des *Otoceras Woodwardi*; dieselbe wird noch durch Neigung zum individuellen Variiren erhöht und ist viel grösser wie bei den übrigen gleich alten Ceratitiden (*Lepidites, Prionolobus* etc.).

die Frage handeln, ob man die Schichten mit *M. Woodwardi* als Aequivalent des unteren Buntsandsteins oder den höheren Zechstein auffassen soll.

Geht man von der Erwägung aus, dass die dem *Otoceras Woodwardi* vorangehenden Djulfa-Kalke stratigraphisch nicht die Oberkante der Dyas bilden und erwägt man ferner, dass die Productus-reichen Kuling-Shales faunistisch kaum dem unteren Zechstein und den Djulfakalken vergleichbar sind, so könnte über die Homotaxie von höherem Zechstein (Bellerophonkalk) und der Zone mit *Otoceras Woodwardi* kein Zweifel bestehen.

Es liegen nämlich nach DIENER im Himalaya über den versteinerungsführenden Schichten der Kuling (Productus)-Schiefer (p. 576) noch versteinerungsleere Kalke (ca. 30 m mächtig) und in diesen könnte vielleicht das Aequivalent der Djulfa-Schichten oder der unteren Neodyas zu suchen sein.[1]

Die rein palaeozoische Fauna der Kulingschiefer[2] zeigt auffallend wenige Beziehungen zu dem Binnenmeer des Zechsteins, vertritt wahrscheinlich auch noch tiefere Horizonte und besteht nach DIENER aus folgenden Arten:

Aviculopecten hiemalis, Chon. Vischnu, lissarensis, Product. Abichi, Purdoni, gangeticus, cf. *serialis,* cf. *Cancrini, cancriniformis, Spir. Ravana, musakhegensis,* aff. *fravigera, nitiensis* DIEN., *jabarensis* DIEN., *Martinia glabra, Spirigerella Derbyi, Athyris Royssi.*

Von der nicht sonderlich artenreichen Fauna sind die folgenden Gattungen, Gruppen und Arten nicht mehr im Zechstein und in den Djulfaschichten bekannt:

Choneles, (die Gattung fehlt bei Djulfa und im Zechstein,

Spirigerella . . . .

Gruppe des *Spirif. musakheyensis* . . . . .

Spirif. (Martinia) glaber (die Art) fehlt bei Djulfa und im Zechstein, *Prod. cancriniformis* (die Art) fehlt bei Djulfa und wird im Zechstein durch eine jüngere Mutation (*Prod. Cancrini*) vertreten. Andrerseits weist das Vorkommen von *Prod.* cf. *serialis* auf *Prod. Abichi* (Djulfa) und eine Vertretung der Djulfaschichten hin.

3. Über eine locale Transgression der oberen Dyas in China.[*]

Während der oberste Theil des Palaeozoicum im Wesentlichen durch einen Rückzug des Meeres d. h. durch das Vorwiegen nichtmariner, fossilarmer oder landpflanzen führender Schichten ausgezeichnet ist, entwickeln sich in zwei verschiedenen Gebieten der Nordhemisphäre locale Transgressionen. Die wichtige und gut bekannte Transgression des Zechsteins ist oben geschildert worden.

---

[1] DIENER fand bei Niti *Prod. cancriniformis* und *Spirigerella Derbyi* an der Basis der Schichtgruppe. Im Schalshal-Profil sind die Kuling-Schichten versteinerungsleer. In dem vollständigsten von Gut gesammelten im Lissarthal nahe der tibetanischen Grenze aufgenommenen Profil (DIENER, Himalaya-Fossils, Vol. I, Pt. IV. p. 4) stammen die Brachiopoden aus der Basis der Schichtgruppe und werden von 30 m mächtigen fossilleeren Kalken überlagert.

[2] The Fauna of the Productus shales. Palaeont. indica Himalayan Fossils Vol. I, Pt. IV.

Ein Vorkommen von oberer Dyas in China erlaubt leider keine ganz scharfe Altersbestimmung, trotzdem hier neben nicht genau bestimmbaren Nuculiden Reste zweier Ammoneen vorkommen:

Bei Ning-kwo-hsien (in China, Provinz Ngannwhei) lagert (nach v. RICHTHOFEN) discordant über dem höheren Carbon ein schwarzer bituminöser, durch

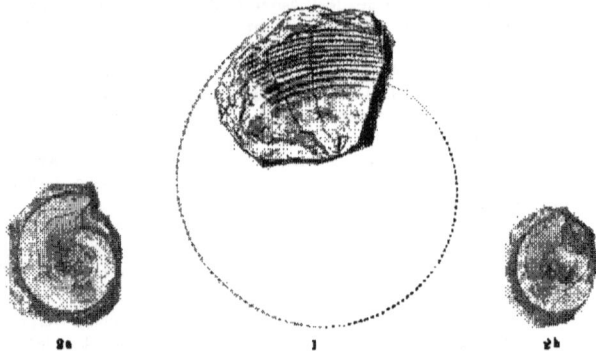

Fig. 1. *Gastrioceras* n. sp. Verwandt mit *Gastrioceras Nikitini* KARPINSKY. Obere Dyas. Ngan-whei, China.

Fig. 2 a. b. *Paraceltites pseudo-opalinus* FRECH. Obere Dyas. Ngan-whei, China

(Ob die chinesische Art nicht richtiger an den evoluten *Ophiceras*- oder *Leeanites*-Formen — „Xenaspites" bezw. „Ambites" — zu rechnen sei, ist ohne Kenntnis der Lobenlinie nicht zu entscheiden.)

Verwitterung graubraun verfärbter Schiefer, in dem häufig ein eigentümlicher, mit *Parac. Haueri* (Taf. 59 b) verwandter *Paraceltites* vorkommt, für den ich wegen der an *Harp. opalinum* erinnernden Sculptur die Bezeichnung *P. pseudo-opalinus* vorgeschlagen habe. Eine seltenere, an *Gastrioceras Nikitini* erinnernde Art verleiht der Fauna ein mehr palaeozoisches Gepräge, während die erstgenannte Art auf jüngere Schichten hinweist. Eine schärfere Altersbestimmung als „obere Dyas" ist um so weniger ausführbar, als an den plattgedrückten Ammoniten nur die Sculptur gut erhalten ist.

Mittheilung.

Die dieser Lieferung beigegebenen Tafeln 56a, 57
a u. d. 59a, b. sind als Supplemente der betreffenden Tafeln
des **Atlas** zu betrachten und die Tafeln 63 und ff. bilden
die Fortführung desselben.

Tafel 56a.

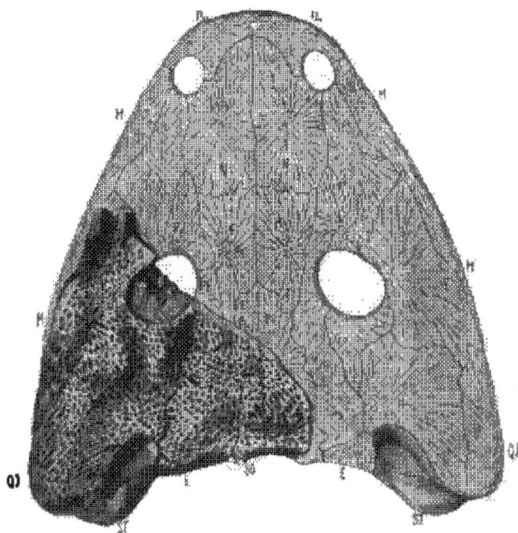

Sparobanis trachydonns Fritsch.

Reconstruction nach zwei Exemplaren aus dem Unterrothliegenden (Gaskohle) von Nürschan (Böhmen).
Das grössere, links unten schattirt abgebildete Stück liegt im Breslauer Museum und ist auf ½ verkleinert. (Vergl. die Tafel); die in der Gegend des Squamosum liegende überzählige Platte ist undeutlich abgegrenzt.

Das kleinere vollständige, 10,8 cm (auf der Oberseite) an Länge messende Exemplar befindet sich im Museum für Naturkunde in Berlin und ist nur im Umriss dargestellt.

Pm Praemaxillare	F Frontale	QJ Quadrato-Jugale.
N Nasale	PF Postfrontale	ST Supratemporale
M Maxillare superius	Pa Parietale	E Epioticum
L Lacrimale	Pa Postorbitale	SO Supraoccipitale
Prf Praefrontale	J Jugale	Sq Squamosum

Sehr nahe verwandt ist *Sclerocephalus americus* Bassco sp. (*Wirmia*) aus dem Unterrothliegenden (Kuseler Schichten) der Rheinpfalz.

Die Tafel 56a stellt den Rest des grösseren Exemplars in ½ der natürlichen Grösse dar.

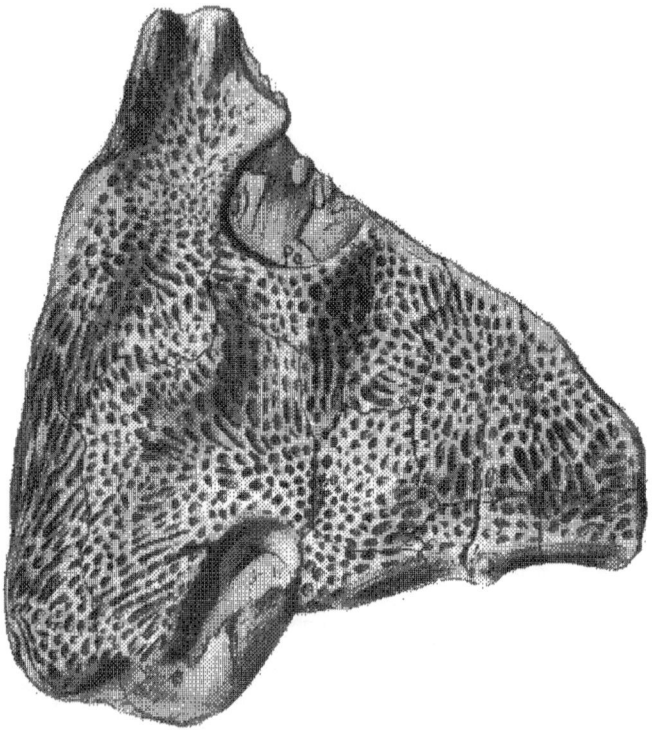

Tafel 57a.

Brachiopoden der unteren marinen Dyas aus der indischen Salzkette (Pendschab).

(Mittlerer Productuskalk - Artenstufe s. Th.)

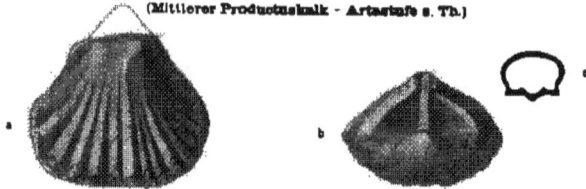

Orthothetes (Streptorhynchus) pectiniformis WAAG. Oberer Productuskalk. Zone der *Derbyia hemi-sphaerica*. Tschidru, Salzkette. (Originalzeichnung) $^1/_1$.
  a von oben. b Arealansicht. c Querschnitt der Spitze, vergr.

1 a.—c. *Orthothetes ("Streptorhynchus")* [1] *pectiniformis* WAAG. Mittlerer und oberer Productuskalk (Cephalopoden-Schichten) von Jabi.
      a. Stielklappe von innen. b. Brachialklappe von innen. c. Schloss-
         fortsatz derselben vergr.
2 a.—c. *Richthofenia Lawrenciana* KON. sp. Musakheyl.
      a. Innenseite der Deckelklappe. b. Innenseite der grossen Klappe
         von oben gesehen. a. u. b. zu demselben Exemplar gehörig. c. Natür-
         licher Längsschnitt durch die grosse Klappe, parallel zur Schlosslinie.
3.   *Chonetes semioralis* WAAG. Convexe (Stiel-)Klappe. Kalwahi. Vergr.
4 a., b. *Spirigerella grandis* WAAG. Oberer Theil des mittleren Productuskalkes. Musak-
      heyl. a. Stielklappe von innen. b. Brachialklappe v. d. Seite.
5.   *Derbyia Verchèrei* WAAG. Stielklappe von innen. Bilol.
6 a., b. *Athyris globulina* WAAG. Ansicht von der Seite und von unten. Kafirkot.
7.   *Notothyris inflata* WAAG. Musakheyl.
8.   *Notothyris subvesicularis* WAAG. Inneres der Brachialklappe. Musakheyl.
9.   *Hemiptychina himalayensis* DAV. sp. Musakheyl. Inneres der Brachialklappe.
10 a.—d. *Enteles lateinsulata* WAAG. Musakheyl.
      a. Stielklappe von aussen. b. von innen. c. Brachialklappe von
         innen. d. Seitenansicht.

Die Abbildungen sind sämmtlich nach WAAGEN, Salt Range Fossils I copirt.

---

[1] Die abgebildeten Stücke stammen aus dem oberen Productuskalk. Die von E. SCHELLWIEN
(N. J. 1900, I p. 5 ff.) angenommenen Unterschiede von *Streptorhynchus* (ohne Verdickungen in der
Stielklappe — abgesehen von den niemals fehlenden Deltidialleisten) und *Orthothetes* (mit zwei kräftigen, aber kurzen Septallamellen, welche von der Deltidialmitte auf die gewölbte Seite der Stielklappe
übergehen) sind zweifellos vorhanden. Doch sind die Merkmale bei den einzelnen Arten nicht überall so scharf ausgeprägt, dass eine durchgehende Trennung der Gruppen empfehlenswert erscheint.

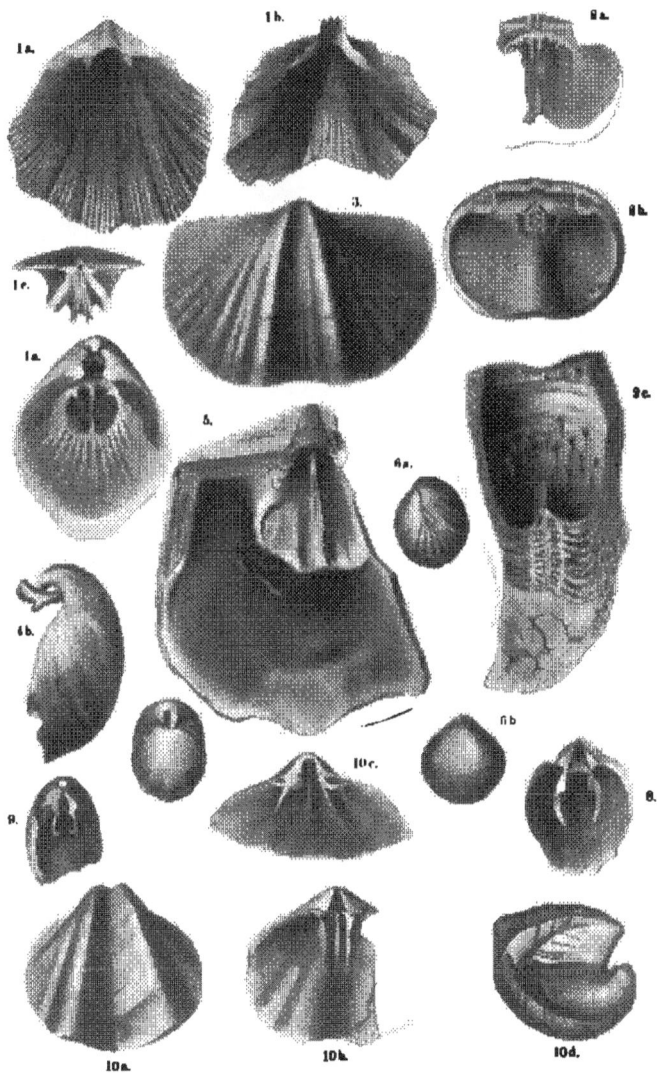

Tafel 57b.

Untere marine Needyas.

Brachiopoden und Cephalopoden aus der Unterstufe des oberen Productuskalkes
(Jabi-Schichten) der Salakette im Pendschab.

Die Jabi-Schichten liegen stratigraphisch zwischen den Djulfakalken (= dem unteren Zechstein) und den Schichten von Timor.

1 a., b. *Medlicottia primas* WAAG., Jabi. Querschnitt und Sutur.
2 a., b. *Chonetes grandicosta* WAAGEN. Convexe Klappe. Jabi.
3. *Chonetella nasuta* WAAGEN. Jabi. Concave Klappe von innen, vergr. (Auch bei Timor.)
4. *Productus opuntia* WAAG. Jabi. Auch in der Koktan-Kette (Kaschgar).
5. *Productus serialis* WAAGEN. Jabi.
    (Eine sehr nah verwandte oder idente Art in den Productus-Schiefern [Kiangtang] des Himalaya.)
6 a.—c. *Retzia (Hustedia) remota* EICHW. *Eumetria grandicosta* DAV. sp. bei WAAG. Jabi.
    a. Ansicht von der Brachialschale aus, b. Innere vergr., c. Seitenansicht. (Vergl. Taf. 47 b, Fig. 14.)
7 a.—c. *Xenodiscus plicatus* WAAG. Katwahi.
    a. und b. Rücken- und Seitenansicht. Der Pfeil bezeichnet den Beginn der Wohnkammer. c. Sutur.
8. *Xenodiscus (Xenaspis) carbonarius* WAAG. Sutur. Tschidern.
9. *Medlicottia Wynnei* WAAG. Bilot. Rückenansicht.
10 a.—c. *Oldhamina decipiens* KONINCK sp.
    a. Ansicht der Stielklappe, Tschidern, b. c. von Jabi; b. Brachialklappe von aussen, c. Stielklappe von innen.
11. *Lyttonia nobilis* WAAG. Tschikitschun.
    Nach DIENER. Abbildung mit Benutzung eines übereinstimmenden Exemplars vom Fiume Sosio in Sicilien. (DIENERs Abbildung beruht auf dem vollständigsten, bisher bekannten Exemplar, ist aber nicht ganz klar gezeichnet.)
12. *Lyttonia tenuis* WAAG, n. sp. Mittl. Productuskalk. Musakheyl. (Zum Vergleich mit 11.) Beide Klappen in fragmentärer Erhaltung.
13. *Productus indicus* WAAG. Kalabagh. Originalzeichnung nach einem Exemplar des Breslauer Museums (leg. SCHLAGINTWEIT).
    Die Art findet sich ausserdem in der Koktan-Kette (Kaschgar) und in den Dyaskohlenschichten bei Nanking (China).

Die Cephalopoden sind meist dem Horizonte eigenthümlich, *Xenodiscus carbonarius* und die Brachiopoden (*Lyttonia*) grossentheils auch im mittleren Productuskalk vorhanden. *Strophalosia indica*, eine bezeichnende Art der oberen Productuskalke ist auf Taf. 57 d abgebildet worden, da dieselbe auch in Australien vorkommt. Mit Ausnahme von Fig. 11 und 13 sind sämmtliche Abbildungen Copien nach WAAGEN, Salt Range Fossils.

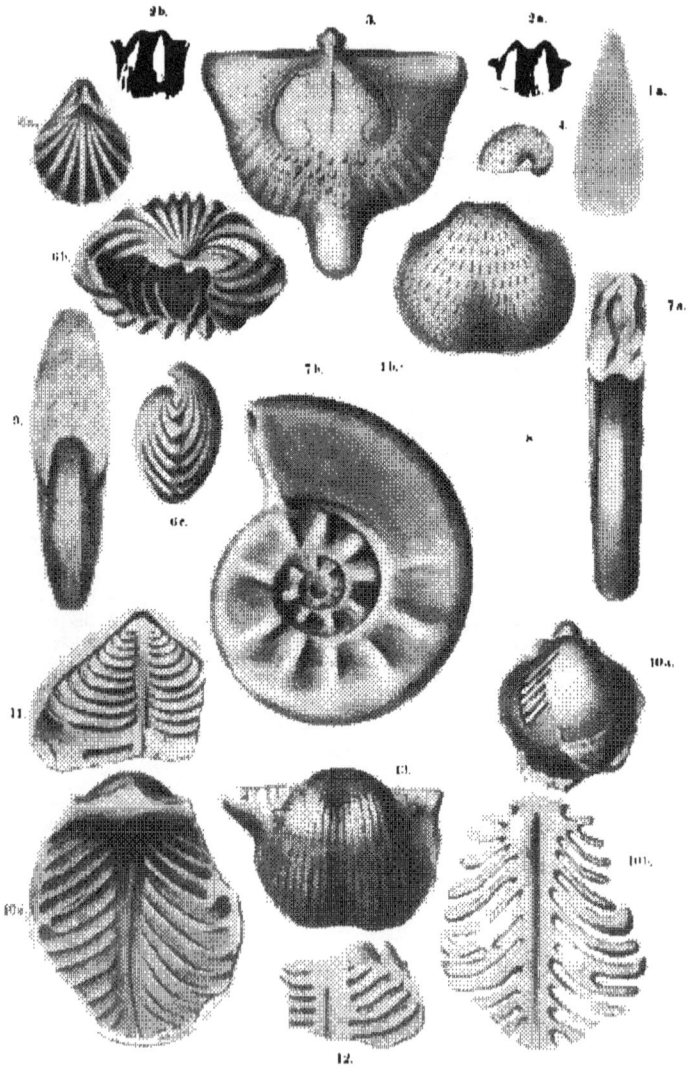

15. *Luxxyrtha nankingensis* nov. gen. nov. sp. Palaeodyas (kalkiger Schiefer im
Wechsel mit Kohlenflözen). Hügel bei Nanking, Prov. Kiangsu, China,
leg. F. v. RICHTHOFEN.

   Die allein bekannten, in natürlicher Grösse dargestellten asymetrischen
   Stielklappen ähneln äusserlich *Lyttonia* (Fig. 10a, c), unterscheiden sich aber
   im Innern durch das Fehlen der quer gestellten Fächer.

a. b. c. Das grösste vorliegende, in der Mitte etwas zerbrochene, an der Spitze unvoll-
   ständige Exemplar von drei Seiten. a. von aussen (cf. *Lyttonia*), b. von innen,
   c. von der Seite.

d. Ein zweites, etwas kleineres, nur zur Hälfte erhaltenes Exemplar von innen.

e. Ansicht des vollkommen asymetrischen Oberrandes einem vollständig erhaltenen
   Exemplares. NB. Der asymmetrische Umriss stimmt mit *Lyttonia Richthofeni*
   KAYS. em. WAAGEN überein.

f. Querschnitt von Fig. 15 d. Mitte, entsprechend der rechten Seite von Fig. 15 a.

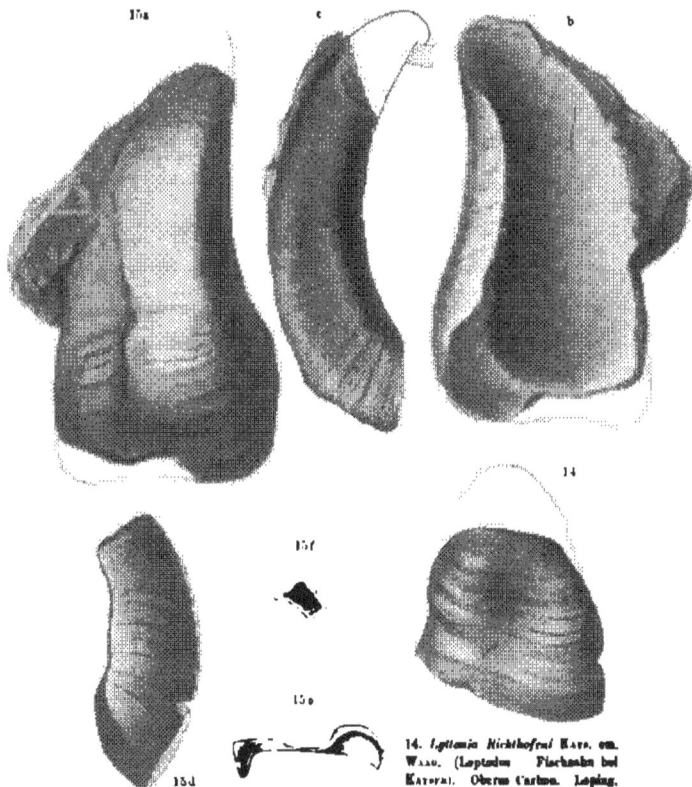

14. *Lyttonia Richthofeni* KAYS. em.
WAAG. (Loptodus   Fischschaln bei
KATORI). Oberes Carbon. Loping.

Tafel 57c.

Die überall verbreiteten Gruppen unterdyadischer Spiriferen
(Australien, Himalaya, arktisches Gebiet).

a) Gruppe des *Spirifer Keilhaui* (*Spiriferina* auct. ex part.); *Sp. respertilio*, nebst dem sab verwandten *Sp. tasmaniensis*.

b) Gruppe des *Spirifer glaber* (Subgen. *Martinia* · *Martiniopsis* WAAG.): *Spirifer subradiatus*, *Darwini*, *Ilarana*.

Fig. 1 a. *Spirifer Keilhaui* v. BUCH (*Raja* DAVIDS.). Brachialklappe von aussen (etwas zusammengedrückt. Ilarus beds (Carbon-Dyas) Ladak, Kaschmir. , Berliner Mus.

b. Desgl. Steinkern. Unterste Dyas (= Artu-Stufe). Bäreninsel. L. v. BUCH's Orig. Berliner Museum für Naturkunde.

c. Desgl. Stielklappe. In der Schnabelregion mit erhaltener Schale, sonst Steinkern. Das zweite Original L. v. BUCH's. Ebendaher.

2 a. *Spirifer tasmaniensis* MORR. Stielklappe. Unters Dyas. Kupang, Timor. Orig. IBYRCH's. Berliner Mus.

b. Der Abguss eines in weissem Kieselschiefer erhaltenen Steinkernes der Brachialklappe. Midston, Tasmania. Berliner Museum für Naturkunde.

3 a—c. *Spirifer respertilio* MORR. Untere marine Dyas.

a. Steinkern der Brachialklappe (röthlicher Sandstein). Illawara, N.S.-Wales. Berliner Mus.

b. Desgl. Stielklappe. Breitere Varietät. Tasmania (Im selben Gestein wie Fig. 2 b). Breslauer Mus.

c. Steinkern der Stielklappe. Illawara. Berliner Mus. (In der Form zwischen 3 a und 3 b stehend.)

4 a, b. *Spirifer (Martinia) subradiatus* MORR. Untere marine Dyas. Illawara, N.S.-Wales. Berliner Mus.

a. Steinkern der Stielklappe der breiteren Varietät. Mit punctirter Linie ist der Umriss der schmäleren Form (Fig. 4 b) angegeben.

b. Desgl. Schnabelansicht der schmäleren Form.

5 a—d. *Spirifer Ilarana* DIEN. Dyas.

a., b. Schalenexemplar der Stielklappe (Copien nach DIENER, verkleinert), Productus-oder Kiunglung-Schiefer des Himalaya.

c., d. Steinkern; weisser Kieselschiefer von Tasmania (wie Fig. 2 b u. 3 b) 2 Ansichten. Himalaner Museum.

6 a—d. *Spirifer Darwini* MORR. (*Martiniopsis* WAAG.). 6 a—c. Berliner Mus.

a., b. Zwei Ansichten eines Steinkernes. N.S.-Wales. (Im selben Gestein wie Fig. 3 a und 4 a.)

c. Steinkern der Brachialklappe. Mt. Wellington, Tasmania.

d. Schalenexemplar aus glacialen Driftschichten der Salt Range. Copie nach WAAGEN. (Varietät mit zahlreicheren Rippen.)

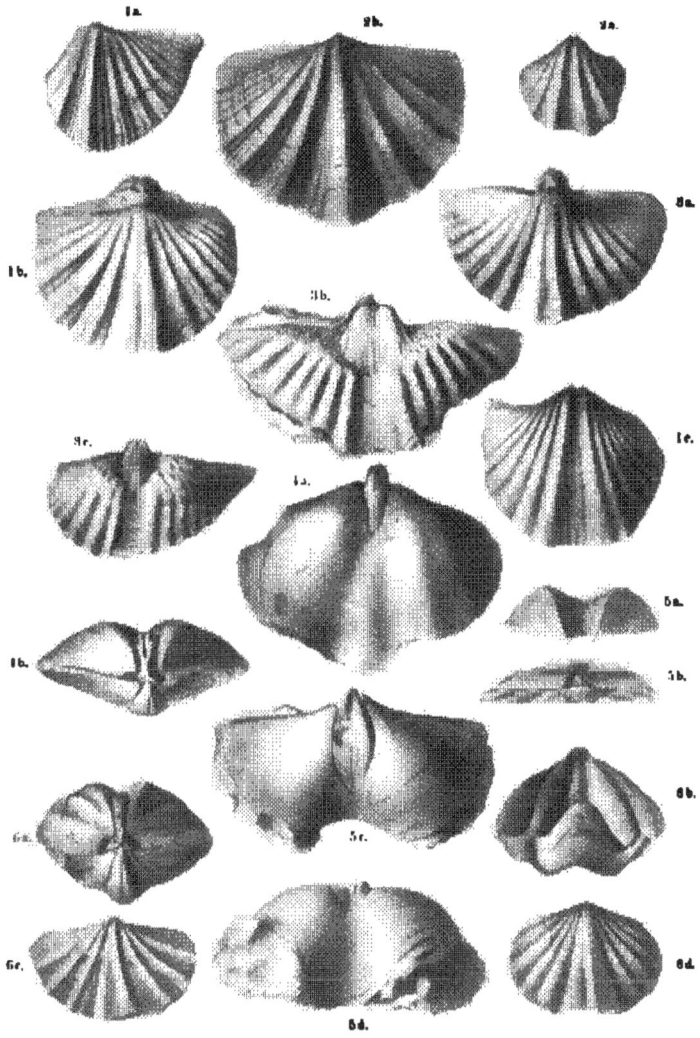

2 d

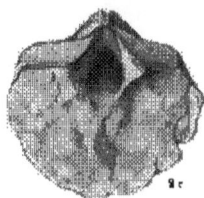

Sp. Keilhaui v. B.
Junges Exemplar.
Oberstes Carbon.
Spitzbergen.
Mus. Breslau.
Zu Fig. 1.

Sp. Darwini.
Oberfläche
vergr. ⁴/₁
Dyas, Tasmania.
Zu Fig. 6.

2 c

Spir. tasmaniensis Morris.
c Oberrand der Stielklappe von innen.
d Darüber ein kleineres Exemplar.
Dyas, Tasmania.
Zum Vergleich mit Fig. 2.

Spir. musakheyensis var. *ambiensis*
Waagen.
6b. Productuskalk von Tschidru.
Zum Vergleich mit der gleichen Ansicht
des äusserlich beinahe übereinstimmenden
Spir. tasmaniensis (2 c).

Spirifer vespertilio G. Sowerby. Dyas, Tasmania. Hamburger Museum.
Schalenexemplar der schmalflügeligen Varietät von zwei Seiten. Zum Vergleich mit Fig. 1 und 8.

Spirifer (Martinia) subradiatus Morris.

Tafel 57d.

Marine Versteinerungen der unteren Dyas Centralasiens
(besonders vom Berge Tschitischun in Tibet)
nebst Vergleichstücken vom Fiume Sosio (Sicilien) und Australien.

———

Fig. 1 a. b. *Productus brachythaerus* Sow. Steinkern. Nowra, N.S.-Wales. (Geol. Sammlung, Wien; vergl. *Prod. tumidus* Fig. 5.)

2 a. b. *Productus (Marginifera) typicus* WAAGEN.
a. von Svia, mittl. Productuskalk der Salt Range. N. WAAGEN.
b. Tschitischun. N. DIENER.

3. *Productus cancriniformis* TSCHERN. Fluss Gussass, westl. Kwen-Lun. (Geol. Institut Wien.)

4. *Productus pertenuis* MEEK. (Varietät von *Pr. cancriniformis*.) Oberstes Carbon. Spitzbergen. (Geol. Sammlung Breslau.)

5 a. b. *Productus tumidus* WAAGEN. Mittl. Productuskalk. Salt Range.
a. von Morah.
b. zwischen Varcha und Uchali.
Ausserdem bei Yar-ka-lo in Südchina.

6. *Spirifer Wyamei* WAAGEN. Tschitischun. Original in dem Geolog. Institut der Universität Wien (= *Sp. Siculus* GEMM. aus Sicilien).

7. *Aulosteges tibeticus* DIENER. Tschitischun. (Nach DIENER.)

8 a. b. *Camerophoria gigantea* DIENER. Tschitischun. Etwas verkl. (Nach DIENER.) (Zunächst verwandt mit *Camerophoria Purdoni* DAV.)

9 a. b. *Spirifer (Reticularia) Waagni* LOCZY. Yar-ka-lo, Südchina. Nach LOCZY. (*R. affinis* GEMM. Sosio; ausserdem im mittleren Productuskalk und bei Djulfa.)

10. *Spirigerella peltumida* DIENER. Tschitischun. (Nach DIENER.)

11 a. b. *Athyris subexpansa* WAAGEN. Tschitischun. (Nach DIENER.; ausserdem im mittl. Productuskalk.)

12 a. b. *Dielasma biplex* WAAGEN. Tschitischun. (Nach DIENER.; ausserdem im mittl. Productuskalk.)

13 a–c. *Rhynchonella (Uncinulus) timorensis* BEYRICH. Tschitischun. (Nach DIENER.) (= *U. Theobaldi* WAAG. mittl. Productuskalk — *U. siculus* GEMM., Sosio; ausserdem auf Timor und bei Yar-ka-lo, Südchina.)

14. *Spirigerella grandis* WAAGEN. Tschitischun. (Ausserdem mittl. Productuskalk. Vergl. Taf. 57 a Fig. 4.)

15 a. b. *Spirifer (Martinia) acutomarginalis* DIENER. Tschitischun. (= *M. Semiramis* GEMM. Fiume Sosio.)

16 a–c. *Spirifer (Martinia) elegans* DIENER.
a. = *Sp. Distefanoi* GEMM. Sosio. (Nach GEMMELARO.)
b. c. Tschitischun. (Nach DIENER.)

——— — · ———

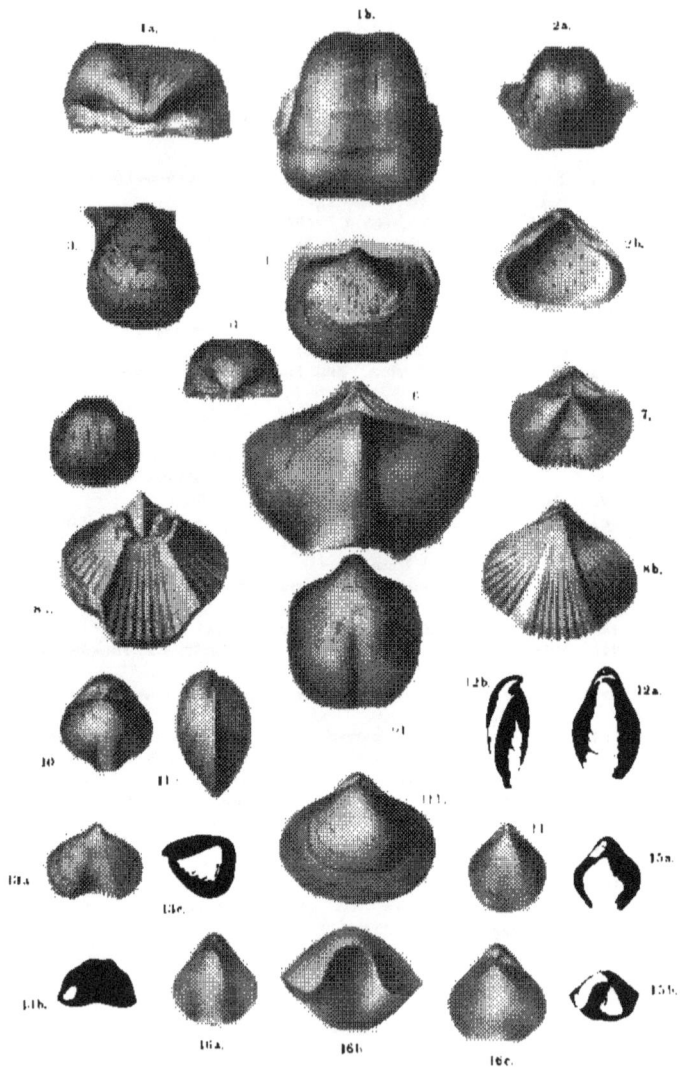

Tafel 59a.

Die Arcestiden des Seslakalkes (einschliesslich Agathiceras).

(Marine Palaeodyas von Sicilien.)

Fig. 1. *Popanoceras (Hyattites) Abichi* Gemm. sp. Passo di Burgio.

    a, b. Seiten- und Mündungsansicht eines Exemplars des Wiener geologischen Institute. 2/1.

    c. Sutur. Nach Gemmellaro. Vergr.

  2. *Popanoceras (Hyattites) Geinitzi* Gemm. sp. Sutur. Rocca di S. Benedetto. Vergr. Nach Gemmellaro.

  3. *Popanoceras (Hyattites) Cumminsi* Whte sp. Wichita Beds (mittlere marine Dyas). Zum Vergleich mit Pop. Geinitzi. Nach Whte.

  4. *Popanoceras (Hyattites) turgidum* Gemm. sp.

    a. Seitenansicht.

    b. Mündungsansicht eines vollständigen Exemplars.

    c. Sutur. Passo di Burgio. Nach Gemmellaro.

  5. *Prolobites delphinus* Sds. sp. (Zum Vergleich mit der vorstehenden Art.) Seitenansicht. Clymenienkalk (Oberdevon). Enkeberg bei Brilon. Combination zweier Exemplare. (Coll. Frech und Berliner Museum f. Naturkunde.)

6a. *Cyclolobus Stachei* Gemm. sp. Passo di Burgio. Original im Geol. Inst. d. Univ. Wien. Mündung ergänzt nach Gemmellaro. 1/2 nat. Gr.

6b. Desgleichen. Sutur. Nach Gemmellaro.

7a—e. *Popanoceras scrobiculatum* Gemm.

    a. Seitenansicht eines ausgewachsenen, vollständigen Exemplars. Copie nach Gemmellaro; die unrichtig gezeichnete Sculptur ist nach einem Originalexemplar des Geol. Inst. d. Univ. Wien berichtigt. Beide Stücke stammen von demselben Fundorte: Rocca di S. Benedetto.

    b. Rückenansicht (Copie).

    c. Sutur eines erwachsenen Exemplars (Copie).

    d. Sutur eines kleinen Exemplars, Durchmesser 2,2 cm. Original Geol. Inst. d. Univ. Wien.

    e. Sutur (= *Agathiceras*) eines Exemplars von 0,81 cm Durchmesser. Original im Geol. Inst. d. Univ. Wien.

Fig. 6. *Popanoceras (Stacheoceras) Grunewaldti* GEMM. sp. Pietra di Salomone. (Nahe verwandt mit *Pop. Iridens* ROTHPL.)
a. Seitenansicht eines bis zum Ende gekammerten Exemplars (Geol. Inst. d. Univ. Wien). 1/1.
b. Sutur der inneren Windungen; in 2/1 gegenüber dem beobachteten Punkte eingefügt.

9a. *Popanoceras (Stacheoceras) Darae* GEMM. sp. Passo di Burgio. Seitenansicht.
9b. Desgleichen. Mündung. Beide nach GEMMELLARO.

10a. *Popanoceras (Stacheoceras) benedictinum* GEMM. sp. Rocca di S. Benadetto. Vergrösserte Sutur eines 1,6 cm im Durchmesser haltenden Exemplars. (Techn. Hochschule, Aachen.)
10b. Desgleichen. Innere Sutur. A. S. Antisiphonallobus. Nach GEMMELLARO.

11. *Agathiceras Suessi* GEMM.
a. Seitenansicht eines vollständigen Exemplars mit Mündung und erster Sutur. Die radiale Sculptur ist auf dem Steinkern nur angedeutet. Pietra di Salomone. (Techn. Hochschule, Aachen.)
b. Unregelmässig entwickelte Sutur eines anderen Exemplars. Ebendaher (Aachen).
c. Rückenansicht eines ziemlich vollständigen Exemplars (Geol. Inst. d. Univ. Wien). Passo di Burgio. Mündung nach 11a ergänzt.

12. *Agathiceras elegans* GEMM. sp. ("*Adrianites*" GEMM.). Rocca di S. Benadetto. Original Geol. Inst. d. Univ. Wien.
a. Seitenansicht. 1/1.
b. Sutur. 3/1.

13. *Agathiceras ensiferum* GEMM. sp. ("*Adrianites*"). Mündung. Nach der Reconstruction GEMMELLARO's.

14. *Agathiceras (Hoffmannia) Hoffmanni* GEMM. sp. Passo di Burgio.
a. Seitenansicht. } Nach GEMMELLARO.
b. Sutur.

15. *Agathiceras (Doryceras) Stuckenbergi* GEMM. sp. Rocca di S. Benedetto. Nach GEMMELLARO. (Combinirte Figur.)

16. *Agathiceras (Doryceras) fimbriatum* GEMM. Ebendaher. Vollständige Sutur. Nach GEMMELLARO.

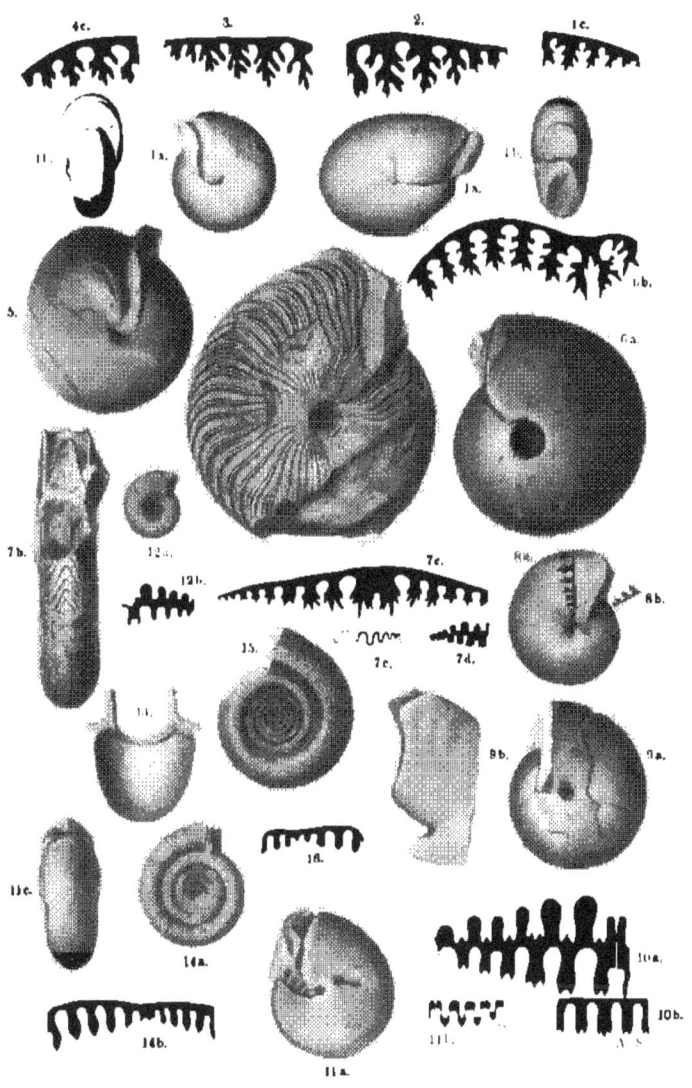

Tafel 59b.

Ältere marine Dyas[1].

Krebse des Sosiokalkes 1—5, Ammoneen des Sosiokalkes 6—14. Ammoneen der
Arta-Stufe 15—19.

Fig. 1—14 Sosiokalk.

Fig. 1. *Phillipsia (Griffithides) elegans* Genn. Pietra di Salomone. Restaurirt.
2. *Phillipsia (Griffithides) verrucosa* Genn. 6/5. Rocca di S. Benedetto.
3. *Oonocarcinus insignis* Genn. Pietra di Salomone.
   a. Oberansicht. 3/5.
   b. Seitenansicht.
4. *Cyclus Reussi* Genn. sp. (*Paraprosopon*). Ebendaher. p. 508. 12/5.
5. *Proetus postcarbonarius* Genn. 12/5. Pietra di Salomone. Restaurirt.
Fig. 1—5 Copien nach Gemmellaro.
6a—c. *Clinolobus Telleri* Genn.
   a. Rückenansicht.
   b. Seitenansicht.
   c. Satur. Nach Gemmellaro.
7. *Gastrioceras Roemeri* Genn. Copie nach Gemmellaro ¹/₂ nat. Gr.
8. *Thalassoceras Phillipsi* Genn. Satur. Rocca di S. Benedetto. Vergrössert.
9a, b. *Thalassoceras caricosum* Genn.
   a. Seitenansicht.
   b. Rückenansicht.
10. *Thalassoceras microdiscus*. Satur. Rocca di S. Benedetto.
11a—c. *Prosageceras (Daraëlites) Meeki* Genn. sp. Rocca di S. Benedetto.
   a, b. Seitenansicht und Satur eines erwachsenen Exemplars.
Fig. 7—11b Copien nach Gemmellaro.
   11c junges Exemplar mit Satur 7/2 nat. Gr. Rocca di S. Benedetto. Original
   in der Sammlung d. Techn. Hochschule, Aachen.
12a—c. *Prosageceras Mojsvari* Genn. Rocca di S. Benedetto.
   a. Satur in 7/2 nat. Gr. (Durch ein Versehen des Photographen verkehrt gestellt.)
   b. Seitenansicht eines jugendlichen Exemplars in 2/1 nat. Gr. Original Aachen.
      (Gestalt und Satur nur unerheblich von *Daraëlites* abweichend.)
   c. Erwachsenes Exemplar in 1/1 nat. Gr. Copie nach Gemmellaro.

[1] Sogenannter Permocarbon.

Fig. 13 a, b. *Paraceltites Höferi* GEMM. Rocca di S. Benedetto. Vergrössert. Sutur und Seitenansicht. Naturhistorisches Hofmuseum, Wien.

14 a, b. *Prosageceras Beyrichi* GEMM. Passo di Burgio.
  a. Rückenansicht. Original im Geol. Inst. d. Universität Wien.
  b. Seitenansicht mit Mündungsaum und Andeutung der ersten Suturen (Sutur s. Text p. 476). Original im Palaeont. Inst. d. Universität Wien.

Fig. 15—19 Arta-Stufe (Ural).

15. *Gastrioceras Jossae* M., V., K. Arta-Stufe, Artinsk. Etwas vergrössert. (Die Sutur ist durch Aufzeichnung des Siphonaltheiles vervollständigt.) Breslauer Museum.

16 a—d. *Medlicottia Orbignyana* M., V., K. Artinsk.
  a. Erwachsenes Exemplar. 4/5 nat. Gr. Nach MURCHISON, VERNEUIL and KEYSERLING.
  b. d. Jugendform.
  c. Embryonalgewinde, stark vergrössert. (= *Prosageceras* Fig. 11c.)
  b, c, d nach KARPINSKY.

17 a, b. *Popanoceras Sobolewskianum* M., V., K. Copie nach MURCHISON, VERNEUIL, KEYSERLING.

18. *Popanoceras Krasnopolskii* KARP. Schnecowaja. Nach KARPINSKY.

19 a, b. *Gastrioceras Fedorowi* KARP. Rücken- und Seitenansicht eines vollständigen, mit Mündungsaum erhaltenen Exemplars. Petschora. Nach KARPINSKY.

[handwritten note] Treated by Hemmelland in Types/Tree unrivaled genus Popanoceras

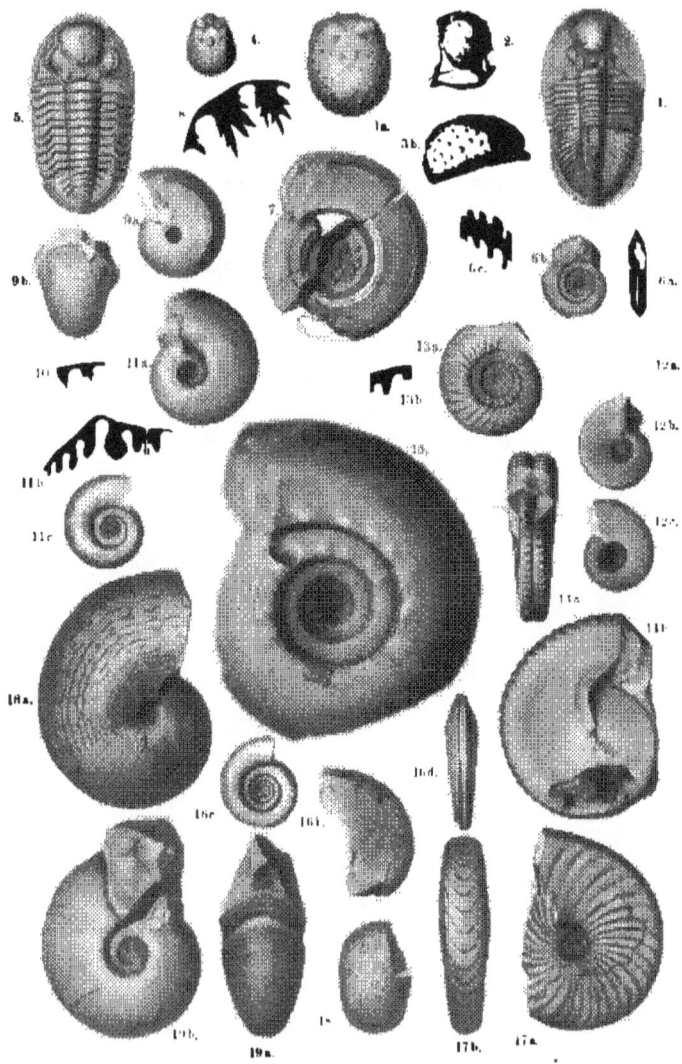

Tafel 63.

Brachiopoden des nordeuropäischen Zechsteins

und Vergleichsstücke.

Fig. 1 a-c. *Strophalosia indica* WAAG.

a. b. N.S.-Wales (Berliner Museum). ^{4}/$_5$. Ein vollständig erhaltenes Exemplar der convexen Klappe (a) und Seitenansicht mit eingezeichneter concaver Klappe (b).

c. Innenseite der concaven Klappe. N. WAAGEN. Ob. Productuskalk. Jabi.

2 a. b. *Productus horridus*. Unt. Zechstein.

a. Innenseite der concaven Klappe. ^{1}/$_1$. Trebnitz bei Gera. (Breslauer Mus.)

b. Steinkern der convexen Klappe. Humbleton, England. ^{1}/$_1$. (Breslauer Museum.)

3 a-c. *Spirifer rugulatus* KUT. Unt. Zechstein. Russland. Originale im Breslauer Museum (leg. TRAUTSCHOLD). ^{1}/$_1$.

a. Schlosskante der Stielklappe. Barnitka-Mündung an der Kama.

b. Stielklappe. Ergänzung des Umrisses von 3a nach einem zweiten Exemplar.

c. Seitenansicht. Kama.

Dieselbe Art findet sich am Djilin-Bilin-Pass, N.-Persien.

4. *Spirifer rugulatus* KUT. mut. *arctica* FRECH. Schlosskante mit Area. Weisser Kalk des obersten Carbon (zum Vergleich mit 3). Lovénberg, Spitzbergen. (leg. NATHORST. Breslauer Museum.) ^{1}/$_1$.

5 a. b. *Strophalosia horrescens* DE VERN. Typus. Unt. Zechstein, Russland. (Breslauer Museum.)

a. Steinkern der convexen Klappe. Isaakly. Conv. Ssamara. ^{1}/$_1$.

b. Kirilov, Gouv. Nowgorod. Die Stacheln sind nach einem zweiten Stücke der Breslauer Sammlung ergänzt ^{1}/$_1$.

6 a. *Strophalosia horrescens* mut. *andartica* FRECH. Ausguss. Marine Dyas. Mt. Wellington, Tasmania. ^{1}/$_1$.

b. Abdruck der concaven Klappe einer etwas breiteren Varietät. 6a u. b stammen aus demselben Handstück eines dem Hackensteinkalk ähnelnden Gesteins. (Berl. Mus.)

7. *Productus hemisphaericus* KUT. (non SOW.). Schalenexemplar. Convexe Klappe. Unt. russischer Zechstein. Kama. (TRAUTSCHOLD leg., Mus. Breslau.) Nah verwandte Varietäten bei Djulfa und im Bellerophonkalke.

8 a. b. *Productus Cancrini* M.V.K. Unterer russischer Zechstein. Steinkern der convexen Klappe im Dolomit. Petschischtscha. (TRAUTSCHOLD leg., Mus. Breslau.)

9. *Strophalosia excavata* CAS. Abdruck des Inneren der concaven Klappe. Dolomit des unteren Zechsteins. Possneck bei Gera. ^{1}/$_1$. Original im geologischen Museum zu Breslau.

10. *Aulostegu gypus* NETSCHAJEW. ^{2}/$_1$. Unt. russischer Zechstein. Gorodischtsche an der Wjatka. (TRAUTSCHOLD leg., Breslauer Museum.)

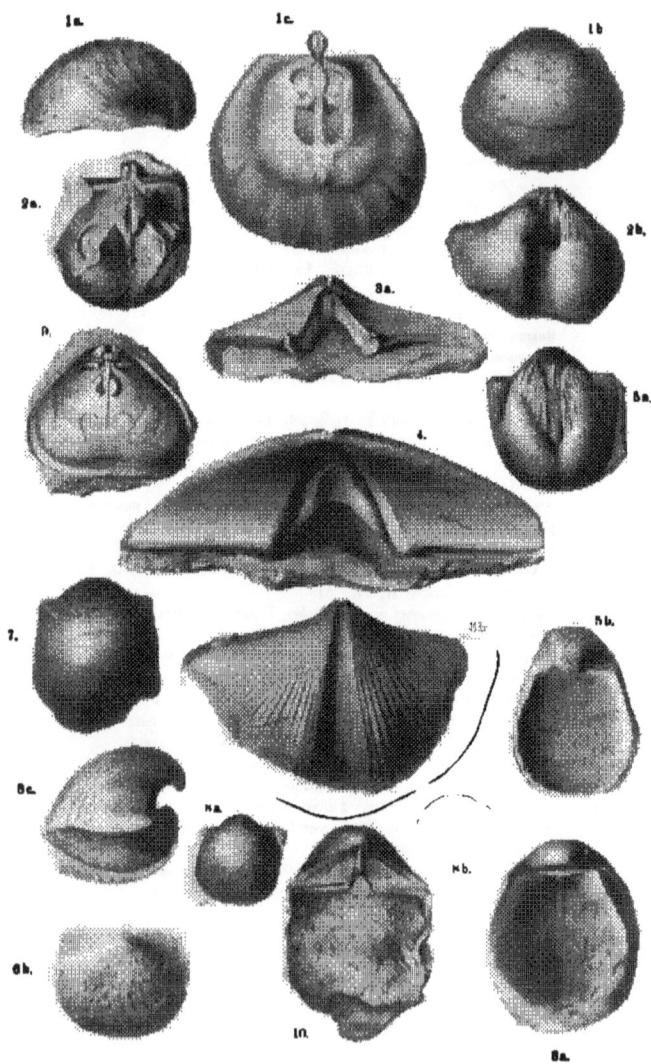

Tafel 64.

Die bezeichnendsten Brachiopoden der Djulfaschichten.

(Stufe des Otoceras djulfense unterer Zechstein).

Sämmtlich Copien aus FRECH u. v. ARTHABER: Palaeozoicum in Hocharmenien und Persien. Die Originale wurden in der Araxes-Enge oberhalb der Ruinenstadt Alt-Djulfa von den Verfassern gesammelt.

Fig. 1 a, b. *Athyris protea* var. *alata* ARICH.
  „ 2a – c. *Athyris protea* var. *quadrilobata* ARICH.
  „ 3a – d. *Athyris (Junierus)* n. sp.
  „ 4. *Spirifer (Reticularia)* cf. *pulcherrima* GEMM.
  „ 5. *Spirifer (Reticularia) indica* WAAG.
  „ 6a, b. *Ortholetes ennarkos* ARICH sp. (Gruppe *Ortholetina* SCHELLW.).
  „ 7. *Ortholetes arueminicus* ARTH. (Gruppe *Ortholetina* SCHELLW.).
  „ 8. *Productus Geinitzi* var. *Gerata* EMEL bei v. ARTHAB.
  „ 9. *Productus intermedius* ARICH.
  „ 10a – c. *Productus (Marginifera) spinoso-costatus* ARICH.
  „ 11. *Productus (Marginifera) intermedius* ARICH.
  „ 12a, b. *Productus hemisphaerium* KUT. var. *armeniaca* ARTH.
  „ 13. *Productus hemisphaerium* KUT. Typus aus Russland (zum Vergleich; siehe auch Taf. 63, Fig. 7).
  „ 14a, b. *Notothyris djulfensis* ARICH sp.

Alle Abbildungen in natürlicher Grösse.

– – – – – –

Andere bei Djulfa vorkommende Brachiopoden sind abgebildet auf

Taf. 57d, Fig. 9. *Spirifer (Reticularia) Waageni* LOCZY.
Taf. 63, Fig. 7. *Prod. hemisphaerium* KUT. (Typus.)
Textbild p. 570. *Productus Abichi* WAAG. von Tschideru, Pandschab.
Textbild p. 573, Fig. 5. *Prod. (Marginifera) intermedius* ARICH.

Die Ammoneen siehe im Text p. 567, 568.

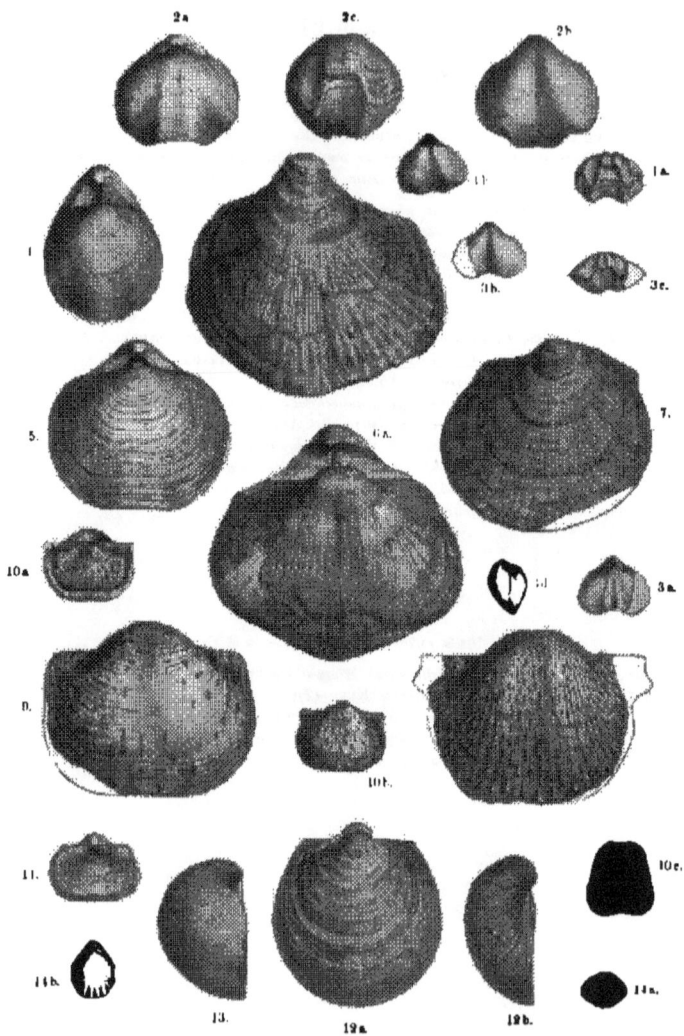

Tafel 65.

Leitpflanzen der dyadischen Kohlenschichten (untere Gondwana-, untere Karoo- und New Castle-Schichten der Südhemisphäre).

Die Pflanzenschichten überlagern die glacialen Ablagerungen.

Gangamopteris, verschiedene Coniferen und *Callipteris (Neuropteridium)* sind die bezeichnendsten Formen, *Glossopteris* tritt noch zurück.

———

Fig. 1. *Callipteris valida* FSTM. sp. (*Neuropteridium*). Untere Gondwana-(Karbarbári-) Schichten, Burladi im Kohlenbecken von Karbarbári. Nach FEISTMANTEL t. 4 f. 2 und t. 5 f. 2.

2. *Glossopteris Browniana* BRGT. New Castle- oder obere Kohlenschichten von Bowenfels, N. S. Wales westlich von Sidney. In Australien und Südafrika sehr verbreitet, in Ostindien seltener. Nach FEISTMANTEL, Fossile Flora Australiens. t. 8 f. 3.

3. *Gangamopteris cyclopteroides* var. *attenuata* FSTM. Untere Gondwana-Formation. Mohpáni-Kohlenbergwerk im Sátpura-Becken. (Copie nach FEISTMANTEL t. 27 f. 1.)

4. *Gangamopteris cyclopteroides* var. *subauriculata* FSTM. Untere Gondwana-Formation. Burladi. (Umriss nach FEISTMANTEL t. 16 f. 3.)

5. *Gangamopteris Clarkeana* FSTM. Obere Kohlenschichten von Bowenfels, N. S. Wales. Nach FEISTMANTEL, Fossile Flora Australiens. t. 15. f. 9.

6. *Gangamopteris cyclopteroides* FSTM. Untere Gondwana- (Talchir-) Schiefer. (Copie nach FEISTMANTEL t. 8.)

7 a. *Brachyphyllum australe* FSTM. Zapfen nach FEISTMANTEL, Fossile Flora Australiens. t. 7 f. 6.

7 b. Desgleichen. Zweigstück. New Castle- oder obere Kohlenschichten. Bowenfels, N. S. Wales.

8. *Euryphyllum Whittianum* FSTM. (Conifere.) Zwei Blätter und ein Druckstück des Stammes; unten eine Blattnarbe. Untere Gondwana-Formation. Karbarbári-Schichten. Karbarbári-Kohlenbecken. Nach FEISTMANTEL t. 21 f. 1.

9. *Vollsia heterophylla* BRGT. Burladi. Karbarbári-Schichten. Karbarbári-Kohlenbecken.

10. *Schizoneura* conf. *Meriani* SCHIMP. Untere Gondwana-Formation. Passarabbia im Kohlenbecken von Karbarbári. Nach FEISTMANTEL t. 1 f. 6.

Sämmtliche Abbildungen sind Copien nach FEISTMANTEL und in ²/₃ der natürlichen Grösse wiedergegeben (photographische Verkleinerung nach einer in doppelter nat. Grösse hergestellten Tafel).

Tafel 66.

Leitpflanzen der mittleren, etwa der Trias entsprechenden Gondwana- (= Damuda-) Formation.

Blüthezeit von Glossopteris. Aufhören der Vereisung der Südhemisphäre.

Fig. 1. *Vertebraria indica* ROYLE. (Rhizom von *Glossopteris*.) t. 14 a f. 2. Ranlganj-Stufe, Ranlganj.

2. *Phyllotheca indica* BUNB. t. 12 a f. 6. Ranlganj-Stufe, Ranlganj.

3 a. und b. *Glossopteris communis* FEISTM.

     3 a. Reconstructionsfigur nach t. 37 a f. 3, 8 a und 4. Mittlere Gondwana-Formation. Kámthi-Schichten von Kámthi.

     3 b. Mit Fructification. t. 27 a f. 1. Kámthi-Schichten von Sillewáda.

4. *Noeggerathiopsis Hislopi* BUNB. sp.? = *Rhipidozamites Goepperti* SCHMALH. = *Noeggerathia aequalis* GOEPP. Karharbári-Schichten (untere Gondwana-Formation). Kohlenbecken von Karharbárí. Nach FEISTMANTEL, t. 29 f. 1 und 1. 10 f. 0 a. Die Art geht bis in die mittlere Gondwana-Formation hinauf.

5 a, b, c. *Schizoneura gondwanensis* FEISTM.

     5 a. Schachtelhalmähnlicher Stamm und ausgefaserte Blätter. l. c. t. 0 a f. 2. Ranlganj-Stufe, Ranlganj.

     5 b. Ausgefaserte und ganze Blätter. t. 7 a f. 2. Ranlganj-Stufe. Kohlenschichten von Ranlganj.

     5 c. Zweigspitzen mit ganzen Blättern. t. 8 a f. 1 mit Ergänzungen nach t. 6 a f. 3. Ebendaher. Mittlere Gondwana- (Damuda-) Formation. Ranlganj-Stufe, Kohlenschichten von Ranlganj.

6. *Macrotaeniopteris danaeoides* ROYLE. t. 21 a f. 2. Barákar-Stufe, Burgo (Rájmahál-Berge).

7. *Sagenopteris ?polyphylla* FEISTM. t. 41 a f. 3. Mittlere Gondwana-Formation, Ranlganj-Stufe von Ranlganj.

Sämmtliche Abbildungen sind Copien nach FEISTMANTEL (Fossil Flora of the Gondwana System. Vol. III, Memoirs of the Geological Survey of India. 1881.) und in 2/5 der natürlichen Grösse dargestellt.

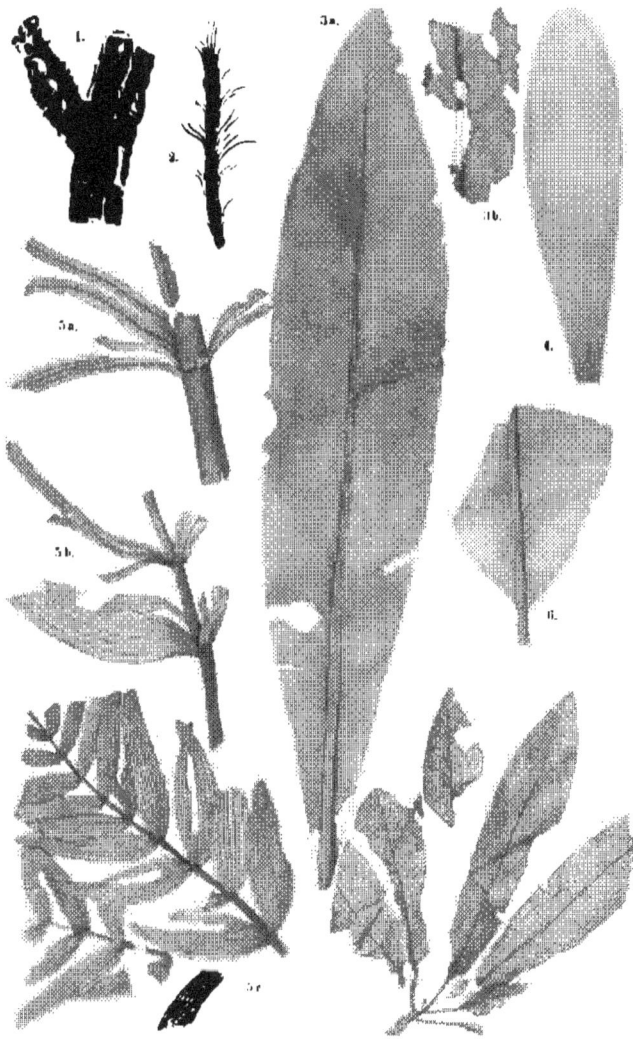

Tafel 67.

Versteinerungen des alpinen Bellerophonkalkes.

1 – 3, 8 –10. Cephalopoden nebst verwandten Arten von Paraceltites aus dem Sosiokalk.

1 a. b. *Pleuronautilus fugax* Mojs. Solarbedia. (Copie n Stache.)

2 a. b. *Temnocheilus Hoernesi* Stache sp. Kreuzberg. (Copie n. Stache.)

3 a. b. *Orthoceras (Cycloceras)* sp. ind. Bellerophonkalk. Sexten. (Copie n. Diener.)

※ 8 a–c. *Paraceltites sextensis* Diener sp. Sexten. (*Paraceltites* Diener.) Bellerophonkalk von Sexten. Copie n. Diener.

9. *Paraceltites Hoeferi* Gemm.; Sosiokalk. Rocca S. Benedetto. Sutur, Copie n. Gemmellaro zum Vergleich mit der vorstehenden Art.

10. *Paraceltites plicatus* Gemm.; Vergr. Sosiokalk. Palazzo Adriano. Orig. techn. Hochschule in Aachen.

4—7, 11. Zweischaler und Gastropoden.

4. *Aviculopecten Comelicanus* Stache sp. Val di Rin. Copie nach Stache. t. 4, f. 4.

5. *Prospondylus crinifer* Stache sp. St. Jakob (Gröden.). Copie nach Stache. t. 4, f. 10.

6. *Gervilleia (Bakewellia)* cf. bicarinata Kinn. St. Martin. Copie nach Stache. t. 5, f. 5.

7. *Gervilleia (Bakewellia)* cf. ceratophaga Schloth. St. Jakob. Copie nach Stache. t. 4, f. 15.

11. *Bellerophon peregrinus* Lbc. aus dem Bellerophonkalke.

a. b. Steinkerne, Sexten, Geol. Institut zu Wien. Der schnauzenförmige Vorsprung am Ausschnitt der Mündung ist bei b erhalten, bei a abgebrochen.

c. Schalenexemplar. St. Jakob in Gröden. Copie nach Stache. Jahrb. d. K. K. geol. Reichsanstalt 1877. Bd 27. t. 6, f. 5a.

d. e. Querschnitte, vergr. d. Centraler, e. excentrischer Schnitt. Zwischen St. Ulrich und St. Jakob in Gröden. Coll. Frech.

✦ *Paraceltites* Diener

12—15. Brachiopoden.

12 a. *Athyris (Comelicania) megalotis* Stache sp. Sextener Kreuzberg. Copie nach
    Stache. t. 6, f. 1.
  b. Dieselbe Art. Sexten. Original im Geol. Institut Wien.
13. *Athyris (Junicrps) confinalis* Stache sp. Kreuzberg. Copie nach Stache
    t. 6, f. 4.
14 a. b. *Athyris (Janicrps) pernuda* var. Stache sp. Kreuzberg. Copie nach Stache
    t. 6, f. 6.
15. *?Janicrps impar* Stache sp., „*Spirifer*" Stache. Prags. Copie nach Stache
    t. 7, f. 8.
      Sämmtliche Copien nach Stache, Fauna der Bellerophonkalke Südtirols,
Jahrb. der K. K. geol. Reichsanstalt 1878, Bd. 28.

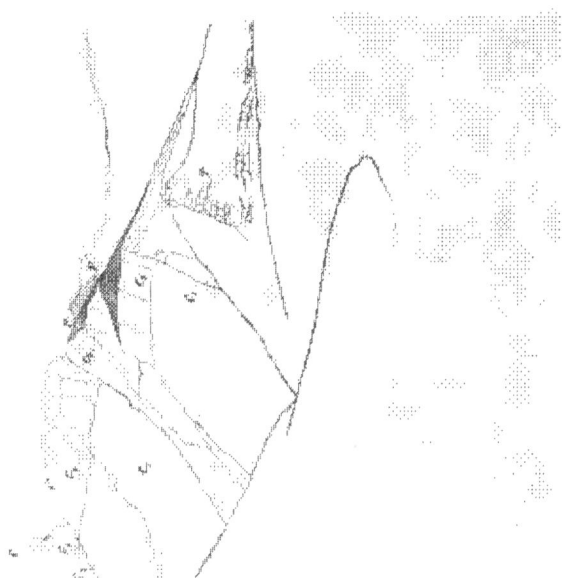

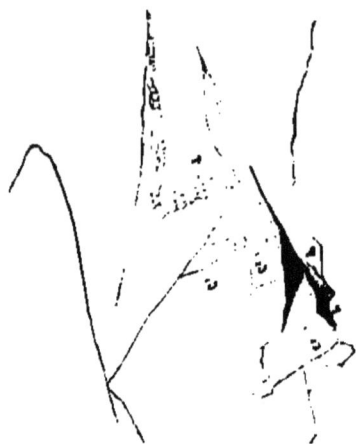

www.ingramcontent.com/pod-product-compliance
Lightning Source LLC
Chambersburg PA
CBHW021706210326
41599CB00013B/1545